数控铣削编程与加工

田恩胜　吕金梁　主　编
江长爱　陈学林　张　强　马　军　副主编

清华大学出版社
北　京

内 容 简 介

本书围绕数控加工职业岗位要求合理地组织内容，采用项目导向、任务驱动的形式编写。全书分为 7 个项目，25 个任务，涵盖 FANUC 0i 系统数控铣床/加工中心的编程加工基础与基本操作，平面类零件、轮廓类零件、内轮廓零件、孔系零件等常见类型零件的编程与加工，以及 Mastercam 2020 自动编程等内容。本书针对性、实用性强，引导学生"做中学，学中做"，使学生具备自主学习、合作交流的能力，提高学生分析问题、解决问题的能力，增强与职业岗位的对接度。

本书可作为职业学校机械加工技术、机械制造技术、数控技术应用等专业的教材，也可作为相关技术人员的岗位培训教材。

本书封面贴有清华大学出版社防伪标签，无标签者不得销售。
版权所有，侵权必究。举报：010-62782989，beiqinquan@tup.tsinghua.edu.cn。

图书在版编目（CIP）数据

数控铣削编程与加工 / 田恩胜, 吕金梁主编.
北京：清华大学出版社，2024.8. -- ISBN 978-7-302-66743-8
Ⅰ. TG547
中国国家版本馆 CIP 数据核字第 2024VZ8199 号

责任编辑：刘金喜
封面设计：范惠英
版式设计：苏博文化
责任校对：孔祥亮
责任印制：宋 林

出版发行：清华大学出版社
    网 址：https://www.tup.com.cn, https://www.wqxuetang.com
    地 址：北京清华大学学研大厦 A 座 邮 编：100084
    社 总 机：010-83470000 邮 购：010-62786544
    投稿与读者服务：010-62776969, c-service@tup.tsinghua.edu.cn
    质 量 反 馈：010-62772015, zhiliang@tup.tsinghua.edu.cn
印 装 者：三河市科茂嘉荣印务有限公司
经 销：全国新华书店
开 本：185mm×260mm 印 张：18.25 字 数：445 千字
版 次：2024 年 10 月第 1 版 印 次：2024 年 10 月第 1 次印刷
定 价：68.00 元

产品编号：098153-01

前 言

本书是在职业教育课程与教学改革形势下,结合行业企业需求以及职业教育机械类专业相关课程标准、数控车铣加工职业技能等级标准,针对职业学校数控技术应用、机械加工技术等专业教学思路和方法的改革创新要求编写的。

本书全面贯彻落实党的二十大精神,依据职业学校学生的认知与心理特点,综合考虑学生发展需要,采用项目导向、任务驱动的形式编写,贯彻"做中学,学中做"的职教理念,采取图文并茂的表现形式展示各个知识点与任务,提高教材的可读性和可操作性,追求理论与实践的有机统一。同时根据课程知识点内容,将自信自立、守正创新、劳动精神、大国工匠精神、创造精神、安全操作等职业素养通过知识关联、典型案例等方式融入教学内容,培养学生良好的职业能力与职业素养。

本书分为 7 个项目,25 个任务,涵盖了 FANUC 0i 系统数控铣床/加工中心的编程加工基础与基本操作,平面类零件、轮廓类零件、内轮廓零件、孔系零件等常见类型零件的编程与加工,以及 Mastercam 2020 自动编程等内容。

本书由济南市历城职业中等专业学校田恩胜、吕金梁任主编,江长爱、陈学林、张强、马军任副主编,参加编写的有李启瑞、孟庆涛、梅延东、李举、王校春、蔡文斌。本书的编写得到了相关企业的支持与配合,在此致以最诚挚的感谢!同时在本书的编写过程中还得到了济南市历城职业中等专业学校领导的大力支持与帮助,在此一并表示感谢!

限于编者水平,书中难免存在不足之处,恳请广大教师和读者在使用本书过程中及时将意见和建议反馈给我们,以便修订时完善。

本书免费提供 PPT 教学课件、课后习题、综合试题库及课程标准,可通过扫描下方二维码下载。微课视频可通过扫描书中二维码观看。

服务邮箱:476371891@qq.com。

教学资源下载

编写组
2024 年 4 月

目 录

项目一 数控铣床/加工中心编程加工基础 ………………………… 1
任务一 认识数控铣床/加工中心 … 1
　　任务描述 ………………………… 1
　　知识链接 ………………………… 2
　　任务实施 ……………………… 13
　　任务评价 ……………………… 14
任务二 数控铣床/加工中心坐标系 … 14
　　任务描述 ……………………… 15
　　知识链接 ……………………… 15
　　任务实施 ……………………… 20
　　任务评价 ……………………… 21
任务三 数控编程步骤及程序结构 … 21
　　任务描述 ……………………… 22
　　知识链接 ……………………… 22
　　任务实施 ……………………… 28
　　任务评价 ……………………… 29
任务四 数控编程常用功能字介绍 … 29
　　任务描述 ……………………… 30
　　知识链接 ……………………… 30
　　任务实施 ……………………… 36
　　任务评价 ……………………… 37

项目二 数控铣床/加工中心的基本操作 …… 38
任务一 安全文明生产教育 ……… 38
　　任务描述 ……………………… 38
　　知识链接 ……………………… 39
　　任务实施 ……………………… 42
　　任务评价 ……………………… 42
任务二 数控系统面板操作 ……… 43
　　任务描述 ……………………… 44
　　知识链接 ……………………… 44
　　任务实施 ……………………… 50
　　任务评价 ……………………… 51
任务三 数控铣床/加工中心手动操作 ……………………………… 52
　　任务描述 ……………………… 52
　　知识链接 ……………………… 52
　　任务实施 ……………………… 58
　　任务评价 ……………………… 59
任务四 数控程序输入与编辑 …… 59
　　任务描述 ……………………… 60
　　知识链接 ……………………… 60
　　任务实施 ……………………… 63
　　任务评价 ……………………… 65

项目三 平面类零件编程与加工 ………… 66
任务一 平面铣削加工 …………… 66
　　任务描述 ……………………… 66
　　知识链接 ……………………… 67
　　任务实施 ……………………… 73
　　任务评价 ……………………… 76
任务二 圆弧槽铣削加工 ………… 76
　　任务分析 ……………………… 77
　　知识链接 ……………………… 77
　　任务实施 ……………………… 83
　　任务评价 ……………………… 85
任务三 台阶面铣削加工 ………… 85
　　任务分析 ……………………… 86
　　知识链接 ……………………… 86
　　任务实施 ……………………… 89
　　任务评价 ……………………… 92
任务四 宇龙数控仿真软件的使用 … 93
　　任务分析 ……………………… 93

　　　　知识链接·················94
　　　　任务实施·················96
　　　　任务评价················117
　　任务五　仿真加工实例··········117
　　　　任务分析················118
　　　　知识链接················118
　　　　任务实施················123
　　　　任务评价················129

项目四　轮廓类零件编程与加工·······130
　　任务一　外轮廓铣削加工·········130
　　　　任务分析················130
　　　　知识链接················131
　　　　任务实施················137
　　　　任务评价················139
　　任务二　内轮廓铣削加工·········140
　　　　任务分析················141
　　　　知识链接················141
　　　　任务实施················147
　　　　任务评价················150
　　任务三　子程序加工实例·········151
　　　　任务分析················151
　　　　知识链接················152
　　　　任务实施················156
　　　　任务评价················159
　　任务四　轮廓铣削综合实例·······159
　　　　任务分析················160
　　　　知识链接················160
　　　　任务实施················166
　　　　任务评价················171

项目五　孔系零件编程与加工·······172
　　任务一　钻孔、扩孔与锪孔·······172
　　　　任务分析················172
　　　　知识链接················173
　　　　任务实施················187
　　　　任务评价················190
　　任务二　铰孔和镗孔加工·········191

　　　　任务分析················191
　　　　知识链接················192
　　　　任务实施················198
　　　　任务评价················201
　　任务三　攻螺纹加工············201
　　　　任务分析················202
　　　　知识链接················202
　　　　任务实施················206
　　　　任务评价················210

项目六　特殊零件编程与加工·······211
　　任务一　坐标平移与极坐标加工···211
　　　　任务分析················211
　　　　知识链接················212
　　　　任务实施················217
　　　　任务评价················220
　　任务二　坐标旋转加工··········221
　　　　任务分析················221
　　　　知识链接················222
　　　　任务实施················229
　　　　任务评价················233
　　任务三　坐标镜像加工··········234
　　　　任务分析················235
　　　　知识链接················235
　　　　任务实施················240
　　　　任务评价················243

项目七　自动编程················244
　　任务一　Mastercam 2020基本
　　　　　　操作·················244
　　　　任务分析················244
　　　　任务实施················247
　　　　任务评价················251
　　任务二　零件的外形铣削、挖槽
　　　　　　及钻孔加工···········252
　　　　任务分析················252
　　　　知识链接················253
　　　　任务实施················265
　　　　任务评价················286

项目一

数控铣床/加工中心编程加工基础

任务一　认识数控铣床/加工中心

知识目标

1. 了解数控机床的产生及发展；
2. 认识数控机床的种类；
3. 认识数控铣床/加工中心的基本结构。

能力目标

1. 能够说出数控铣床/加工中心的基本结构的组成部分及其作用；
2. 能够根据零件的特征正确选择对应的数控机床。

素养目标

1. 通过对数控机床的认知，激发学生潜心钻研、技术报国的斗志；
2. 学生灵活运用所学知识独立分析问题并解决问题的能力；
3. 通过观摩实践中心培养学生认真思考的能力。

任务描述

随着社会生产和科学技术的不断进步，各类工业新产品层出不穷。机械制造产业作为国

民工业的基础,其产品更是日趋精密复杂,特别是在航天、航海、军事等领域所需的机械零件,精度要求更高,形状更为复杂且往往批量较小,加工这类产品需要经常改装或调整设备。同时,随着市场竞争的日益加剧,企业生产也迫切需要进一步提高其生产效率,提高产品质量及降低生产成本,因此对加工机械产品的生产设备提出了三高(高性能、高精度和高自动化)的要求。图1-1所示为汽车、直升机、轮船及其核心部件发动机缸体、螺旋桨和叶轮,这些核心的重要部件决定着产品的整体性能水平,同时也决定了一个领域,甚至一个国家的整体生产力和综合实力,那么这些核心部件是怎么生产出来的?这就要用到数控机床。本任务主要通过参观数控实训基地,让学生掌握数控机床的组成,认识数控铣床(加工中心)结构。

图1-1 汽车、直升机、轮船及其核心部件

知识链接

一、数控机床的产生及发展

1. 数控技术概念

数控技术是数字控制(numerical control,NC)技术的简称,是一种借助数字、字符或其他符号对某一工作过程(如加工、测量、装配等)进行可编程控制的自动控制技术。数控一般采用通用或专用计算机实现数字程序控制,因此数控技术也被称为计算机数控(computer numerical control,CNC)技术。

目前数控技术广泛应用于机械加工制造和自动化领域,较好地解决了多品种、小批量和复杂零件加工以及生产过程自动化问题。同时,随着计算机、自动控制技术的飞速发展,数控技术已广泛应用于航天、汽车、船舶制造以及电力四大工业。

数控技术最典型的应用是数控机床,利用数控技术对加工过程进行自动控制的机床就是数控机床。它是一种智能型的现代化生产机器,是现代机械加工车间最重要的装备,只需根

数控机床产生及发展视频

据不同的零件，变换不同的加工程序及工艺，它就可以依据指令生产出各种不同的零配件，可以说数控机床是整个工业生产的基础，也称作工作母机。数控机床与普通机床相比，最大的区别是配备了数控系统。

数控系统指的是实现数控技术相关功能的软硬件模块的有机集成系统，是数控技术的载体。常用的数控系统主要有日本的 FANUC 数控系统，德国西门子数控系统，我国的武汉华中数控系统、广州数控系统等，如图 1-2 所示。

日本 FANUC 数控系统　　德国西门子数控系统　　武汉华中数控系统　　广州数控系统

图1-2　常用数控系统

2. 数控机床的产生及发展

1) 数控机床的产生

微电子技术、自动信息处理技术、数据处理技术及电子计算机技术的发展，推动了机械制造自动化技术的快速发展。机械产品结构越来越合理，其性能、精度和效率日趋提高。企业的生产类型也由单品种大批量生产向多品种小批量生产转化，这对机械产品的加工也提出了高精度、高柔性与高度自动化的要求。而数控机床则能适应这种要求，满足目前的生产需求。

通用机床由人工操作，劳动强度大，而且难以提高生产效率和保证质量，实现多品种小批量生产的自动化成为机械制造业中长期未能解决的难题。虽然仿形加工部分解决了小批量、复杂零件的加工，但它有两个缺点：一是必须制造相应的靠模或样件；二是靠模和样件的制造误差和磨损影响加工精度，很难达到高精度。要解决高产优质的问题，也可采用专用机床、组合机床、专用自动化机床以及专用自动生产线和自动化车间进行生产。但是应用这些专用生产设备，生产周期长，产品改型不易，因而使新产品的开发周期增长，生产设备使用的柔性很差。精密复杂，加工批量小，改型频繁的零件，显然不能在专用机床或组合机床上加工。而借助靠模和仿形机床，或者借助划线和样板用手工操作的方法来加工，加工精度和生产效率受到很大的限制。特别是复杂的曲线曲面，在普通机床上根本无法实现。

数控机床的产生，有效解决了上述一系列矛盾，为单件、多品种小批量生产，特别是复杂型面零件提供了自动化加工手段，使机械制造业的发展进入了一个新的阶段。

2) 数控机床的发展

为了解决零件复杂形状表面的加工问题，1952 年，美国帕森斯公司和麻省理工学院研制成功了世界上第一台三坐标数控立铣床，后来又经过改进，并开展自动编程技术的研究，于 1955 年进入了实用阶段。从第一台数控机床的诞生开始，数控技术就得到了迅猛的发展，加工精度和生产效率不断提高。数控机床的发展至今已经历了两个阶段和六个时代，如图 1-3 所示。

第一阶段——数控(NC)阶段(1952—1970年)

早期的计算机运算速度低,不能适应机床实时控制的要求,人们只好用数字逻辑电路"搭"成一台机床专用计算机作为数控系统,这就是硬件连接数控,简称数控(NC)。随着电子元器件的发展,这个阶段经历了三代,即 1952 年的第一代——电子管数控机床,1959 年的第二代——晶体管数控机床,1965 年的第三代——小规模集成电路数控机床。

第二阶段——计算机数控(CNC)阶段(1970年至今)

1970年,通用小型计算机已出现并投入成批生产,人们将它移植过来作为数控系统的核心部件,从此进入计算机数控阶段。这个阶段也经历了三代,即 1970 年的第四代——小型计算机数控机床,1974 年的第五代——微型计算机数控系统,1990 年的第六代——基于 PC 的数控机床。

数控系统	时间	组成、特征
第一代	1952—1959年	电子管、继电器、模拟电路的专用数控装置(NC)
第二代	1959—1964年	晶体管、印制电路板的NC装置
第三代	1965—1970年	小、中规模集成电路的NC装置
第四代	1970—1974年	大规模集成电路的小型通用计算机控制系统(CNC)、直接数控系统(DNC)
第五代	1974—1990年	以微处理器为基础的MNC系统
第六代	1990年至今	PC的性能可满足作为数控系统核心部件的要求,数控系统进入基于PC的时代

图1-3 数控机床发展的年代、组成及特征

§ **职业素养** §

国家颁布的战略文件《智能制造发展规划》《中国制造2025》等指出:推动智能制造快速发展是促进我国经济增长新动能的必经之路,是抢占未来经济发展、科技发展制高点的重要战略定位。目前,第六代数控机床的概念已经形成,即在 PC 机的基础上,朝着智能化、开放化、图形化等方向发展。然而,我国尚未掌握高端数控机床的核心技术,在数控加工技术朝着"高精度、高速度、高可靠性、高质量"方向发展时被"卡脖子",我们要努力磨炼自身的技术技能水平,致力于为数控智能制造的发展贡献自己的青春和智慧。

二、数控机床的分类

1. 按加工方式分类

1) 普通数控机床

普通数控机床一般指在加工工艺过程中的一个工序上实现数字控制的自动化机床,如数控铣床、数控车床、数控钻床、数控磨床与数控齿轮加工机床等。普通数控机床在自动化程度上还不够完善,刀具的更换与零件的装夹仍需

数控机床种类视频

人工来完成。

2) 加工中心

这类机床是在一般数控机床的基础上发展起来的。它是在一般数控机床上加装一个刀库(可容纳 10~100 多把刀具)和自动换刀装置而构成的一种带自动换刀装置的数控机床(又称多工序数控机床或镗铣类加工中心,习惯上简称为加工中心),这使数控机床更进一步地向自动化和高效化方向发展。

数控加工中心和一般数控机床的区别是:工件经一次装夹后,数控装置就能控制机床自动地更换刀具,连续对工件各加工面自动地完成铣(车)、镗、钻、铰及攻丝等多工序加工。这类机床大多是以镗铣为主的,主要用来加工箱体零件。它和一般的数控机床相比具有如下优点:

(1) 减少机床台数,便于管理,对于多工序的零件只要一台机床就能完成全部加工,并可以减少半成品的库存量。

(2) 由于工件只要一次装夹,因此减少了多次安装易造成的定位误差,可以依靠机床精度来保证加工质量。

(3) 工序集中,减少了辅助时间,提高了生产率。

(4) 由于零件在一台机床上一次装夹就能完成多道工序加工,所以大大减少了专用工装夹具的数量,进一步缩短了生产准备时间。

2. 按工艺用途分类

1) 金属切削类数控机床

金属切削类数控机床有数控车床(NC lathe)(图 1-4)、数控铣床(NC milling machine)(图 1-5)、加工中心(machining center)(图 1-6)、数控钻床(NC drilling machine)(图 1-7)、数控镗床(NC boring machine)、数控齿轮加工机床(NC gear holling machine)、数控平面磨床(NC surface grinding machine)等。加工中心 MC 是带有刀库和自动换刀装置的数控机床。

图1-4　数控车床　　　　　　　　图1-5　数控铣床

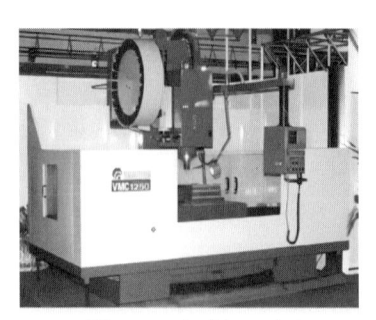

图1-6　立式加工中心　　　图1-7　数控钻床

2) 金属成形类数控机床

金属成形类数控机床有数控折弯机(图 1-8)、数控弯管机(图 1-9)和数控压力机等。

图1-8　数控折弯机　　　图1-9　数控弯管机

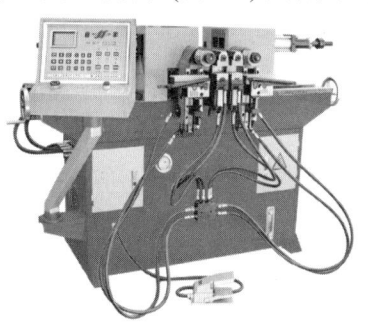

3) 数控特种加工机床

数控特种加工机床有数控线切割机床(图 1-10)、数控电火花加工机床(图 1-11)、数控激光加工机床等。

图1-10　数控线切割机床　　　图1-11　数控电火花加工机床

3. 按联动轴数分类

数控系统控制几个坐标轴按需要的函数关系同时协调运动，称为坐标联动，按照联动轴数可以分为：

1) 两轴联动

数控机床能同时控制两个坐标轴联动，适于数控车床加工旋转曲面或数控铣床铣削平面轮廓。

2) 两轴半联动

如图1-12所示，在两轴的基础上增加了Z轴的移动，当机床坐标系的X、Y轴固定时，Z轴可以作周期性进给。两轴半联动加工可以实现分层加工。

3) 三轴联动

数控机床能同时控制三个坐标轴的联动，用于一般曲面的加工，一般的型腔模具均可以用三轴加工完成，如图1-13所示。

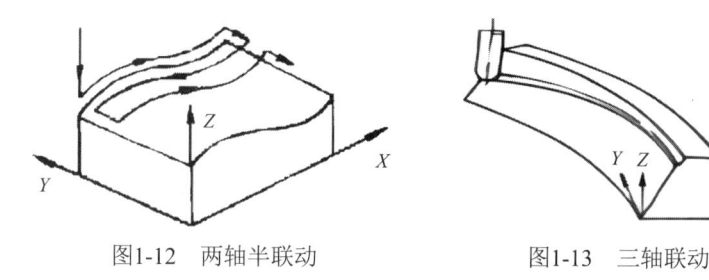

图1-12 两轴半联动　　　　图1-13 三轴联动

4) 多轴联动

数控机床能同时控制四个以上坐标轴的联动。多坐标数控机床的结构复杂，精度要求高、程序编制复杂，适于加工形状复杂的零件，如叶轮叶片类零件。

通常三轴机床可以实现二轴、二轴半、三轴加工；五轴机床也可以只用到三轴联动加工，而其他两轴不联动，如图1-14所示为五轴数控机床。

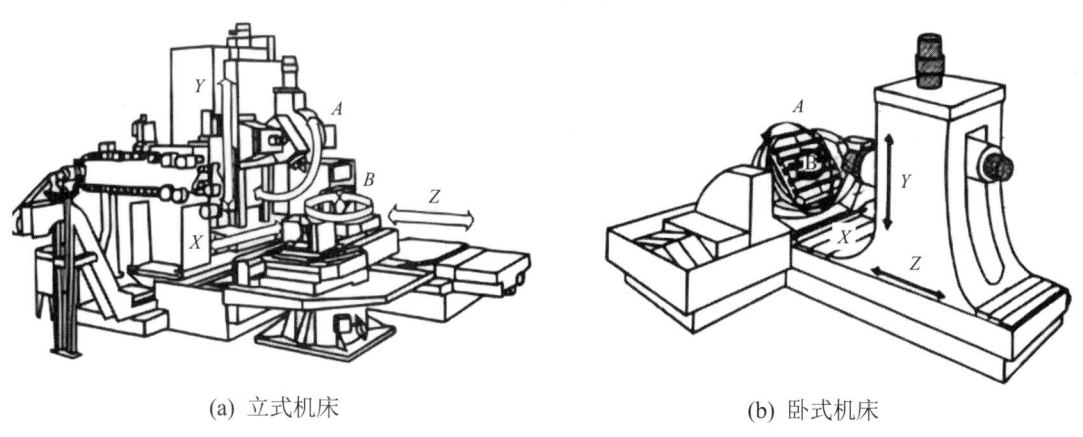

(a) 立式机床　　　　(b) 卧式机床

图1-14 五轴数控机床

三、数控铣床和加工中心的结构

数控铣床和加工中心的结构都包括加工程序载体、数控装置、伺服驱动装置、机床本体和其他辅助装置。加工中心与数控铣床在结构上的最大区别在于加工中心具有刀库和自动换刀装置。

1. 加工程序载体

数控机床工作时，不需要人工直接去操作机床，要对数控机床进行控制，

数控铣床和加工中心基本结构视频

必须编制加工程序。零件加工程序中，包括机床上刀具和工件的相对运动轨迹、工艺参数(进给量主轴转速等)和辅助运动等。具体步骤为：将零件加工程序用一定的格式和代码，存储在一种程序载体上，如穿孔纸带、盒式磁带、软磁盘等，通过数控机床的输入装置，将程序信息输入 CNC 单元。

2. 数控装置

数控装置是数控机床的核心。现代数控装置均采用 CNC(computer numerical control)形式，这种 CNC 装置一般使用多个微处理器，以程序化的软件形式实现数控功能，因此又称软件数控(software NC)。CNC 系统是一种位置控制系统，它是根据输入数据插补出理想的运动轨迹，然后将其输出到执行部件加工出所需要的零件。因此，数控装置主要由输入、处理和输出三个基本部分构成，而所有这些工作都由计算机的系统程序进行合理地组织，使整个系统协调地工作。

3. 伺服系统和测量反馈系统

伺服系统是数控机床的重要组成部分，用于实现数控机床的进给伺服控制和主轴伺服控制。伺服系统的作用是把来自数控装置的指令信息，经功率放大、整形处理后，转换成机床执行部件的直线位移或角位移运动。由于伺服系统是数控机床的最后环节，其性能将直接影响数控机床的精度和速度等技术指标，因此，对数控机床的伺服驱动装置，要求具有良好的快速反应性能，准确而灵敏地跟踪数控装置发出的数字指令信号，并能忠实地执行来自数控装置的指令，提高系统的动态跟随特性和静态跟踪精度。

伺服系统包括驱动装置和执行机构两大部分。驱动装置由主轴驱动单元、进给驱动单元和主轴伺服电动机、进给伺服电动机组成。步进电动机、直流伺服电动机和交流伺服电动机是常用的驱动装置。

测量元件将数控机床各坐标轴的实际位移值检测出来并经反馈系统输入到机床的数控装置中，数控装置对反馈回来的实际位移值与指令值进行比较，并向伺服系统输出达到设定值所需的位移量指令。

4. 机床本体

如图 1-15 所示，数控机床本体包括床身、底座、立柱、横梁、滑座、工作台、主轴箱、进给机构、刀库(图 1-16)及自动换刀装置(图 1-17)等机械部件。它是在数控机床上自动地完成各种切削加工的机械部分。与传统的机床相比，数控机床本体具有如下结构特点：

(1) 采用具有高刚度、高抗震性及较小热变形的机床新结构。通常用提高结构系统的静刚度、增加阻尼、调整结构件质量和固有频率等方法来提高机床主机的刚度和抗震性，使机床本体能适应数控机床连续自动地进行切削加工的需要。采取改善机床结构布局、减少发热、控制温升及采用热位移补偿等措施，可减少热变形对机床主机的影响。

(2) 广泛采用高性能的主轴伺服驱动和进给伺服驱动装置，使数控机床的传动链缩短，简化了机床机械传动系统的结构。

(3) 采用高传动效率、高精度、无间隙的传动装置和运动部件，如滚珠丝杠螺母副、塑料滑动导轨、直线滚动导轨、静压导轨等。

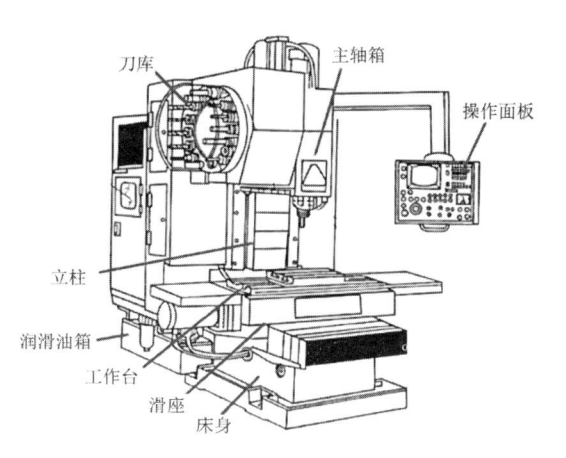

图1-15 数控机床本体

(a) 圆盘式刀库

(b) 链式刀库

图1-16 加工中心常见刀库

(a) 主轴换刀　　(b) 机械手换刀

图1-17 自动换刀装置

5. 辅助装置

辅助装置是保证充分发挥数控机床功能所必需的配套装置，如图1-18所示，常用的辅助装置包括：气动、液压装置，排屑装置，冷却、润滑装置，回转工作台和数控分度头，防护、照明等各种辅助装置。

(a) 气动装置 　　(b) 冷却水泵 　　(c) 排屑装置

(d) 润滑装置 　　(e) 回转工作台 　　(f) 数控分度头

图1-18　数控机床辅助装置

§ 职业素养 §

中国数控技术经过几十年的发展取得了很大的成就，周济院士团队研究开发出华中Ⅰ型数控系统；郑志明院士研究出数理融合的曲面数控加工新方法；丁汉院士研究出复杂曲面宽行加工理论，攻克了多轴联动高效加工的核心技术；蒋庄德院士研究出高效数字化精密测量技术及系列装备。目前，中国的中低端机床已经形成自己的机床产业体系，高端机床有了质的进步，可以实现五轴联动。但是核心关键组成部分(如数控系统、滚珠丝杠、驱动装置、伺服系统、转向部件等)全部依赖进口。我们要学习科学家努力奋斗的精神，以积极的态度对待人生，树立正确的人生观和价值观。

四、适合数控铣床/加工中心加工的零件

数控铣床和加工中心不仅可以加工各种平面、沟槽、螺旋槽、成型表面和孔，而且还能加工各种平面曲线和空间曲线等复杂型面，适合于加工各种模具、凸轮、板类及箱体类的零件，如图1-19所示。

(a) 平面加工　　(b) 凸台面加工　　(c) 沟槽加工　　(d) 孔加工

图1-19　数控铣床/加工中心加工的零件

根据数控铣床和加工中心的特点，从铣削加工角度来考虑，适合数控铣削的主要加工对象有以下几类。

1. 既有平面又有孔系的零件

既有平面又有孔系的零件主要是指箱体类零件和盘、套、板类零件。加工这类零件时，最好采用加工中心在一次装夹中完成零件上平面的铣削，孔系的钻削、镗削、铰削、铣削及攻螺纹等多工步加工，以保证该类零件各加工表面间的相互位置的精度。常见的这类零件有箱体类零件(图 1-20)和盘、套零件(图 1-21)。

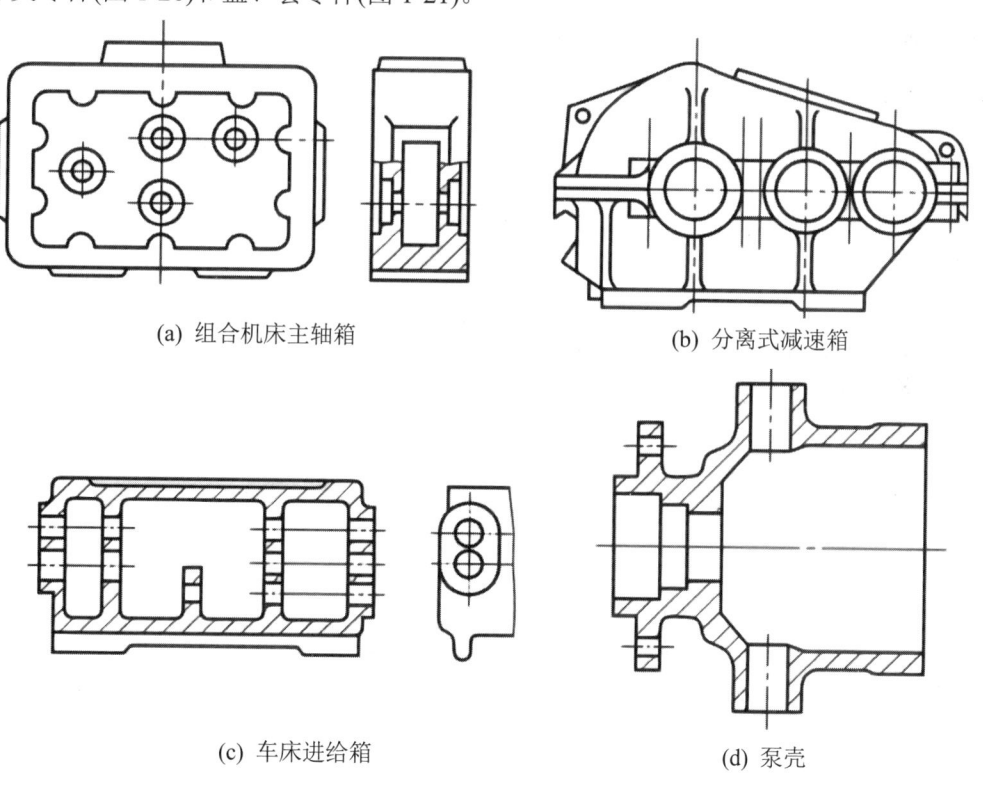

(a) 组合机床主轴箱　　(b) 分离式减速箱

(c) 车床进给箱　　(d) 泵壳

图1-20　箱体类零件

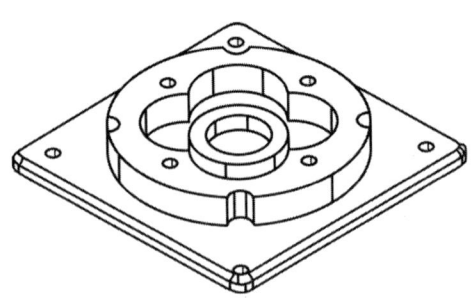

图1-21　盘、套零件

2. 结构形状复杂、普通机床难加工的零件

结构形状复杂的零件是指主要表面由复杂曲线、曲面组成的零件。加工这类零件时，通常需采用加工中心进行多坐标联动加工。常见的典型零件有凸轮类零件、整体叶轮类零件和模具类零件，如图1-22所示。

(a) 凸轮类　　(b) 整体叶轮类　　(c) 模具类

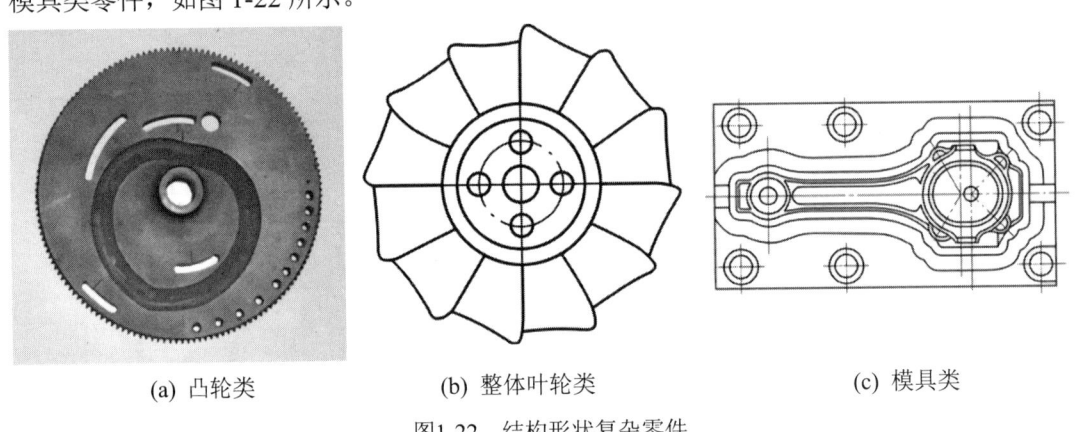

图1-22　结构形状复杂零件

3. 外形不规则的异形零件

异形零件是指支架、拨叉类等外形不规则的零件，如图1-23所示。这类零件大多采用点、线、面多工位混合加工。由于外形不规则，在普通机床上只能按照工序分散的原则加工，使用的工装较多，周期较长。利用加工中心多工位点、线、面混合加工的特点，可以完成大部分甚至全部工序内容。

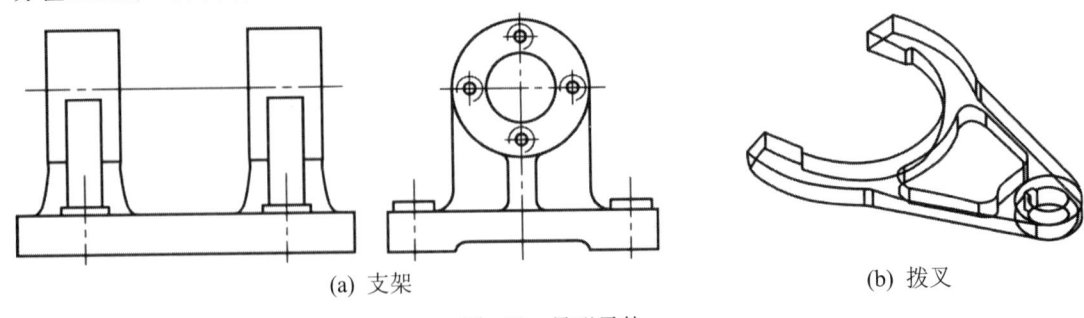

(a) 支架　　(b) 拨叉

图1-23　异形零件

4. 精度要求较高的中小批量零件

这类零件对加工精度要求较高。

5. 周期性重复投产的零件

某些产品的市场需求具有周期性和季节性，采用加工中心首件试切完成后，程序和相关生产信息可保留下来，供以后反复使用，产品下次再投产时只要很少的准备时间就可开始生产，使生产周期大大缩短。

6. 新产品试制中的零件

新产品在定型之前，选择加工中心试制，可省去许多用通用机床加工所需的试制工装。

任务实施

1. 参观数控实训场地，了解常规的安全文明生产规范，树立"安全牢记在心"的安全意识。

2. 小组协作与分工。每组 4~5 人，参观数控加工设备，了解数控加工机床的种类、型号、机床参数、使用的数控系统等，完成表 1-1 的内容填写。

表1-1　认识数控铣床/加工中心

种类	项目	主要技术参数值
数控铣床主要参数	机床型号	
	数控系统	
	工作台面规格	
	各坐标轴行程	
	最高转速	
	进给速度范围	
加工中心主要参数	机床型号	
	数控系统	
	工作台面规格	
	各坐标轴行程	
	最高转速	
	进给速度范围	
	刀库容量	
	换刀时间	

3. 参观数控机床加工零件，请同学们思考并讨论以下问题。

(1) 为什么这些零件适宜在数控机床上加工？

(2) 请同学们列举更多的适宜在数控机床上加工的零件。

4. 完成图1-24数控铣床各部件名称及功能的填写。

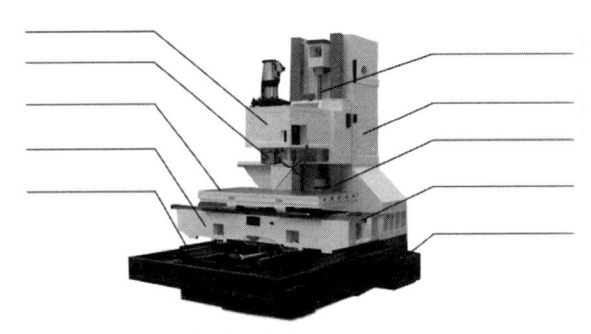

图1-24 数控铣床各部件的名称及功能

任务评价

表1-2 认识数控铣床/加工中心任务评价表

序号	考核项目	考核内容	分值	评分标准	学生自评	教师评分
1	素质考评	安全意识强	10	不达标不得分		
		爱护公共财物和设备设施	10	不达标不得分		
		服从指挥和管理	10	不达标不得分		
		积极维护场地卫生	10	不达标不得分		
2	知识点考评	数控铣床/加工中心的组成	20	不达标不得分		
		数控机床的分类	20	不达标不得分		
		数控铣床/加工中心加工工艺范围	20	不达标不得分		

任务二 数控铣床/加工中心坐标系

知识目标

1. 认识数控机床右手笛卡儿坐标系；
2. 掌握数控铣床坐标轴确定方法；
3. 掌握绝对坐标系与增量坐标系的区别。

项目一　数控铣床/加工中心编程加工基础

能力目标

1. 能够根据零件特点正确选择工件坐标系原点位置；
2. 能够进行机床 X、Y、Z 坐标轴及其正方向的确立；
3. 能够理解机床坐标系与工件坐标系的关系。

素养目标

1. 具备独立学习，灵活运用所学知识独立分析问题并解决问题的能力；
2. 具备探究学习，获取、分析、归纳、交流、使用信息获得新知识的能力。

任务描述

如图 1-25 所示，在数控编程时为了描述机床的运动，简化程序编制的方法及保证记录数据的互换性，数控机床的坐标系和运动方向均已标准化，ISO(国际标准化组织)和我国工业和信息化部都颁布了命名的标准。机床坐标系(machine coordinate system)是以机床原点 O 为坐标系原点并遵循右手笛卡儿直角坐标系建立的由 X、Y、Z 轴组成的直角坐标系。本任务主要通过学习坐标系的命名原则和方法，掌握如何确定数控铣床(加工中心)坐标系。

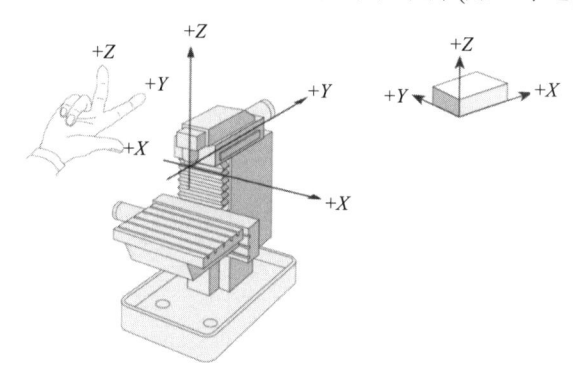

图1-25　数控机床坐标系

知识链接

一、数控机床坐标系

1. 坐标和运动方向命名的原则

数控机床的进给运动是相对的，有的机床是刀具相对于工件的运动，有的是工件相对于刀具的运动。为了使编程人员能在不知道是刀具移向工件，还是工件移向刀具的情况下，可以根据图样确定机床的加工过程，特规定：永远假定刀具相对于静止的工件而运动。

数控机床右手笛卡儿坐标系视频

2. 标准坐标系的规定

在数控机床上加工零件，机床的动作是由数控系统发出的指令来控制的。为了确定机床的运动方向和移动的距离，就要在机床上建立一个坐标系，这个坐标系就叫标准坐标系，也叫机床坐标系。在编制程序时，就可以以该坐标系来规定运动方向和距离。

数控机床上的坐标系采用的是右手直角笛卡儿坐标系，如图 1-26(a)所示。在图(a)中，大拇指的方向为 X 轴的正方向，食指为 Y 轴的正方向，中指为 Z 轴的正方向。图(b)则为旋转坐标示意图(后面详细介绍)。

(a) 右手笛卡儿直角坐标系　　(b) 旋转坐标

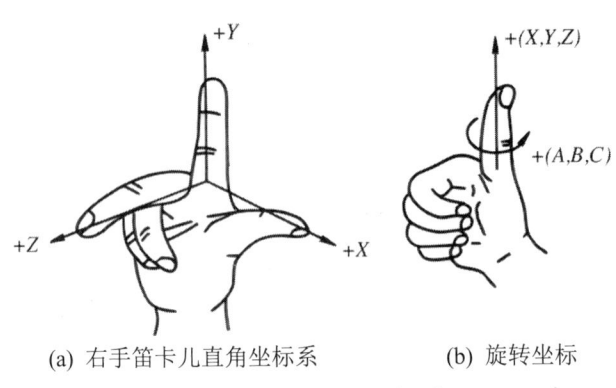

图1-26　数控机床坐标系

3. 数控铣床坐标轴的确定

数控铣床坐标系的方向如图 1-27 和图 1-28 所示。其具体的坐标轴确定方法如下：

1) Z 坐标轴方向

Z 坐标轴的运动，由传递切削力的主轴决定，与主轴轴线平行的坐标轴即为 Z 坐标轴。根据坐标系方向的命名原则，在钻、镗、铣加工中，钻入和镗入工件的方向为 Z 坐标轴的负方向，而退出为正方向。

2) X 坐标轴方向

规定 X 坐标轴为水平方向，且垂直于 Z 轴并平行于工件的装夹面。X 坐标是在刀具或工件定位平面内运动的主要坐标。对于立式铣床/加工中心，Z 坐标垂直，观察者面对刀具主轴向立柱看时，$+X$ 运动方向指向右方(图 1-27)。对于卧式铣床/加工中心，Z 坐标水平，观察者沿刀具主轴向工件看时，$+X$ 运动方向指向右方(图 1-28)。

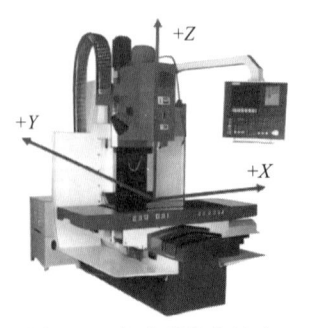

图1-27　立式升降台铣床　　图1-28　卧式铣床

3) Y 坐标轴方向

如图 1-29 所示，Y 坐标轴垂直于 X、Z 坐标轴，其运动的正方向根据 X 和 Z 坐标的正方向，按照右手直角笛卡儿坐标系来判断。

判定顺序：先 Z 轴，再 X 轴，最后按右手笛卡儿直角坐标系判定 Y 轴。

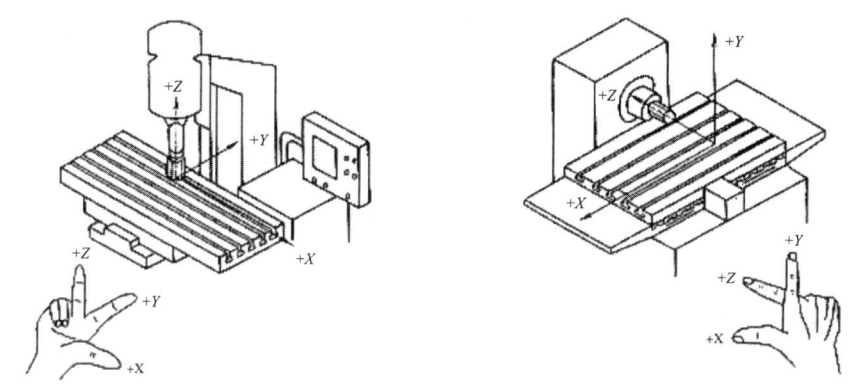

图1-29　Y坐标轴方向确定

4) 旋转坐标轴

在图 1-26(b)中，A、B、C 轴相应地表示其轴线平行于 X、Y、Z 的旋转运动。A、B、C 的正方向，相应地表示在 X、Y 和 Z 坐标正方向上，通过右手螺旋定则判断，大拇指的指向为 X、Y、Z 坐标中任意轴的正向，其余四指的旋转方向即为旋转坐标 A、B、C 的正向。

§ 职业素养 §

笛卡儿坐标系是法国哲学家、数学家笛卡儿发明的。一天他在生病卧床时，看见屋顶角上的一只蜘蛛，拉着丝垂了下来，一会功夫，蜘蛛又顺着丝爬上去，在上边左右拉丝。蜘蛛的"表演"使笛卡儿的思路豁然开朗。他想，可以把蜘蛛看做一个点，它在屋子里可以上、下、左、右运动，能不能把蜘蛛的每个位置用一组数确定下来呢？他又想，屋子里相邻的两面墙与地面相交成三条线，如果把地面上的墙角作为起点，把相交的三条线作为三根数轴，那么空间中任意一点的位置就可以在这三根数轴上找到有顺序的三个数。这个例子告诉我们，要在学习中培养自身观察能力，通过仔细地观察现象，从中发现能成立的理论。

二、绝对坐标系与增量(相对)坐标系

1. 绝对坐标系

坐标系内所有坐标点的坐标值均从某一固定点(坐标原点)计量的坐标系，称为绝对坐标系，如图 1-30(b)所示。

2. 增量(相对)坐标系

坐标系内某一位置的坐标尺寸用相对于前一位置的坐标尺寸的增量进行计量的坐标系，称为增量坐标系(相对坐标系)，图 1-30(c)给出了点 B 相对于点 A、点 C 相对于点 B 的增量坐标。

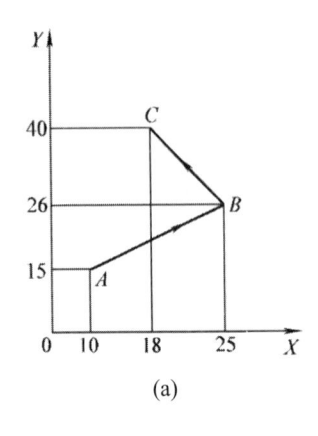

坐标点	绝对坐标
B	(25, 26)
C	(18, 40)

坐标点	增量坐标
B	(15, 11)
C	(-7, 14)

(a)　　　　　　　　　(b)　　　　　　　　　(c)

图1-30　绝对坐标系和增量坐标系

三、机床坐标系与工件坐标系

1. 机床坐标系与机床原点、机床参考点

1) 机床坐标系

机床坐标系是机床上固有的坐标系，是用来确定工件坐标系的基本坐标系，是确定刀具或工件位置的参考系，并建立在机床原点上。机床坐标系由厂家设定，是安装调试数控机床时便设定好的固定坐标系，该坐标系一经建立，只要机床不断电，将永远保持不变，并且不能通过编程对它进行修改。

2) 机床原点

机床坐标系的坐标原点称为机床原点(机械原点)。在数控铣床上，机床原点一般取在 X、Y、Z 坐标的正方向极限位置上，如图1-31所示。

3) 机床参考点

大多数数控机床，开机首先进行返回机床参考点(即所谓的机床回零)操作。开机回参考点的目的就是为了建立机床坐标系，并确定机床坐标系的原点。其位置是由机床制造厂家在每个进给轴上用限位开关精确调整好的，坐标值已输入数控系统中。因此参考点对机床原点的坐标是一个已知数。

数控铣床上机床原点和机床参考点是重合的。数控机床开机时，必须先确定机床原点，而确定机床原点的运动就是回参考点的操作，这样通过确认参考点，就确定了机床原点。只有机床参考点被确认后，机床原点才被确认，刀具(或工作台)移动才有基准。

2. 工件坐标系、工件坐标系原点和对刀

1) 工件坐标系

工件坐标系是编程人员在编程时设定的坐标系，也称为编程坐标系。通常编程人员选择工件上的某一已知点为原点，建立一个新的坐标系，称为工件坐标系。该坐标系的原点称为程序原点或编程原点。工件坐标系一旦建立便一直有效，直到被新的工件坐标系取代。

2) 工件坐标系原点

工件坐标系的原点是零件图上最重要的基准点，一般用 G92 或 G54～G59 指定。其选择原则如下：

(1) 尽量选择在零件的设计基准或工艺基准上；

(2) 尽可能选在尺寸精度高、粗糙度低的表面上；

(3) 最好选择在对称中心上。

工件坐标系的坐标轴方向与机床坐标系的坐标轴方向保持一致。在数控铣床中，如图 1-32 所示，Z 轴的原点一般设定在工件的上表面，对于非对称工件，X、Y 轴的原点一般设定在工件的左前角上；对于对称工件，X、Y 轴的原点一般设定在工件对称轴的交点上。

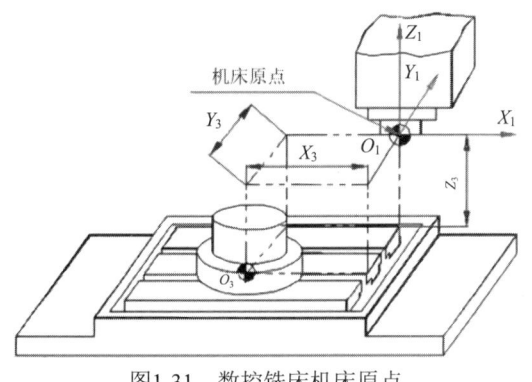

图 1-31 数控铣床机床原点

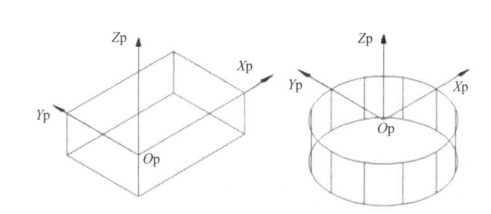

图 1-32 数控铣床工件坐标系的原点

3) 对刀——建立工件坐标系与机床坐标系的关系

编程人员在编制程序时，只要根据零件图样就可以选定编程原点、建立编程坐标系、计算坐标数值，而不必考虑工件毛坯装夹的实际位置。

对于加工人员来说，则应在装夹工件、调试程序时，将编程原点转换为加工原点，并确定加工原点的位置，在数控系统中给予设定(即给出原点设定值)，然后就可以自动加工了。

对刀是指零件被装夹到机床上后，用某种方法获得编程原点在机床坐标系中的位置(即编程原点的机床坐标值)。机床坐标系与工件坐标系的关系如图 1-33 所示。

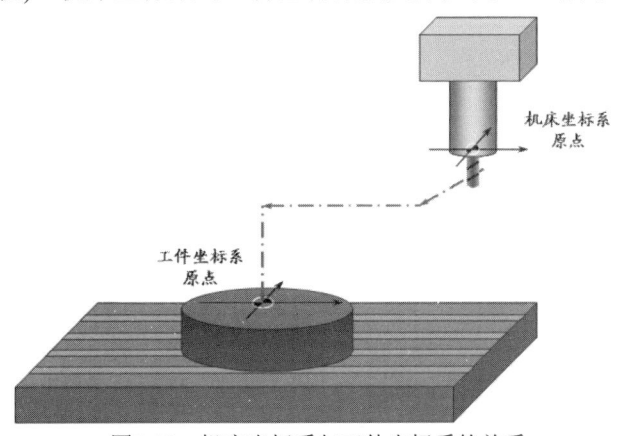

图 1-33 机床坐标系与工件坐标系的关系

任务实施

1. 小组协作与分工。每组 4~5 人，观察立式、卧式数控铣床运动，完成表 1-3 的内容填写。

表1-3　数控铣床/加工中心坐标系

种类	项目	方向及正方向
数控立式铣床	X 轴	
	Y 轴	
	Z 轴	
数控卧式铣床	X 轴	
	Y 轴	
	Z 轴	

2. 读出图 1-34 中各点的绝对坐标值和增量坐标值，填入表 1-4。

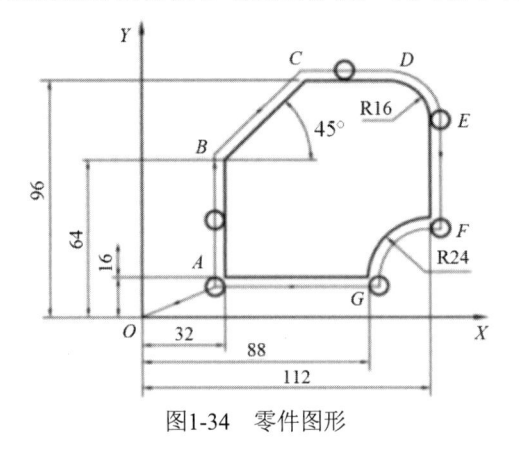

图1-34　零件图形

表1-4　零件图形轮廓各点坐标值

坐标点	绝对坐标	坐标点	增量坐标
A		A	
B		B	
C		C	
D		D	
E		E	
F		F	
G		G	

任务评价

本任务评价表见表1-5。

表1-5 数控铣床/加工中心坐标系任务评价表

序号	考核项目	考核内容	分值	评分标准	学生自评	教师评分
1	素质考评	安全意识强	10	不达标不得分		
		爱护公共财物和设备设施	10	不达标不得分		
		服从指挥和管理	10	不达标不得分		
		积极维护场地卫生	10	不达标不得分		
2	知识点考评	数控铣床坐标系	20	不达标不得分		
		绝对坐标系与增量坐标系	20	不达标不得分		
		机床坐标系与工件坐标系	20	不达标不得分		

任务三　数控编程步骤及程序结构

知识目标

1. 了解数控编程的概念；
2. 掌握数控编程的步骤；
3. 掌握数控程序的结构特点。

能力目标

1. 能够理解数控编程的内容及步骤；
2. 能够按照数控程序结构正确编写程序。

素养目标

1. 具备独立学习，以及灵活运用所学知识独立分析问题并解决问题的能力；
2. 具备探究学习，以及获取、分析、归纳、交流、使用信息以获得新知识的能力。

任务描述

如表 1-6 所示,数控机床能忠实地执行数控系统发出的命令,而这些命令则通过数控程序来体现。因此,数控机床操作的首要任务就是将数控程序正确、快速地输入数控系统。那么如何完成零件程序的编写过程?下面的加工程序是由哪几部分组成的?本任务重点学习数控编程的基本步骤及程序的结构。

表1-6 数控加工程序

程序	
O0010;	N90 X30.0;
N10 G90 G94 G40 G21 G17 G54;	N100 G03 X40.0 Y20.0 I0 J10.0;
N20 G91 G28 Z0;	N110 G02 X30.0 Y30.0 I0 J10.0;
N30 G90 G00 X-10.0 Y-10.0;	N120 G01 X10.0 Y20.0;
N40 Z50.0;	N130 Y5.0;
N50 G42 G00 X4.0 Y10.0 D01;	N140 G00 Z50.0 ;
N60 M03 S900;	N150 G40 X-10.0 Y-10.0;
N70 G00 Z2.0;	N160 M05;
N80 G01 Z-2.0 F800;	N170 M30;

知识链接

一、数控编程的概念

我们都知道,在普通机床上加工零件时,一般由工艺人员按照设计图样事先制订好零件的加工工艺规程。在工艺规程中给出零件的加工路线、切削参数、机床的规格及刀具、卡具、量具等内容。操作人员按工艺规程的各个步骤手工操作机床,加工出图样给定的零件,也就是说零件的加工过程是由工人手工操作的。

数控机床却不一样,它按照事先编制好的加工程序,自动地对被加工零件进行加工。我们把零件的加工工艺路线、工艺参数、刀具的运动轨迹、位移量、切削参数(主轴转数、进给量、吃刀量等)以及辅助功能(换刀、主轴正反转、切削液开关等),按照数控机床规定的指令代码及程序格式编写成加工程序单,再把这一程序单中的内容记录在控制介质上(如穿孔纸带、磁带、磁盘、磁泡存储器),然后输入到数控机床的数控装置中,从而指挥机床加工零件。这种从零件图的分析到制成控制介质的全部过程叫数控程序的编制。

从以上分析可以看出，数控机床与普通机床加工零件的区别在于数控机床是按照程序自动进行零件加工，而普通机床要由人来操作，我们只要改变控制机床动作的程序就可以达到加工不同零件的目的。因此，数控机床特别适用于加工小批量且形状复杂、精度要求高的零件。

由于数控机床要按照预先编制好的程序自动加工零件，因此，程序编制的好坏直接影响数控机床的正确使用和数控加工特点的发挥。这就要求编程人员具有比较高的素质。编程人员应通晓机械加工工艺以及机床、刀夹具、数控系统的性能，熟悉工厂的生产特点和生产习惯。在工作中，编程人员不但要责任心强、细心，而且还要能和操作人员配合默契，不断吸取别人的编程经验，积累编程经验和编程技巧，并逐步实现编程自动化，以提高编程效率。

二、数控编程的内容和步骤

1. 数控编程的内容

数控编程的主要内容包括：分析零件图样，确定加工工艺过程；确定走刀轨迹，计算刀位数据；编写零件加工程序；制作控制介质；校对程序及首件试加工。

2. 数控编程的步骤

数控编程的步骤一般如图1-35所示。

数控编程概念及步骤视频

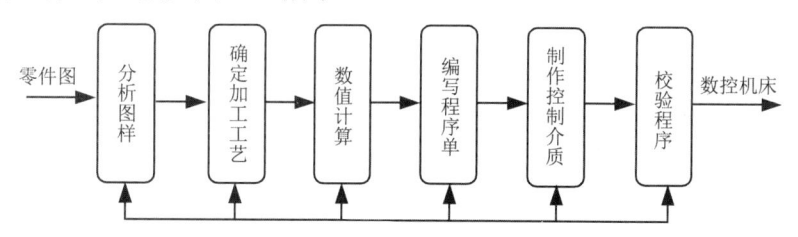

图1-35 数控编程的过程

1) 分析零件图样和工艺处理

这一步骤的内容包括：对零件图样进行分析以明确加工的内容及要求，选择加工方案，确定加工顺序、走刀路线，选择合适的数控机床、设计夹具、选择刀具、确定合理的切削用量等。工艺处理涉及的问题很多，编程人员需要注意以下几点：

(1) 工艺方案及工艺路线。

应考虑数控机床使用的合理性及经济性，充分发挥数控机床的功能；尽量缩短加工路线，减少空行程时间和换刀次数，以提高生产率；尽量使数值计算方便，程序段少，以减少编程工作量；合理选取起刀点、切入点和切入方式，保证切入过程平稳，没有冲击；在连续铣削平面内外轮廓时，应安排好刀具的切入、切出路线。尽量沿轮廓曲线的延长线切入、切出，以免交接处出现刀痕，如图1-36所示。

(a) 铣曲线轮廓　　　　　　　　　　　　(b) 铣直线轮廓

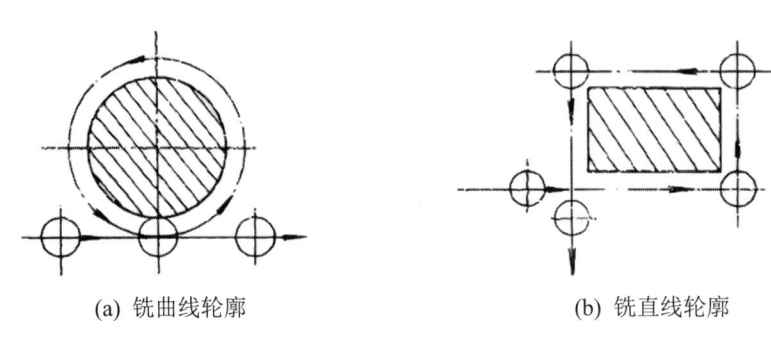

图1-36　刀具的切入切出路线

(2) 零件安装与夹具选择。

尽量选择通用、组合夹具，一次安装中把零件的所有加工面都加工出来，零件的定位基准与设计基准重合，以减少定位误差；应特别注意要迅速完成工件的定位和夹紧过程，以减少辅助时间，必要时可以考虑采用专用夹具。

(3) 编程原点和编程坐标系。

编程坐标系是指在数控编程时，在工件上确定的基准坐标系，其原点也是数控加工的对刀点。要求所选择的编程原点及编程坐标系应使程序编制简单；编程原点应尽量选择在零件的工艺基准或设计基准上，且在加工过程中便于检查的位置；引起的加工误差要小。

(4) 刀具和切削用量。

应根据工件材料的性能，机床的加工能力，加工工序的类型，切削用量以及其他与加工有关的因素来选择刀具。对刀具总的要求是：安装调整方便，刚性好，精度高，使用寿命长等。

切削用量包括主轴转速、进给速度、切削深度等。切削深度由机床、刀具、工件的刚度确定，在刚度允许的条件下，粗加工取较大的切削深度，以减少走刀次数，提高生产率；精加工取较小的切削深度，以获得表面质量。主轴转速由机床允许的切削速度及工件直径选取。进给速度则按零件加工精度、表面粗糙度要求选取，粗加工取较大值，精加工取较小值。最大进给速度受机床刚度及进给系统性能限制。

2) 数学处理

在完成工艺处理的工作以后，下一步需根据零件的几何形状、尺寸、走刀路线及设定的坐标系，计算粗、精加工各运动轨迹，得到刀位数据。一般的数控系统均具有直线插补与圆弧插补功能。对于点定位的数控机床(如数控冲床)一般不需要计算；对于由圆弧与直线组成的较简单的零件轮廓加工，需要计算出零件轮廓线上各几何元素的起点、终点、圆弧的圆心坐标、两几何元素的交点或切点的坐标值；当零件图样所标尺寸的坐标系与所编程序的坐标系不一致时，需要进行相应的换算；若数控机床无刀补功能，则应计算刀心轨迹；对于形状比较复杂的非圆曲线(如渐开线、双曲线等)的加工，需要用小直线段或圆弧段逼近，按精度要求计算出其节点坐标值；自由曲线、曲面及组合曲面的数学处理更为复杂，需利用计算机进行辅助设计。

3) 编写程序单

在加工顺序、工艺参数以及刀位数据确定后，就可按数控系统的指令代码和程序段格式，逐段编写零件加工程序单。编程人员应对数控机床的性能、指令功能、代码书写格式等非常熟悉，才能编写出正确的零件加工程序。对于形状复杂(如空间自由曲线、曲面)、工序很长、计算烦琐的零件采用计算机辅助数控编程。

4) 输入数控系统

程序编写好之后，可通过键盘直接将程序输入数控系统，比较老的数控机床需要制作控制介质(穿孔带)，再将控制介质上的程序输入数控系统。

5) 程序检验和首件试加工

程序送入数控机床后，还需经过试运行和试加工两步检验，才能进行正式加工。通过试运行，检验程序语法是否有错，加工轨迹是否正确；通过试加工可以检验其加工工艺及有关切削参数制定得是否合理，加工精度能否满足零件图样要求，加工工效如何，以便进一步改进。试运行方法对带有刀具轨迹动态模拟显示功能的数控机床，可进行数控模拟加工，检查刀具轨迹是否正确，如果程序存在语法或计算错误，运行中会自动显示编程出错报警，根据报警号内容，编程员可对相应出错程序段进行检查、修改，对无此功能的数控机床可进行空运转检验。试加工一般采用逐段运行加工的方法进行，即每按一次自动循环键，系统只执行一段程序，执行完一段停一下，通过一段一段的运行来检查机床的每次动作。

三、数控编程的方法

数控编程一般分为手工编程和自动编程。

1. 手工编程(manual programming)

从零件图样分析、工艺处理、数值计算、编写程序单、程序输入至程序校验等各步骤均由人工完成，称为手工编程。对于加工形状简单的零件，计算比较简单，程序不多，采用手工编程较容易完成，而且经济、及时，因此在点定位加工及由直线与圆弧组成的轮廓加工中，手工编程仍广泛应用。但对于形状复杂的零件，特别是具有非圆曲线、列表曲线及曲面的零件，用手工编程就有一定的困难，出错的机率增大，有的甚至无法编出程序，必须采用自动编程的方法编制程序。

2. 自动编程(automatic programming)

自动编程是利用计算机专用软件编制数控加工程序的过程。它包括数控语言编程和图形交互式编程。

使用数控语言编程时，编程人员只需根据图样的要求，使用数控语言编写出零件加工源程序，将其送入计算机，由计算机自动地进行编译、数值计算、后置处理，编写出零件加工程序单，直至自动穿出数控加工纸带，或将加工程序通过直接通信的方式送入数控机床，指挥机床工作。

数控语言编程为解决多坐标数控机床加工曲面、曲线提供了有效方法。但这种编程方法直观性差，编程过程比较复杂、不易掌握，并且不便于进行阶段性检查。随着计算机技术的发展，计算机图形处理功能已有了极大的增强，"图形交互式自动编程"也应运而生。

图形交互式自动编程是利用计算机辅助设计(CAD)软件的图形编程功能，将零件的几何图形绘制到计算机上，形成零件的图形文件，或者直接调用由 CAD 系统完成的产品设计文件中的零件图形文件，然后再直接调用计算机内相应的数控编程模块，进行刀具轨迹处理，由计算机自动对零件加工轨迹的每一个节点进行运算和数学处理，从而生成刀位文件。之后，再经相应的后置处理(postprocessing)，自动生成数控加工程序，并同时在计算机上动态地显示其刀具的加工轨迹图形。

图形交互式自动编程极大地提高了数控编程效率，可实现 CAD/CAM 集成，对实现计算机辅助设计(CAD)和计算机辅助制造(CAM)一体化起到了必要的桥梁作用。因此，它也习惯地被称为 CAD/CAM 自动编程。

四、程序的结构与格式

每种数控系统，根据系统本身的特点及编程的需要，都有一定的程序格式。对于不同的机床，其程序格式也不尽相同。因此，编程人员必须严格按照机床说明书的规定格式进行编程。

1. 程序结构

一个完整的程序由程序号、程序的内容和程序结束三部分组成。例如：

O0001;   程序号

N10 G90 G94G17G21 G54;

N20 G91 G28 Z0;

N30 G90 G00 X26.0 Y100.0;

N40 Z50.0;   程序内容

N50 M03 S600 M08;

……

N100 G00 Z100.0 M09;

N110 M30;   程序结束

(1) 程序号。在程序的开头要有程序号，以便进行程序检索。程序号就是给零件加工程序的编号，并说明该零件加工程序的开始。如 FUNUC 数控系统中，一般采用英文字母 O 及其后 4 位十进制数表示("O××××")，4 位数中若前面为 0，则可以省略，如 "O0101" 等效于 "O101"。而其他系统有时也采用符号 "%" 或 "P" 及其后 4 位十进制数表示程序号。

(2) 程序内容。程序内容部分是整个程序的核心，它由许多程序段组成，每个程序段由一个或多个指令构成，它表示数控机床要完成的全部动作。

(3) 程序结束。程序结束是以程序结束指令 M02、M30 或 M99(子程序结束)，作为程序结束的符号，用来结束零件加工。

§ 职业素养 §

一个完整的程序由程序号、程序内容和程序结束三部分组成，这里强调了程序要素的重要性，缺一不可。成功之路中，"天时、地利、人和"为三要素，我国优秀传统文化中《孟子·公孙丑下》："天时不如地利，地利不如人和。"《孙膑兵法·月战》："天时、地利、人和，三者不得，虽胜有殃。"作为学生要想成为一个领域的专家或"大国工匠"，必须做到勤学好问、开阔视野、心胸宽阔。

2. 程序段格式及组成

零件的加工程序是由许多程序段组成的，每个程序段由程序段号、若干个数据字和程序段结束字符组成，每个数据字是控制系统的具体指令，它代表机床的一个位置或一个动作。

程序段格式是指一个程序段中字、字符和数据的书写规则。目前国内外广泛采用字—地址可变程序段格式。

所谓字—地址可变程序段格式，就是在一个程序段内数据字的数目以及字的长度(位数)都是可以变化的格式。不需要的字以及与上一程序段相同的续效字可以不写。一般的书写顺序按表1-7所示从左往右进行书写，对其中不用的功能应省略。

该格式的优点是程序简短、直观以及容易检验、修改。

表1-7 程序段书写顺序格式

1	2	3	4	5	6	7	8	9	10	11
N	G	X U P A D	Y V Q B E	Z W R C	IJK R	F	S	T	M	LF (或CR)
程序段序号	准备功能	坐标字			进给功能	主轴功能	刀具功能	辅助功能	结束符号
	数据字									

其中：

(1) 程序段序号(简称顺序号)。用以识别程序段的编号。用地址码N和后面的若干位数字来表示。如N20表示该语句的程序段号为20。

(2) 程序段结束。写在每个程序段之后，表示程序结束。当用EIA标准代码时，结束符为CR，用ISO标准代码时为NL或LF。有的用符号"；"或"*"表示。

(3) 程序的斜杠跳跃。在程序段的前面编有"/"符号，当"跳过程序段"信号生效时，程序在执行中将跳过这些程序段；当"跳过程序段"信号无效时，该程序段照常执行，即与不加"/"符号的程序段相同。

(4) 程序段注释。注释可以作为对操作者的提示显示在屏幕上，对机床动作没有丝毫影响。FANUC系统的程序注释用"()"括起来，而且必须放在程序段的最后，不允许将注释插

在地址和数字之间。

五、数控程序的开始与结束

针对不同的数控系统，其程序开始和程序结束是相对固定的，包括一些机床信息，如机床回零、工件零点设定、主轴启动、切削液开启等。因此，其数控程序的开始和结束可编写成相对固定的格式。其基本格式如下：

O0010；
N10 G90 G94 G40 G49 G17 G21 G54；　　　(程序初始化)
N20 G91 G28 Z0；　　　(Z 向回零，为换刀做准备)
N30 T M06；　　　(换刀，如果为数控铣床则该步可省略)
N40 S M03；　　　(主轴正转)
N50 G90 G00 X Y M08；　　　(快速定位到 G17 平面的起刀点)
N60 G43 G00 Z H0；　　　(快速定位到 Z 向安全高度)
……
N110 G91G28 Z0；或 G00 Z；　　　(回到机床 Z 向零点或 Z 向快速抬刀)
N120 M05；　　　(主轴停转)
N130 M30；　　　(程序结束，光标回到起始行)

以上程序中，N10～N60 为程序的开始部分，N110～N130 为程序结束部分。在实际书写时，由于程序段号在手工输入过程中会自动生成，因此，程序段号可省略不写。

任务实施

小组协作与分工。每组 4~5 人，观察表 1-8 中的程序，讨论以下问题。

表1-8　加工程序

程序	
O0010;	N90 X30.0;
N10 G90 G94 G40 G21 G17 G54;	N100 G03 X40.0 Y20.0 I0 J10.0;
N20 G91 G28 Z0;	N110 G02 X30.0 Y30.0 I0 J10.0;
N30 G90 G00 X-10.0 Y-10.0;	N120 G01 X10.0 Y20.0;
N40 Z50.0;	N130 Y5.0;
N50 G42 G00 X4.0 Y10.0 D01;	N140 G00 Z50.0 ;
N60 M03 S900;	N150 G40 X-10.0 Y-10.0;
N70 G00 Z2.0;	N160 M05;
N80 G01 Z-2.0 F800;	N170 M30(M02);

(1) 该加工程序由_____条程序段按操作顺序排列而成。

(2) 整个程序由符号_____开始，以_____或_____结束。

(3) 这种程序段格式叫_____。其中_____表示程序段序号，功能字_____代表常用准备功能指令，_____代表辅助功能指令，_____代表主轴功能指令，_____代表进给功能指令。

(4) 一个完整的加工程序中间总是由若干_____组成，程序段由一个或若干个_____组成。

(5) 每个功能字都由_____开头，与随后的_____组成，它代表数控系统的一个具体指令。

任务评价

本任务评价表见表 1-9。

表1-9　数控编程步骤及程序结构任务评价表

序号	考核项目	考核内容	分值	评分标准	学生自评	教师评分
1	素质考评	安全意识强	10	不达标不得分		
		爱护公共财物和设备设施	10	不达标不得分		
		服从指挥和管理	10	不达标不得分		
		积极维护场地卫生	10	不达标不得分		
2	知识点考评	数控编程步骤	20	不达标不得分		
		数控编程方法	20	不达标不得分		
		程序的结构与格式	20	不达标不得分		

任务四　数控编程常用功能字介绍

知识目标

1. 了解常用功能字的含义；
2. 掌握常用功能字的功能及作用。

能力目标

1. 能够理解各个功能字的含义；

2. 能够正确运用各种功能字，按规定的程序指令编写程序。

素养目标

1. 具备独立学习，灵活运用所学知识独立分析问题并解决问题的能力；
2. 具备探究学习，以及获取、分析、归纳、交流、使用信息以获得新知识的能力。

任务描述

为了满足设计、制造、维修和普及的需要，在输入代码、坐标系统、加工指令、辅助功能及程序格式等方面，国际上已经形成了两种通用的标准，即国际标准化组织(ISO)标准和美国电子工业学会(EIA)标准。我国机械工业部根据 ISO 标准制定了 JB3050—1982《数字控制机床用七单位编码字符》、JB3051—1999《数字控制机床坐标和运动方向的命名》、JB3208—1999《数字控制机床穿孔带程序段格式中的准备功能 G 和辅助功能 M 代码》。但由于各个数控机床生产厂家所用的标准尚未完全统一，其所用的代码、指令及其含义不完全相同，因此在编制程序时必须按所用数控机床编程手册中的规定进行。

数控加工程序是由各种功能字按照规定的格式组成的。正确理解各个功能字的含义，恰当使用各种功能字，按规定的程序指令编写程序，是编好数控加工程序的关键。本任务主要学习数控编程中的常用功能字。

知识链接

一、准备功能指令

准备功能字 G 指令，由地址符 G 及后面的两位数字或三位数字组成，用来规定刀具和工件的相对运动轨迹(即指令插补功能)、机床坐标系、坐标平面、刀具补偿、坐标偏置等多种加工操作。FANUC 0i 系统准备功能 G 指令，如表 1-10 所示。

数控常用功能字视频

1. 模态指令与非模态指令

(1) 模态指令：又称续效指令，一经程序段指定，便一直有效。指令表中按指令的功能进行了分组，标有相同字母(或数字)的为一组，其中 00 组的 G 代码为非模态指令，其余为模态指令。模态指令可在连续多个程序段中有效，直到被同组其他指令取代才失效。

(2) 非模态指令：又称非续效指令，其功能仅在其出现的程序段中有效。

表1-10　FANUC 0i系统准备功能G指令

G功能字	组别	功能	G功能字	组别	功能
G00	01	点定位	G52	00	局部坐标系设定
G01		直线插补	G53		选择机床坐标系
G02		顺圆弧插补/螺旋插补 CW	G54	14	选择工件坐标系1
G03		逆圆弧插补/螺旋插补 CCW	G54.1		选择附加工件坐标系
G04	00	暂停、准确停止	G55		选择工件坐标系2
G05.1		预读控制(超前读程序)	G56		选择工件坐标系3
G07.1		圆柱插补	G57		选择工件坐标系4
G08		预读控制	G58		选择工件坐标系5
G09		准确停止	G59		选择工件坐标系6
G10		可编程数据输入	G60	00/01	单方向定位
G11		可编程数据输入方式取消	G61	15	准确停止方式
G15	17	极坐标指令消除	G62		自动拐角方式
G16		极坐标指令	G63		攻丝方式
G17	02	选择XY平面	G64		切削方式
G18		选择XZ平面	G65	00	宏程序调用
G19		选择YZ平面	G66	12	宏程序模态调用
G20	06	英寸输入	G67		宏程序模态调用取消
G22	04	存储行程检测功能接通	G68	16	坐标旋转有效
G23		存储行程检测功能断开	G69		坐标旋转取消
G27	00	返回参考点检测	G73	09	深孔钻循环
G28		返回参考点	G74		左旋攻丝循环
G29		从参考点返回	G76		精镗循环
G30		返回第2、3、4参考点	G80		取消固定循环
G31		跳转功能	G81		钻孔
G33	01	螺纹切削	G82		钻孔
G37	00	自动刀具长度检测	G83		深孔钻循环
G39		拐角偏置圆弧插补	G84		攻丝循环
G40	07	刀具半径补偿取消	G85		镗孔循环
G41		刀具半径补偿，左侧	G86		镗孔循环
G42		刀具半径补偿，右侧	G87		背镗循环
G40.1	18	法线方向控制取消方式	G88		镗孔循环
G41.1		法线方向控制左侧接通	G89		镗孔循环
G42.1		法线方向控制右侧接通	G90	03	绝对值编程

(续表)

G功能字	组别	功能	G功能字	组别	功能
G43	08	正向刀具长度补偿	G91		增量值编程
G44		负向刀具长度补偿	G92	00	设坐标系最大主轴速度控制
G45	00	刀具位置偏置加	G92.1		工件坐标系预置
G46		刀具位置偏置减	G94	05	每分钟进给
G47		刀具位置偏置加2倍	G95		主轴每转进给
G48		刀具位置偏置减2倍	G96	13	恒周速控制(切削速度)
G49	08	刀具长度补偿取消	G97		恒周速控制取消
G50	11	比例缩放取消	G98	10	固定循环返回到初始点
G51		比例缩放有效	G99		固定循环返回到 R 点
G50.1	22	可编程镜像取消			
G51.1		可编程镜像有效			

2. 开机默认指令

为了避免编程人员出现指令遗漏，数控系统中对每一组的指令，都选取其中的一个作为开机默认指令，此指令在开机或系统复位时可以自动生效。常见的开机默认指令有 G01、G17、G40、G54、G94、G97 等。

二、辅助功能指令

辅助功能 M 指令，由地址符 M 和其后的两位数字组成，用于指定主轴的旋转方向、启动、停止，冷却液的开关，工件或刀具的夹紧或松开等功能。JB/T3028—1999 标准中的规定如表 1-11。M 指令常因生产厂家及机床的结构和规格不同而各异。下面对一些常用的 M 功能指令进行说明。

表1-11　辅助功能M代码(JB/T3208—1999)

代码	功能开始时间 与指令运动同时	功能开始时间 在指令运动完成后	功能保持到被注销或被代替	功能仅在程序段内有用	功能	代码	功能开始时间 与指令运动同时	功能开始时间 在指令运动完成后	功能保持到被注销或被代替	功能仅在程序段内有用	功能
M00		*		*	程序停止	M36	*		*		进给范围1
M01		*		*	计划停止	M37	*		*		进给范围2
M02		*		*	程序结束	M38	*		*		主轴速度范围1

(续表)

代码	功能开始时间 与指令运动同时	功能开始时间 在指令运动完成后	功能保持到被注销或被代替	功能仅在程序段内有用	功能	代码	功能开始时间 与指令运动同时	功能开始时间 在指令运动完成后	功能保持到被注销或被代替	功能仅在程序段内有用	功能
M03	*		*		主轴顺时针转动	M39	*		*		主轴速度范围2
M04	*		*		主轴逆时针转动	M40~M45	#	#	#	#	齿轮换挡
M05		*	*		主轴停止	M46~M47	#	#	#	#	不指定
M06	#	#		*	换刀	M48		*	*		注销M49
M07	*		*		2号冷却液开	M49	*		*		进给率修正旁路
M08	*		*		1号冷却液开	M50	*		*		3号冷却液开
M09		*	*		冷却液关	M51	*		*		4号冷却液开
M10	#	#	*		夹紧	M52~M54	#	#	#	#	不指定
M11	#	#	*		松开	M55	*		*		刀具直线位移,位置1
M12	#	#	#	#	不指定	M56	*		*		刀具直线位移,位置2
M13	*		*		主轴顺时针转,冷却液开	M57~M59	#	#	#	#	不指定
M14	*		*		主轴逆时针转,冷却液开	M60		*		*	更换工件
M15	*			*	正运动	M61	*		*		工件直线位移,位置1
M16	*			*	负运动	M62	*		*		工件直线位移,位置2
M17~M18	#	#	#	#	不指定	M63~M70	#	#	#	#	不指定
M19		*	*		主轴定向停止	M71	*		*		工件角度位移,位置1
M20~M29	#	#	#	#	永不指定	M72	*		*		工件角度位移,位置2
M30		*	*		纸带结束	M73~M89	#	#	#	#	不指定
M31	#	#	*		互锁旁路	M90~M99	#	#	#	#	永不指定
M32~M35	#	#	#	#	不指定						

注：1. #号表示如选作特殊用途，必须在程序说明中说明。

2. M90~M99可指定为特殊用途。

1. 程序停止指令(M00)

M00 实际上是一个暂停指令。当执行有 M00 指令的程序段后，主轴停转、进给停止、切削液关、程序停止。程序运行停止后，模态(续效)信息全部被保存，利用机床的"启动"键，便可继续执行后续的程序。该指令经常用于加工过程中测量工件的尺寸、工件调头、手动变速等操作。

2. 计划(选择)停止指令(M01)

该指令的作用与 M00 相似，但它必须是在预先按下操作面板上的"选择停止"按钮并执行到 M01 指令的情况下，才会停止执行程序。如果不按下"选择停止"按钮，M01 指令无效，程序继续执行。该指令常用于工件关键性尺寸的停机抽样检查等，当检查完毕后，按"启动"键可继续执行以后的程序。

3. 程序结束指令(M02、M30)

该指令用在程序的最后一个程序段中。当全部程序结束后，用此指令可使主轴、进给及切削液全部停止，并使机床复位。M30 与 M02 基本相同，但 M30 能自动返回程序起始位置，为加工下一个工件作好准备。而用 M02 执行程序光标停在程序末尾。

4. 与主轴有关的指令(M03、M04、M05)

M03 表示主轴正转，M04 表示主轴反转。所谓正转，是从主轴向 Z 轴正向看，主轴顺时针转动；而主轴反转时，观察到的转向则相反。M05 为主轴停止，它是在该程序段其他指令执行完以后才执行的。

5. 换刀指令(M06)

M06 是手动或自动换刀指令，它不包括刀具选择功能，但兼有主轴停转和关闭切削液的功能，常用于加工中心换刀前的准备工作。

6. 与切削液有关的指令(M07、M08、M09)

M07 为 2 号切削液(雾状)开或切屑收集器开，M08 为 1 号切削液(液状)开或切屑收集器开，M09 为切削液关。

7. 与主轴、切削液有关的复合指令(M13、M14)

M13 为主轴正转，切削液开；M14 为主轴反转，切削液开。

8. 运动部件的夹紧及松开指令(M10、M11)

M10 为运动部件的夹紧；M11 为运动部件的松开。

9. 主轴定向停止指令(M19)

M19 使主轴准确地停止在预定的角度位置上。这个指令主要用于点位控制的数控机床和自动换刀的数控机床，如数控坐标镗床、加工中心等。

10. 与子程序有关的指令(M98、M99)

M98 为调用子程序指令，M99 为子程序结束并返回到主程序的指令。

三、其他常用功能指令

1. 坐标功能

坐标功能又称尺寸功能字,用来设定机床各坐标的位移量。由坐标地址符(如 X、Y 等)、+、-符号及绝对值(或增量)的数值组成,且按一定的顺序进行排列。坐标字的"+"可省略。其中坐标字的地址符含义如表 1-12 所示。

表1-12 地址符含义

地址符	含义
X Y Z	基本直线坐标轴尺寸
U V W	第一组附加直线坐标轴尺寸
P Q R	第二组附加直线坐标轴尺寸
A B C	绕 X、Y、Z 旋转坐标轴尺寸
I J K	圆弧圆心的坐标尺寸
D E	附加旋转坐标轴尺寸
R	圆弧半径值

各坐标轴的地址符排列顺序为:X、Y、Z、U、V、W、P、Q、R、A、B、C、D、E。

2. 进给功能

进给功能由地址符 F 和其后面的数字组成。用来指定刀具相对于工件的运动速度,根据加工的需要,分为每分钟进给和每转进给两种。

(1) 每分钟进给。通过准备功能字 G94 来指定,以每分钟进给距离的形式指定刀具切削进给速度(每分钟进给量),用 F 字母和它后继的数值表示,单位为 mm/min,如 G94 G01 X30.0 F100;F100 表示进给速度为 100mm/min。

(2) 每转进给。通过准备功能字 G95 来指定,表示以主轴每转进给量规定的速度(每转进给量),单位为 mm/r。G95 G01 X30.0 F0.2;F0.2 表示进给速度为 0.2 mm/r。

3. 主轴功能

主轴功能由地址符 S 和在其后的若干位数字组成。用来指定主轴的转速,有恒转速和表面恒线速度两种运转方式。

(1) 恒转速。通过准备功能字 G97 来指定,单位为 r/min,如 G97 S1000 表示主轴转速为 1000 r/min。

(2) 恒线速度。通过准备功能字 G96 来指定,主轴满足其线速度恒定不变的要求,而自动实时调整转速的功能称为恒线速度,单位为 m/min。如 G96 S200 表示恒线速度为 200m/min。

4. 刀具功能

刀具功能由地址符 T 和若干位数字组成。主要是指系统进行选(转)刀或换刀的功能指令。常用刀具功能的指定方法有 T4 位数法和 T2 位数法。

(1) T4 位数法。前两位数用于指定刀具号，后两位数用于指定刀具补偿存储器号。例如 T0102，前两位数字表示刀号，后两位数字表示刀补号。

(2) T2 位数法。指定了刀具号，刀具存储器号则由其他指令(如 D 或 H 指令)进行选择。如 T18 表示换刀时选择 18 号刀具。

§ 职业素养 §

我国优秀传统文化中《荀子·劝学》中提到，"不积跬步，无以至千里；不积小流，无以成江海"。数控编程中的功能指令是编程的基础，搞清弄懂数控加工程序中各个功能指令的作用是编制最优化加工程序的前提，作为学生要有科学严谨的态度和扎实的专业理论知识作为基石。

任务实施

1. 小组协作与分工。每组 4~5 人，讨论以下问题。《荀子·修身》："道虽迩，不行不至；事虽小，不为不成"，结合这句话谈一谈编程中熟记功能指令的重要性。

2. 完成表 1-13 中内容，将指令与指令含义对应连线。

表1-13 常用功能指令连线

指令	指令含义	指令	指令含义
G00	刀具半径补偿取消	M00	程序停止
G01	刀具长度负补偿	M01	计划停止
G02	暂停	M02	程序结束
G03	逆圆弧插补	M03	主轴顺时针转动
G04	选择 YZ 平面	M04	主轴逆时针转动
G17	点定位	M05	主轴停止
G18	刀具半径左补偿	M06	换刀
G19	直线插补	M07	2 号冷却液开
G40	顺圆弧插补	M08	1 号冷却液开
G41	刀具长度正补偿	M09	冷却液关
G42	刀具长度补偿取消	M30	程序结束
G43	选择 XZ 平面	T01	1 号刀具
G44	选择 XY 平面	S1000	主轴转速 1000r/min
G49	刀具半径右补偿	F100	进给速度 100mm/min

任务评价

本任务评价表见表1-14。

表1-14 数控编程常用功能字介绍任务评价表

序号	考核项目	考核内容	分值	评分标准	学生自评	教师评分
1	素质考评	安全意识强	10	不达标不得分		
		爱护公共财物和设备设施	10	不达标不得分		
		服从指挥和管理	10	不达标不得分		
		积极维护场地卫生	10	不达标不得分		
2	知识点考评	准备功能指令	20	不达标不得分		
		辅助功能指令	20	不达标不得分		
		其他常用功能指令	20	不达标不得分		

项目二

数控铣床/加工中心的基本操作

任务一　安全文明生产教育

知识目标

1. 掌握实验(实训)守则及安全文明生产规范；
2. 掌握数控铣床/加工中心安全操作技术及操作规程；
3. 了解数控机床及数控系统日常维护方法。

能力目标

1. 提高安全意识，增强安全行为；
2. 熟悉安全规则，保障操作安全；
3. 明确管理要求，实现自我管理。

素养目标

1. 具有爱岗敬业的职业素养；
2. 具有严谨认真的工作态度。

任务描述

如图 2-1 所示，数控机床具有高效率的加工功能，可实现零件加工的批量生产，但在实际操作中由于违规、违章、野蛮操作等不良行为造成了许多生产事故，使个人和企业的经济

项目二 数控铣床/加工中心的基本操作

损失严重,所以每一位操作者要牢记数控机床的各项安全操作和文明生产流程。本任务重点学习数控铣床(加工中心)安全操作规程。

图2-1 牢记安全操作规程

知识链接

数控铣床/加工中心是自动化程度较高,结构复杂的先进加工设备,要使机床长期稳定运行,正确操作和使用是关键。作为一名合格的数控机床操作人员,除了要掌握扎实的理论知识和熟练的操作技能,还必须养成良好的工作习惯和严谨的工作作风。工作中应严格遵守机床的各项操作规程和车间的各项安全管理规定。

数控铣床的安全操作规程视频

一、数控铣床/加工中心安全文明生产规范

操作前要求:
(1) 正确穿戴工作服、工作鞋、防护眼镜、工作帽。
① 如图 2-2 所示,工作服的穿戴要做到领口紧、下摆紧、袖口和裤脚紧的"三紧"要求。
② 如图 2-3 所示,进入加工车间时,不能赤脚或穿凉鞋,最好穿具有防砸、防穿刺、防滑、防油及绝缘等性能的皮鞋或皮靴,穿工作鞋时鞋带一定要系紧。

图2-2 正确穿戴工作服　　图2-3 系紧工作鞋鞋带

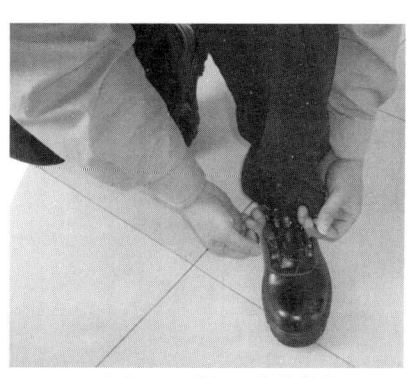

③ 如图 2-4 所示,戴好工作帽是为了防止头发被机床转动的部位卷入,女同学必须将头

发塞入帽中，以免发生事故。

④ 如图 2-5 所示，佩戴防护眼镜的目的是防止在加工零件时切屑飞出损伤眼睛。

图2-4　戴好工作帽　　　图2-5　戴好防护眼镜

(2) 应加强手部的防护措施。

① 在生产过程中，不要用手直接接触机床上的金属切屑，以防止手被扎伤。

② 操作机床时严禁戴手套，也不能用布擦除切屑，从而避免手被卷进转动机器造成伤害。

(3) 初学者应先详细阅读数控机床的操作说明书。在未熟悉数控机床操作前，切勿随意操作机床，以免发生安全事故。

(4) 操作前必须熟知每个按钮的作用以及操作注意事项，注意数控机床各个部位警示牌上所警示的内容。

(5) 不要在数控机床周围放置障碍物，工作空间应足够大，加工中使用的工量器具要摆放整齐，便于拿放，如图 2-6 所示。

图2-6　工量器具摆放整齐

(6) 开机前，检查机床各部位是否完好，各油箱油量是否充足。接通外接气源。

(7) 按顺序依次打开机床外部电源开关、机床电柜开关和操作面板开关。

(8) 严禁在车间打闹，一些不经意的玩笑可能会给你或同事带来严重的伤害。

(9) 禁止多人同时操作机床。

(10) 如果在车间不慎受伤，应及时进行处理(送医院等)并尽快向指导教师汇报。

对操作的要求如下：

(1) 数控铣床由指导老师负责管理。任何学生使用数控设备、工具及材料等，都应服从管理，未经指导老师同意，不允许开动机床。

(2) 机床开动期间，操作者严禁离开工作岗位。要集中精力，文明生产，杜绝酗酒和疲劳操作，严禁在工作场所打闹、嬉戏、闲谈和睡觉。

(3) 装夹工件时，要保证工件牢牢固定在机用虎钳或工作台上。工作台面上不许放置其他物品，安放分度头、虎钳或较重夹具时，要轻取轻放，以免碰伤台面。

(4) 每次开机后，必须首先进行回机床参考点的操作。加工时，关好防护门。

(5) 运行程序前，要先对刀确定工件坐标系原点。对刀后立即修改机床零点偏置参数，以防程序不正确运行。

(6) 采用正确的加工速度，机床运转中绝对禁止变速。变速或换刀时，必须保证机床完全停止，开关处于 OFF 位置，以防机床发生事故。

(7) 在手动方式下操作机床，要防止主轴和刀具与机床或夹具相撞。操作机床面板时，只允许单人操作，其他人不得触碰按键。

(8) 运行程序自动加工前，首先打开模拟界面，进行模拟加工；然后进行机床空运行。空运行时将 Z 向提高一个安全高度，观察刀具运行轨迹是否正确。

(9) 自动加工中出现紧急情况时，立即按下复位或急停按钮(图 2-7)。当显示屏出现报警信号时，要先查明报警原因，采取相应措施，取消报警后再进行操作。

(10) 拆卸刀具时，要先观察压力表，待气压达到 0.5MPa，再执行松刀指令。若刀柄暂时未达到松刀状态，要手持刀柄等待数秒。

(11) 操作者离开机床，变换速度、更换刀具、测量尺寸、装夹和调整工件时，都应停车。

(12) 量具应在固定地点使用和摆放，加工完毕后，应把量具擦拭干净，并涂一层工业凡士林装入盒内。

(13) 禁止用手接触刀尖和铁屑。清除切屑时，必须用铁钩子或毛刷来清理，如图 2-8 所示。

图2-7　出现紧急情况按急停按钮　　　　图2-8　清除切屑工具

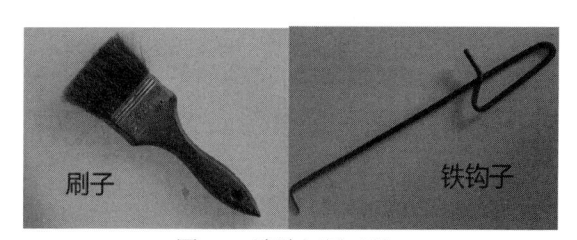

操作后的要求如下：

(1) 及时清理机床上的切屑杂物，工作台、机床导轨等部位要进行涂油保护，做好保养工作。

(2) 将工作台、主轴移至机床中央，将操作面板旋钮、开关置于非工作位置。按规定顺序关机，切断电源，并打扫干净工作场地。

(3) 整理并清点工具、量具、刀具等用具，做好交接工作。

二、日常维护与保养数控机床

(1) 定期检查数控机床导轨润滑油箱内的油量，及时添加润滑油，润滑液压泵是否定时启动打油及停止。

(2) 定期检查数控机床 X、Y、Z 轴导轨面有无划伤损坏，润滑油是否充足，及时清除导轨面上的切屑及脏物。

(3) 定期检查数控机床冷却液箱内液面高度，及时添加冷却液，若太脏应及时更换。

(4) 定期检查数控机床各滚珠丝杠的润滑脂，及时涂上新油脂。

(5) 定期检查数控机床床身水平精度和机械精度，并做及时的校正。

(6) 定期检查数控机床控制部分各按键是否有效，以保证机床的正常运行。

(7) 定期检查数控机床上各个冷却风扇工作是否正常，风道过滤网有无堵塞，及时清洗过滤器。

(8) 定期检查数控机床各插头、插座、电缆、各继电器的触点等电气元件是否出现接触不良、断线和短路等故障。

(9) 定期更换数控机床系统存储器的锂电池，防止系统参数丢失。

(10) 长期闲置的数控机床应经常给数控系统通电，在机床锁住的情况下使之空运行，以保证数控系统的性能稳定可靠。

任务实施

小组协作与分工。每组 4~5 人，配备一台数控铣床或加工中心进行数控实习，熟悉机床操作说明书，并讨论以下问题。

(1) 在操作机床前，对工作服、工作鞋、防护眼镜、工作帽的穿戴有哪些要求？

(2) 操作机床时，手部的防护措施有哪些？

(3) 遵守数控铣床/加工中心安全文明生产规范能给生产带来哪些好处？

任务评价

本任务评价表见表 2-1。

2-1 安全文明生产教育任务评价表

序号	考核项目	考核内容	分值	评分标准	学生自评	教师评分
1	安全生产意识	安全意识强	10	不达标不得分		
		工作服、工作鞋、防护眼镜、工作帽的穿戴符合要求	20	其中每1项不合格扣5分		
		爱护公共财物和设备设施	10	不达标不得分		
		服从指挥和管理	5	不达标不得分		
		积极维护场地卫生	5	不达标不得分		
2	安全操作规范与机床维护	严格遵守操作规程	20	不达标不得分		
		刀具、工具、量具放置规范	10	不达标不得分		
		正确清理机床上的切屑杂物	10	不达标不得分		
		正确对机床进行日常维护与保养	10	不达标不得分		

职业素养

数控机床是一种自动化程度较高，结构复杂的先进加工设备，为了充分发挥机床的优越性，提高生产效率，管好、用好、修好数控机床，技术人员的素质及文明生产显得尤为重要。操作人员除了要熟练掌握数控机床的性能，做到熟练操作，还必须养成文明生产的良好工作习惯和严谨的工作作风，具有良好的职业素质、责任心和合作精神，时刻保持安全意识，做到人身安全、设备安全和工装刀具安全。

任务二　数控系统面板操作

知识目标

1. 了解数控铣床/加工中心操作面板的组成；
2. 掌握数控系统操作面板上各功能按钮的含义及用途；
3. 了解常用的数控系统种类。

能力目标

1. 能够正确选择操作面板上的各功能按钮；
2. 能够熟练使用操作面板上的各功能按钮。

素养目标

1. 具有良好的职业道德；
2. 具有良好的沟通和团队协作能力。

任务描述

数控机床操作面板是数控机床的重要组成部件，是操作人员与数控机床(系统)进行交互的工具，主要由显示装置、NC 键盘、MCP、状态灯、手持单元等部分组成。数控机床的类型和数控系统的种类很多，各生产厂家设计的操作面板也不尽相同，但操作面板中各种旋钮、按钮和键盘的基本功能与使用方法基本相同。本任务主要认识图 2-9 中数控铣床/加工中心的操作面板，了解这些按钮的主要用途，并学会机床的开、关电源操作。

图2-9 数控铣床/加工中心的操作面板

知识链接

一、数控系统面板功能介绍

由于数控机床的生产厂家众多，同一系统数控机床的操作面板也各不相同，但由于同一系统的系统功能相同，因此操作方法也基本相似。现以 FANUC 0i-MATE 数控系统为例(图 2-10)，说明面板上各按钮的功能。机床操作面板由 CRT/MDI 面板和控制面板按钮组成。

项目二　数控铣床/加工中心的基本操作

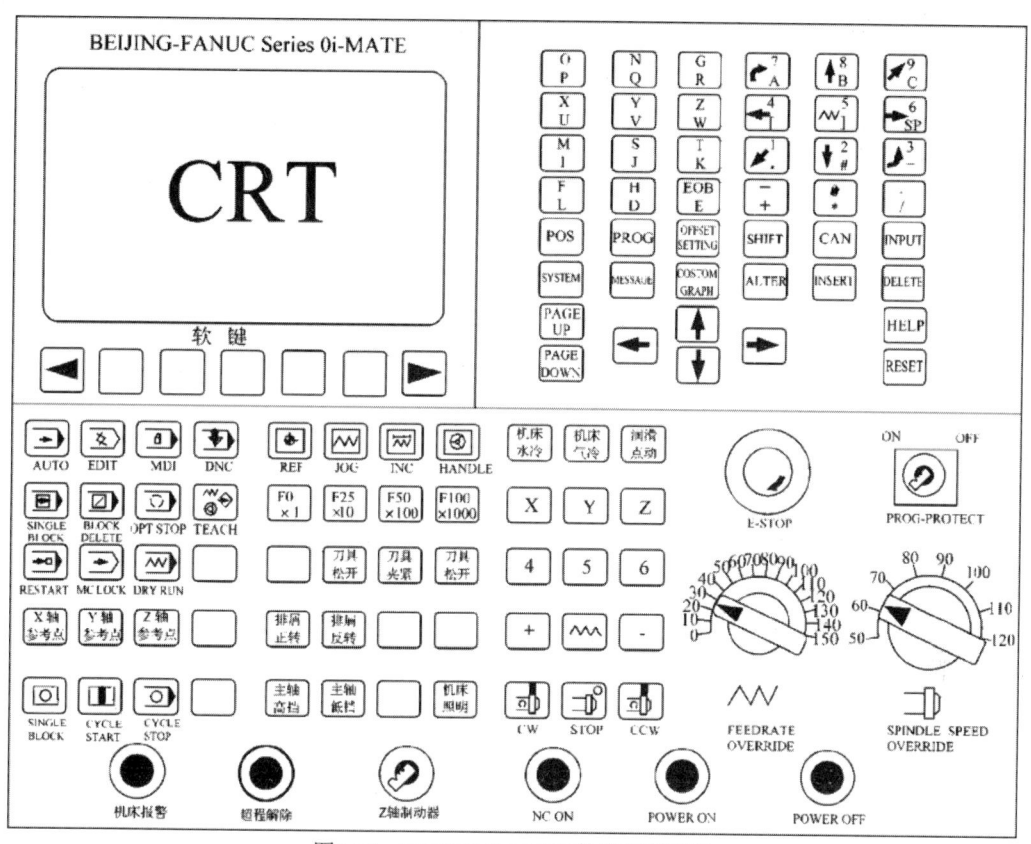

图2-10　FANUC 0i-MATE数控系统面板

1. CRT/MDI 面板

如图 2-10 所示，CRT/MDI 面板由一个 9 寸 CRT 显示器和一个 MDI 面板组成，MDI 面板各键功能如图 2-11 所示，具体各键功用说明见表 2-2。

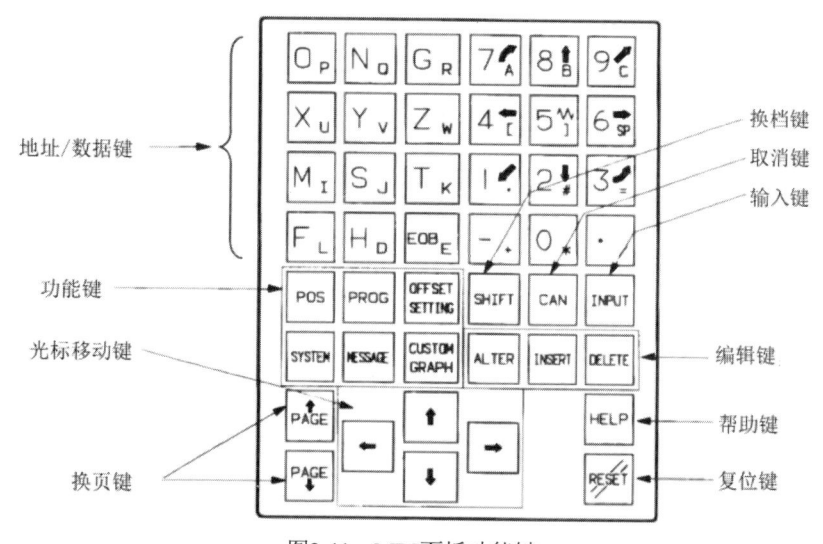

图2-11　MDI面板功能键

表2-2　CRT/MDI面板各键功用说明

键	名称		功能说明
	地址和数据键		数字键：用于数字 1~9 及运算符"+""−""*""/"等的输入；字母键：用于 A、B、C、X、Y、Z、I、J、K 等字母的输入；程序段结束：EOB 用于程序段结束符"*"或"；"的输入
POS	功能键	位置显示键	在 CRT 上显示机床现在的位置
PROG		程序显示键	用于显示 EDIT 方式下存储器里的程序；在 MDI 方式下输入及显示 MDI 数据；在 AUTO 方式下显示程序指令值
OFFSET SETTING		偏置指令键	用于设定并显示刀具补偿值、工作坐标系、宏程序变量
SYSTEM		系统	用于参数的设定、显示，自诊断功能数据的显示等
MESSAGE		报警信号键	用于显示 NC 报警信号信息、报警记录等
CUSTOM GRAPH		图形显示	用于显示刀具轨迹等图形
PAGE	换页键		用于在 CRT 屏幕选择不同的页面：↑：向前变换页面；↓：向后变换页面
CURSOR	光标移动键		用于在 CRT 页面上，一步步移动光标：↑：向上或往回移动光标；↓：向下或向前移动光标；→：向右或向前移动光标；←：向左或往回移动光标
SHIFT	换档键		按下<shift>键可以在两个功能之间进行切换
CAN	取消键		按下此键，删除上一个输入的字符
INPUT	参数输入键		用于参数或补偿值的输入
ALTER	编辑键	替代键	用于程序编辑过程中程序字的替代
INSERT		插入键	用于程序编辑过程中程序字的插入
DELETE		删除键	用于删除程序字、程序段及整个程序
HELP	帮助键		当对 MDI 键的操作不明白时按下此键可以获得帮助
RESET	复位键		按下此键，复位 CNC 系统。包括取消报警、主轴故障复位、中途退出自动操作循环和输入、输出过程等

在 CRT 显示器下有一排软按键(图 2-12)，这一排软按键的功能根据 CRT 中对应的提示来指定，按下相应的软键，屏幕上即显示相对应的显示画面。

图2-12　CRT显示器下软按键

2. 机床控制面板

机床控制面板如图2-13所示，控制面板上的按钮、旋钮、指示灯功用说明见表2-3。

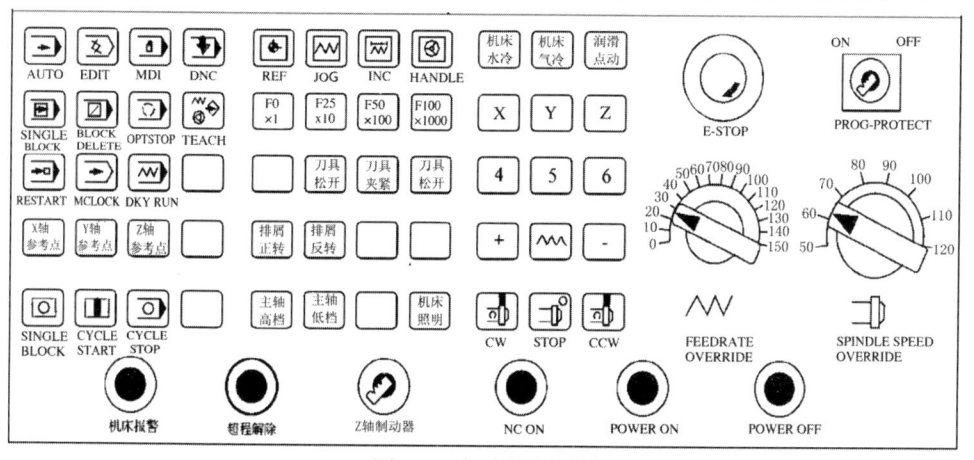

图2-13　机床控制面板

表2-3　机床控制面板各开关功用说明

开关	名称	功用说明
CNC POWER	CNC电源按钮	按下POWER ON接通CNC电源，按下POWER OFF断开CNC电源
NC ON	NC电源按钮	按下数控系统启动
	Z轴制动器	按下主轴被锁定
	机床报警	当出现紧急停止时，机床报警指示灯亮
	超程解除	当机床出现超程报警时，按下"超程解除"按钮不要松开，可使超程轴的限位挡块松开，然后用手摇脉冲发生器反向移动该轴，从而解除超程报警
E-STOP	急停按钮	当出现紧急情况时，按下此按钮，伺服进给及主轴运转立即停止工作
PROGRAM PROTECT	开关(带锁)	需要进给程序存储、编辑或修改、自诊断页面参数时，需用钥匙接通此开关(钥匙右旋)

47

(续表)

开关	名称	功用说明
FEEDRATE OVERRIDE	进给速率修调开关(旋钮)	当用 F 指令按一定速度进给时,按 0~150%修调进给速率 当用手动 JOG 进给时,选择 JOG 进给速率
SPINDLE SPEED OVERRIDE	主轴倍率修调开关(旋钮)	在主轴旋转过程中,可以通过主轴倍率旋钮对主轴转速进行 50%~120%的无级调速。同样,在程序执行过程中,也可对程序中指定的转速进行调节
AUTO EDIT MDI DNC REF JOG INC HANDLE	模式选择按钮	AUTO:自动运行加工操作 EDIT:程序的输入及编辑操作 MDI:手动数据(如参数)输入的操作 DNC:在线加工 REF:回参考点操作 JOG:手动切削进给或手动快速进给 INC:增量进给操作 HANDLE:手摇进给操作
SINGLE BLOCK, BLOCK DELETE, OPT STOP, TEACH, RESTART, MC LOCK, DRY RUN	AUTO 模式下的按钮	SINGLE BLOCK:单段运行。该模式下,每按一次循环启动按钮,机床将执行一段程序后暂停 BLOCK DELETE:程序段跳跃。当按下该按钮时,程序段前加"/"符号的程序段将被跳过执行 OPT STOP:选择停止。该模式下,指令 M01 的功能与指令 M00 的功能相同 TEACH:示教模式 RESTART:程序将重新从程序开始处启动 MC LOCK:机床锁住。用于检查程序编制的正确性,该模式下刀具在自动运行过程中的移动功能将被限制 DRY RUN:空运行。用于检查刀具运行轨迹的正确性,该模式下自动运行过程中的刀具进给始终为快速进给
X Y Z 4 5 6 + ∿ −	JOG 进给及其快速进给按钮	要实现手动切削连续进给,首先按下轴选择按钮("X""Y""Z"),再按下方向选择按钮("+""−")不放,该指定轴即沿指定的方向进行进给 要实现手动快速连续进给,首先按下轴选择按钮,再同时按下方向选择按钮和方向选择按钮中间的快速移动按钮,即可实现该轴的自动快速进给
X轴参考点 Y轴参考点 Z轴参考点	回参考点指示灯	相应轴返回参考点后,对应轴的返回参考点指示灯变亮

(续表)

开关	名称	功用说明
F0 ×1 F25 ×10 F50 ×100 F100 ×1000	增量步长选择	"×1""×10""×100"和"×1000"为增量进给操作模式下的四种不同增量步长,而"F0""F25""F50"和"F100"为四种不同的快速进给倍率
CW STOP CCW	主轴功能按钮	CW:主轴正转按钮 CCW:主轴反转按钮 STOP:主轴停转按钮 注:以上按钮仅在JOG或HANDLE模式有效
刀具夹紧 刀具松开 排屑正转 排屑反转 机床水冷 机床气冷 主轴高档 主轴低档 润滑点动 机床照明	用户自定义按钮	刀具的松开与夹紧:刀具的松开与夹紧按钮,用于手动换刀过程中的装刀与卸刀 机床排屑:按下此按钮,启动排屑电动机对机床进行自动排屑操作 机床水冷与机床气冷:通过冷却液或冷却气体对主轴及刀具进行冷却。重复按下该按钮,冷却关闭 主轴转速高低档变换:有些型号的机床,设置了主轴高低档变换按钮。按下该按钮后,将执行主轴转速高低档的切换 润滑点动:按下该按钮,将对机床进行点动润滑一次 机床照明:按下此按钮,机床照明灯亮
SINGLE BLOCK CYCLE START CYCLE STOP	加工控制按钮	SINGLE BLOCK(单段执行):每按下一次该按钮,机床将执行一段程序后暂停 CYCLE START(循环启动开始):在自动运行状态下,按下该按钮,机床自动运行程序 CYCLE STOP(循环启动停止):在机床循环启动状态下,按下该按钮,程序运行及刀具运动将处于暂停状态,其他功能如主轴转速、冷却等保持不变。再次按下循环启动开始按钮,机床重新进入自动运行状态
FANUC 手轮	手摇脉冲发生器	手摇脉冲发生器一般挂在机床的一侧,主要用于机床的手摇操作。旋转手摇脉冲发生器时,顺时针方向为刀具正方向进给,逆时针方向为刀具负方向进给

二、数控铣床(加工中心)数控系统介绍

1. FANUC 数控系统

FANUC(发那科)数控系统由日本 FANUC 公司研制开发,该数控系统在我国得到了广泛的应用。目前,我国市场上用于数控铣床(加工中心)的数控系统主要有 FANUC 21i-MA/MB/MC、FANUC 18i-MA/MB/MC、FANUC 0i-MA/MB/MC、FANUC0-MD 等。

2. 西门子数控系统

SIEMENS(西门子)数控系统由德国西门子公司开发研制,该系统在我国数控机床中的应用也相当普遍。目前,我国市场上常用的 SIEMENS 系统有 SIEMENS 840D/C、SIEMENS 810T/M、802D/C/S 等型号。除了 802S 系统采用步进电动机驱动,其他型号系统均采用伺服电动机驱动。

3. 海德汉数控系统

海德汉数控系统由德国海德汉 HEIDENHAIN 公司开发研制。该系统在我国被广泛应用于多轴加工机床,特别是五轴加工、高速加工以及智能加工机床。其常用的系统有 iTNC 530 HSCI、TNC620、TNC640 等。

4. 国产数控系统

自 20 世纪 80 年代初,我国数控系统的生产与研制得到了飞速的发展,并逐步形成了以华中数控、广州数控、凯恩帝数控等以生产普及型数控系统为主的国有企业,以及北京发那科数控、西门子数控(南京)有限公司等合资企业。

5. 其他系统

除了以上几类主流数控系统,国内使用较多的数控系统还有日本三菱数控系统、法国施耐德数控系统,西班牙的法格数控系统和美国的 A-B 数控系统等。

任务实施

1. 小组协作与分工。每组 4~5 人,配备一台数控铣床或加工中心进行数控实习,熟悉机床操作面板功能,并讨论以下问题。

(1) 数控铣床控制面板由哪几部分组成?

(2) 显示器的主要功能是什么?

(3) 机床控制面板可进行哪些操作?

2. 根据按钮图标，完成表 2-4 中内容的填写。

表2-4　按钮图标含义及功能

按钮图标	英文名称	中文含义	功能说明
⇥			
⋀			
⇥			
⇥			
⇥			

任务评价

本任务评价表见表 2-5。

表2-5　数控系统面板操作任务评价表

序号	考核项目	考核内容	分值	评分标准	学生自评	教师评分
1	数控系统面板操作	操作面板组成	10	熟悉操作面板的常用按钮		
		正确了解操作面板各功能按钮的含义	40			
2	安全操作规范与机床维护	严格遵守操作规程	20	不达标不得分		
		刀具、工具、量具放置规范	10	不达标不得分		
		正确清理机床上的切屑杂物	10	不达标不得分		
		正确对机床进行日常维护与保养	10	不达标不得分		

任务三　数控铣床/加工中心手动操作

知识目标

1. 掌握数控铣床/加工中心手动操作的基本知识；
2. 掌握数控铣床/加工中心对刀的目的；
3. 掌握数控铣床/加工中心对刀的方法。

能力目标

1. 能够独立完成数控铣床/加工中心的开、关机操作；
2. 能够独立完成数控铣床/加工中心的手动回参考点操作；
3. 能够独立完成数控铣床/加工中心的对刀操作。

素养目标

1. 具备独立学习，灵活运用所学知识独立分析问题并解决问题的能力；
2. 具有良好的沟通和团队协作能力。

任务描述

通常情况下，一台机床的机床坐标系是固定的，而工件坐标系可以根据加工工艺的实际需求分别建立若干个，例如由G54、G55等来选择不同的工件坐标系。那么如何在机床坐标系中建立工件坐标系呢？这就需要对刀操作。对刀的目的是通过刀具或对刀工具确定工件坐标系与机床坐标系之间的空间位置关系，并将对刀数据输入到相应的存储位置。它是数控加工中最重要的操作内容，其准确性将直接影响零件的加工精度。本任务重点学习数控铣床(加工中心)常用对刀方法及手动对刀操作。

知识链接

一、手动操作基本知识

1. 开机操作

在操作机床之前，必须检查机床是否正常，并使机床通电，开机操作步骤如下：

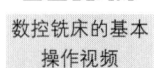

(1) 先开机床总电源，按下POWER ON按钮，再按下NC ON按钮。

(2) 检查 CRT 画面显示资料。
(3) 如果 EMG 报警，先松开急停按钮 E－STOP，再按复位键 RESET。
(4) 检查风扇电动机是否旋转。

2. 返回参考点操作

机床手动返回参考点的操作步骤如图 2-14 所示。
(1) 按下模式选择按钮中的参考点返回按钮 REF。
(2) 为降低移动速度，按下快速移动倍率选择按钮。
(3) 按下坐标轴和方向的选择按钮，选择要返回参考点的坐标轴和方向。
(4) 持续按下+方向按钮直到刀具返回到参考点；当刀具已经回到参考点后，参考点返回完毕指示灯亮。

注意：如果在相应的参数中进行设置，刀具也可以沿着三个轴同时返回参考点，刀具以快速移动速度移到减速点，然后以参数中设置的 FL 速度移到参考点。但为了确保返回参考点过程中刀具与机床的安全，数控铣床回参考点一般先进行 Z 轴的回参考点，再进行 X、Y 轴的回参考点。

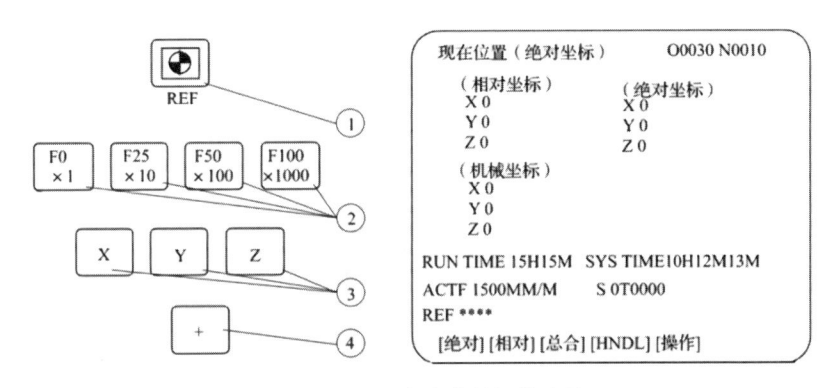

图2-14 返回参考点的操作步骤

3. 手动连续进给操作

在手动连续进给 JOG 方式中，持续按下操作面板上的进给轴及其方向选择按钮，会使刀具沿着所选轴的所选方向连续移动。机床手动连续进给操作步骤如图 2-15 所示。
(1) 按下方式选择开关的手动连续 JOG 选择按钮。
(2) JOG 进给速度可以通过进给速度的倍率旋钮进行调整，选择合适的进给速度倍率。
(3) 通过进给轴和方向选择按钮，选择将要使刀具沿其移动的轴及其方向。
(4) 持续按下该按钮时，刀具以参数指定的速度移动，释放按钮，移动停止。
(5) 按下进给轴和方向选择按钮的同时，若按下快速移动按钮，刀具会以快移速度移动，在快速移动过程中，快速移动倍率开关有效。

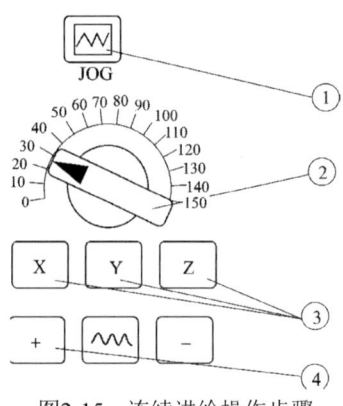

图2-15　连续进给操作步骤

4. 手轮进给操作

在手轮进给方式中，刀具可以通过旋转机床操作面板上的手摇脉冲发生器微量移动，手轮进给操作步骤如图2-16所示。

(1) 按下方式选择的手轮方式选择按钮。

(2) 在"×1""×10""×100"和"×1000"的增量进给操作模式下，选择增量步长。

(3) 按下手轮进给轴选择按钮，选择刀具要移动的轴。

(4) 旋转手摇脉冲发生器向相应的方向移动刀具。

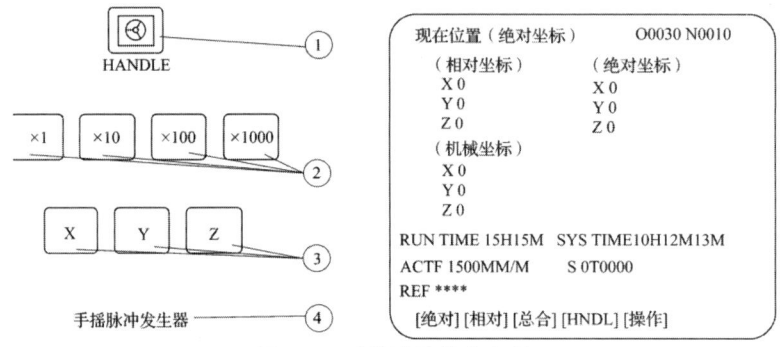

图2-16　手轮进给操作步骤

5. 关机操作

(1) 检查操作面板上的循环启动灯是否关闭。

(2) 检查 CNC 机床的移动部件是否都已经停止。

(3) 如有外部输入/输出设备接到机床上，先关外部设备的电源。

(4) 按下急停按钮 E－STOP，再按下 POWER OFF 按钮，关机床电源，最后切断总电源。

二、刀具的安装

1. 安装刀具

刀具的安装必须利用专用安装辅具，只有通过相应的安装辅具才能将刀具装入相应的刀柄中，常用的刀具安装辅具有锁刀座和月牙扳手，如图2-17所示。

(a) 锁刀座　　　　(b) 月牙扳手

图2-17　刀具的安装辅具

各种类型的刀具的安装大同小异，下面以强力铣刀柄安装立铣刀为例，介绍刀具的安装过程：

(1) 根据立铣刀的直径选择合适的弹簧夹头及刀柄，并将各安装部位擦拭干净。
(2) 按图 2-18(a)所示安装顺序，将刀具及弹簧夹头装入强力刀柄中。
(3) 将刀柄放入锁刀座，放置时注意使刀柄的键槽对准锁刀座上的键。
(4) 用专用的月牙扳手顺时针拧紧刀柄。
(5) 将拉钉装入刀柄并拧紧，装夹完成的刀具如图 2-18(b)所示。

(a) 刀具装夹关系图　　　　(b) 装夹完成后的直柄立铣刀

1—立铣刀；2—弹簧夹头；3—刀柄；4—拉钉

图2-18　强力铣刀柄安装刀具

安装刀具时注意以下事项：

(1) 安装直柄立铣刀时，根据加工深度控制刀具伸出弹簧夹头的长度，在许可的条件下尽可能伸出短一些，过长将减弱刀具铣削刚性。
(2) 禁止将加长套筒套在专用扳手上拧紧刀柄，也不允许用铁锤敲击专用扳手的方式紧固刀柄。
(3) 装卸刀具时务必弄清扳手旋转方向，特别是拆卸刀具时的旋转方向，否则将影响刀具的装卸，甚至损坏刀具或刀柄。
(4) 安装铣刀时，操作者应先在铣刀刃部垫上棉纱方可进行铣刀安装，以防止刀具刃口划伤手指。
(5) 拧紧拉钉时，其拧紧力要适中，力过大拧紧易损坏拉钉，且拆卸也较困难；力过小则拉钉不能与刀柄可靠连接，加工时易发生事故。

2．刀具装入机床主轴

完成刀具安装后，操作者即可将装夹好的刀具装入数控铣床/加工中心的主轴上。操作过

程如下:

(1) 用干净的擦布将刀柄的锥部及主轴锥孔擦净。

(2) 将刀柄装入主轴中。

将机床置于 JOG(手动)模式下,左手握刀柄使刀柄的键槽与主轴端面键对齐,右手按主轴上的松刀键,机床执行松刀动作,左手顺势向上将刀柄装入主轴中,即完成装刀操作。

三、数控铣床/加工中心的对刀方法

数控铣床和加工中心的对刀操作分为 X、Y 向对刀和 Z 向对刀。通常有试切法对刀和借助专用的对刀仪器对刀两种基本方法。试切法对刀是指用刀具在工件表面上直接试切而得到相关坐标值的方法,适用于尚需加工的毛坯表面或加工精度要求较低的场合。借助仪器对刀通常是指借助光电式寻边器、机械式偏心寻边器等专用仪器进行 X 和 Y 方向的对刀,借助对刀块或 Z 轴设定器进行 Z 方向的对刀,这种对刀方法精度较高,一般能够控制在 0.005 mm 之内,是经过精加工的毛坯表面对刀时采用的基本方法。

1. X、Y 向对刀操作

1) 试切对刀法

(1) 将刀具装入主轴,并按下主轴正转按钮 CW,启动主轴。

(2) 首先将机床工作模式切换到手轮模式,按下编辑面板上的 POS 位置键,再按下"综合"功能软键。

(3) 使用手轮快速移动刀具到达工件左侧 A 点附近(图 2-19),调慢进给速度使刀具和工件左侧 A 点刚刚接触(这时可以看到有少量切屑飞出),抬起 Z 轴使刀具离开工件。记录屏幕显示界面中的机械坐标系的 X 值,设为 X_1。

(4) 再使用手轮快速移动刀具到达工件右侧 B 点附近,调慢进给速度使刀具和工件右侧 B 点刚刚接触(有少量切屑飞出),抬起 Z 轴使刀具离开工件。记录屏幕显示界面中的机械坐标系的 X 值,设为 X_2。

(5) 计算出工件坐标系原点的 X 值,$X=(X_1+X_2)/2$。

(6) 按下 OFFSET SETTING 参数设置键,按下屏幕下的软键 [WORK];将光标移到 G54 坐标系 X 处输入算出的 X 值,按 INPUT 键,至此 X 向对刀完成。

(7) 重复步骤(3)~(6),用同样的方法测量并计算工件坐标系原点的 Y 值。

2) 寻边器对刀法

寻边器如图 2-20 所示,有机械寻边器和光电寻边器两种,主要用于 X、Y 轴零点的确定。

将寻边器装入刀柄,将刀柄装入机床主轴,启动主轴;通过手动方式,使寻边器的测量端慢慢靠近并接触要寻的边,直至看到寻边器的旋转不偏心了,也就是测量端和固定端的中心线重合的瞬间就是所要寻求的基准位置(图 2-21),这时主轴中心位置距离工件基准面(要寻的边)的距离等于测量端的半径。

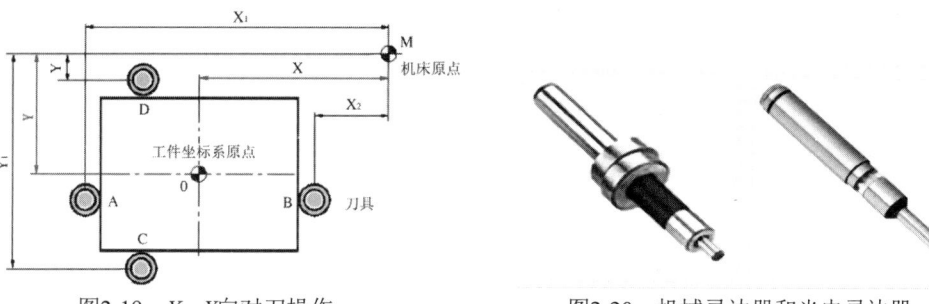

图2-19 X、Y向对刀操作　　　　　　　图2-20 机械寻边器和光电寻边器

光电寻边器是利用光电原理(图 2-22)，使用时主轴不转，当寻边器接触到要寻的边时，形成闭合回路，红色指示灯亮，此时就是所要寻求的基准位置，记下此时的机床坐标值。这时主轴中心位置距离工件基准面的距离等于寻边器钢珠的半径。

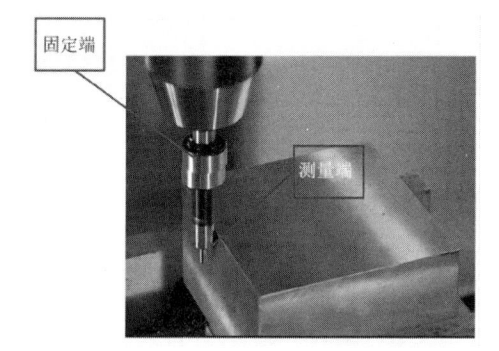

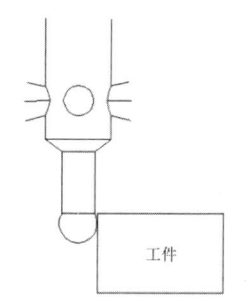

图2-21 机械寻边器对刀　　　　　　　图2-22 光电寻边器对刀原理

2. Z向对刀操作

1) 试切对刀法

Z向的对刀点通常以工件的上下表面为基准。若以工件的上表面为工件零点($Z=0$)，则采用试切法对刀时，需移动刀具到工件的上表面进行试切。

(1) 更换所使用的刀具，启动主轴。

(2) 使用手轮快速移动刀具靠近工件上表面，调整手轮倍率，使刀具慢慢到达工件上表面(有少量切屑飞出)。

(3) 按下 OFFSET SETTING 参数设置键，再按下"坐标系"功能软键，将光标移至 G54 坐标中的 Z 位置，输入 Z0，按"测量"软键，这时 G54 中显示的 Z 坐标值即为工件原点在机床坐标系下的 Z 向坐标值。

2) Z向对刀仪对刀法

如图 2-23 所示，Z向对刀仪有光电式和指针式等类型。通过光电指示或指针判断刀具与对刀仪是否接触，从而确定工件坐标系原点在机床坐标系的 Z 轴坐标值。Z 向对刀仪带有磁性表座，可以牢固附着在工件或夹具上，其高度一般为 50mm 或 100mm。对刀精度一般可达 0.005mm。

(1) 如图 2-24 所示，将 Z 向对刀仪放置在工件表面上。

(2) 快速移动主轴，使刀具端面靠近 Z 向对刀仪上表面。

(3) 使用手轮微调操作，让刀具端面慢慢接触到 Z 向对刀仪上表面，直到百分表指针指示到零位(如是光电对刀仪，则对刀仪发光)。

(4) 记录此时 CRT 显示器中"机床坐标系"的 Z 向坐标值，抬起主轴。

(5) 计算 Z 值，即用记录下的"Z 机械坐标值 -Z 向对刀仪的高度"，将计算结果填入 G54~ G59 的 Z 坐标中。

(a) 光电式　　(b) 指针式

图2-23　Z向对刀仪

图2-24　Z向对刀仪的使用

§ 职业素养 §

大阅兵装备背后的大国工匠戴天方，全国劳动模范，全国人大代表，数控加工首席技师，作为航天企业一线员工，运用数控加工技术加工形状复杂、尺寸精度高并且薄如蝉翼的金属工件。这都是长期脚踏实地、苦练技能的结果，技术技能水平的提升是一个循序渐进的过程，需要时间和耐心。所以在操作过程中要培养自身精雕细琢、精益求精、追求极致的工匠精神。

任务实施

1. 小组协作与分工。每组 4~5 人，配备一台数控铣床或加工中心进行数控实习，熟悉机床手动对刀操作知识，并讨论以下问题。

(1) 简述数控铣床返回参考点的目的及步骤。

(2) 简述数控铣床手动连续进给操作步骤。

(3) 简述数控铣床试切对刀法的操作步骤。

2. 对刀操作。选取毛坯为 100mm×100mm×22mm 的硬铝，在数控铣床或加工中心完成试切对刀操作。加工中使用的刀具、量具、工具见表2-6。

表2-6 刀具、量具、工具清单

序号	名称	规格	数量	备注
1	立铣刀	φ10mm	1	
2	游标卡尺	0~150mm，精度为0.02mm	1	
3	钢直尺	0~320mm，精度为1mm	1	
4	平口钳	200mm	1	
5	工具	垫铁、扳手	1	

任务评价

本任务评价表见表 2-7。

表2-7 数控铣床/加工中心手动操作评价表

序号	考核项目	考核内容	分值	评分标准	学生自评	教师评分
1	数控机床手动操作	开关机操作	10	数控机床正确启动停止		
		安装刀具	10	刀具装夹位置正确；刀具夹紧力够		
		安装工件	5	工件加工时不松动		
		对刀方法	40	对刀操作正确；坐标系设定正确		
2	安全操作规范与机床维护	严格遵守操作规程	20	不达标不得分		
		刀具、工具、量具放置规范	5	不达标不得分		
		正确清理机床上的切屑杂物	5	不达标不得分		
		正确对机床进行日常维护与保养	5	不达标不得分		

任务四 数控程序输入与编辑

知识目标

1. 掌握数控铣床操作面板各按钮的含义；
2. 掌握数控加工程序输入与编辑的方法；

3. 掌握数控加工程序校验的方法。

能力目标

1. 能够熟练进行数控程序的输入及打开；
2. 能够对数控程序进行命名、删除、替换、检索等编辑操作；
3. 能够对数控程序进行校验。

素养目标

1. 具有严谨认真的工作态度；
2. 具有精益求精的工作精神。

任务描述

数控机床是按照事先编好的程序来实现对工件的自动加工的，那么编程人员编制好程序以后是如何将其输入给数控机床的呢？其中最简单的方法就要利用数控机床的操作面板进行手动输入，如图 2-25 所示。本任务重点学习数控铣床(加工中心)程序的手动输入与编辑。

图2-25　输入数控程序

知识链接

一、程序编辑操作

1. 建立新程序

使用 MDI 面板创建程序的操作步骤如图 2-26 所示。

(1) 进入 EDIT 方式。
(2) 按下 MDI 功能键 PROG。
(3) 按下地址键 O，输入程序号，例如"O0123"，按下 EOB。

(4) 按下 INSERT 键。

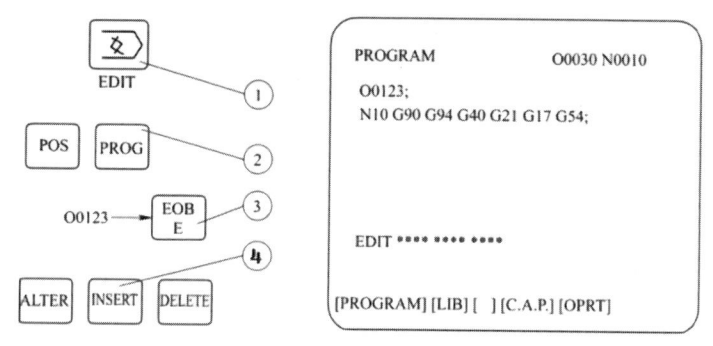

图2-26　建立新程序

2. 程序号的检索

当内存中存有多个程序,想要调用内存中储存的某个程序时,可以通过检索程序号找出这个程序,操作步骤如下。

(1) 选择 EDIT 方式。
(2) 按下 MDI 功能键"PROG"。
(3) 输入地址"O",在后面输入要检索的程序号,例如"O2345",按 CURSOR ↓ 开始搜索。
(4) 检索结束后,"O2345"显示在屏幕右上角程序编号位置,NC 程序显示在屏幕上。

或者

(1) 选择模式 AUTO。
(2) 按下 MDI 功能键"PROG"。
(3) 输入地址"O",在后面输入要检索的程序号,例如"O2345",按 INPUT 开始搜索。
(4) 检索结束后,"O2345"显示在屏幕右上角程序编号位置,NC 程序显示在屏幕上。

3. 删除程序

存储到内存中的程序可以被删除,一个程序或者所有的程序都可以一次删除,同时,也可以通过指定一个范围删除多个程序。

删除程序的操作步骤如下。

(1) 选择 EDIT 方式。
(2) 按下 MDI 功能键"PROG",显示程序屏幕。
(3) 输入地址"O",在后面输入要删除的程序号,例如"O2345"。
(4) 按下 DELETE 键,所输入的程序号的程序将被删除。

删除存储在内存中的所有程序的操作步骤如下。

(1) 选择 EDIT 方式。
(2) 按下 MDI 功能键"PROG",显示程序屏幕。
(3) 输入地址"O",在后面输入"-9999"。
(4) 按下 DELETE 键,所有的程序都被删除。

通过指定一个范围删除多个程序的操作步骤如下。

(1) 选择 EDIT 方式。

(2) 按下 MDI 功能键"PROG"，显示程序屏幕。

(3) 输入地址"OXXXX,OYYYY"，其中 XXXX 代表将要删除程序的起始程序号，YYYY 代表将要删除的程序的终了程序号。

(4) 按下 DELETE 键，删除程序号从 No.XXXX 到 No.YYYY 之间的程序。

二、程序段的操作

1. 删除程序段

程序中的一段或者几段可被删除。

删除一个程序段的操作步骤如下。

(1) 选择 EDIT 方式。

(2) 用光标检索或扫描到将要删除的程序段地址 N××，按下"EOB"键，如图 2-27 所示。

(3) 按下 DELETE 键，将当前光标所在程序段删除，如图 2-28 所示。

图2-27 检索或扫描要删除的程序段

图2-28 程序段被删除

删除多个程序段的操作步骤如下。

(1) 选择 EDIT 方式；

(2) 检索或扫描将要删除的第一个程序段的顺序号 N××，如 N01234，如图 2-29 所示。键入将要删除的最后一个程序段的顺序号 N××××，如 N56789，如图 2-30 所示。

(3) 按下 DELETE 键，删除从 N01234 到 N56789 的程序段的所有内容。

图2-29 检索或扫描程序段

图2-30 程序段被删除

2. 顺序号检索

顺序号检索通常用于在程序中间检索某个程序段，以便从该段开始执行程序。操作步骤如下。

(1) 模式按钮选择"AUTO"。

(2) 按下 MDI 功能键"PROG"，显示程序，输入地址 N 及要检索的程序段号。

(3) 按下屏幕软键[N SRH]，即可检索到所要检索的程序段。

(4) 检索完成后，找到的顺序号显示在屏幕的右上角。

三、程序字的操作

1. 程序字的检索

程序字的检索可以通过简单地在文本中移动光标(扫描)，通过字检索或者是地址检索实现。

(1) 按下光标向左或向右移动键，光标将在屏幕上向左或向右移动一个地址字。

(2) 按下光标向上或向下移动键，光标将在屏幕上检索上一程序段的第一个字或检索下一程序段的第一个字。

(3) 按下页面键 PAGE UP，显示前一页，并检索该页中的第一个字。按下页面键 PAGE DOWN 显示下一页，并检索该页中的第一个字。

2. 跳到程序头

光标可以跳到程序头，该功能被称为定位程序头指针。当处于 EDIT 方式下，选择程序屏幕时按下 RESET 键，当光标回到程序的起始部分后在屏幕上从头开始显示程序的内容。

3. 插入一个字

选择 EDIT 方式，检索或扫描插入位置前的字，输入将要插入的地址字或数据，按下 INSERT 键。

4. 程序字的替换

选择 EDIT 方式，检索或扫描将要替换的字，输入将要插入的地址字或数据，按下 ALTER 键。

5. 程序字的删除

选择 EDIT 方式，检索或扫描将要删除的字，按下 DELETE 键。

6. 输入过程中字的取消

在程序字符的输入过程中，如当前字符输入错误，按下 CAN 键即可。

任务实施

小组协作与分工。每组 4~5 人，配备一台数控铣床或加工中心进行数控实习，熟悉机床操作面板功能，完成表 2-8 中程序内容的输入。

表2-8　输入程序

程序	说明
O0010;	程序号
N10 G90 G94 G40 G21 G17 G54;	程序初始化，设定工件坐标系
N20 G91 G28 Z0;	刀具回 Z 向零点

(续表)

程序	说明
N30 G90 G00 X-10.0 Y-10.0;	刀具快速点定位到对刀点(-10.0，-10.0)
N40 Z50.0;	刀具快速定位到 Z 向安全高度
N50 G42 G00 X4.0 Y10.0 D01;	右刀补，进刀到(4, 10)的位置
N60 M03 S900;	主轴正转
N70 G00 Z2.0;	Z 轴进到离表面 2mm 的位置
N80 G01 Z-2.0 F800;	进给切削深度
N90 X30.0;	插补直线
N100 G03 X40.0 Y20.0 I0 J10.0;	插补圆弧
N110 G02 X30.0 Y30.0 I0 J10.0;	插补圆弧
N120 G01 X10.0 Y20.0;	插补直线
N130 Y5.0;	插补直线到(10, 5)
N140 G00 Z50.0 M05;	返回 Z 方向的安全高度，主轴停转
N150 G40 X-10.0 Y-10.0;	返回到对刀点
N130 M30;	程序结束

2. 数控程序的校验

(1) 机床锁住校验的步骤如下。

① 按下 MDI 功能键"PROG"，调用刚才输入的程序的程序号"O0010"。

② 按下模式按钮"AUTO"。

③ 按下机床锁住按钮"MC LOCK"。

④ 按下软键[检视]，使屏幕显示正在执行的程序及坐标。

⑤ 按下单步运行按钮"SINGLE BLOCK"，进行机床锁住检查。

在机床校验过程中，建议采用单步运行模式，而非自动运行。在机床锁住校验过程中，如出现程序格式错误，则机床显示程序报警界面且机床停止运行。因此，机床锁住校验，主要校验程序格式的正确性。

(2) 机床空运行校验。机床空运行校验的操作流程与机床锁住校验流程相似。不同之处在于将流程中按下"MC LOCK"按钮换成"DRY RUN"按钮。

(3) 采用图形显示功能校验。图形显示功能校验在屏幕上可以画出编程的刀具轨迹，通过观察屏幕上的轨迹，可以检查加工过程，显示的图形可以放大或缩小。具体操作步骤如下。

① 按下模式按钮"AUTO"。

② 按下 MDI 功能键"CUSTOM GRAPH"，图形参数屏幕显示如图 2-31 所示。

③ 移动光标到欲设定的参数处，输入数据后，按"INPUT"键，直到所有的参数被设定。

④ 按下屏幕显示软键[GRAPH]。

⑤ 启动自动运行，机床开始移动，屏幕上绘出刀具运动轨迹。

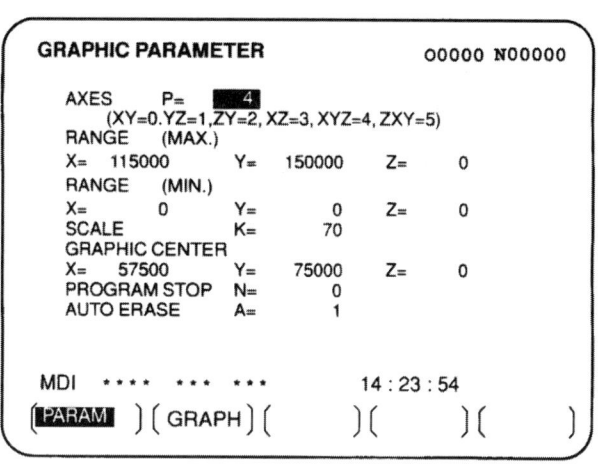

图2-31 图形参数屏幕显示

任务评价

本任务评价表见表2-9。

表2-9 数控程序输入与编辑任务评价表

序号	考核项目	考核内容	分值	评分标准	学生自评	教师评分
1	数控程序输入与编辑	正确输入程序	25	完整、无遗漏		
		正确编辑程序	25	会使用机床程序编辑功能		
		正确校验程序	15	会使用机床程序校验功能		
2	安全操作规范与机床维护	严格遵守操作规程	20	不达标不得分		
		刀具、工具、量具放置规范	5	不达标不得分		
		正确清理机床上的切屑杂物	5	不达标不得分		
		正确对机床进行日常维护与保养	5	不达标不得分		

项目三

平面类零件编程与加工

任务一　平面铣削加工

知识目标

1. 掌握数控加工及数控编程规则；
2. 掌握数控编程常用指令的含义；
3. 掌握平面类零件的铣削加工方法。

能力目标

1. 能够根据零件的特点正确选择刀具；
2. 能够合理选择平面铣削的切削参数；
3. 能够根据零件的特点合理设计加工走刀路线。

素养目标

1. 具有独立学习、灵活运用所学知识独立分析问题并解决问题的能力；
2. 具有严谨认真的工作态度和精益求精的工作精神。

任务描述

试编写如图 3-1 所示的工件数控加工程序，并在数控铣床上进行加工。毛坯为 100mm×100mm×36mm 的硬铝。

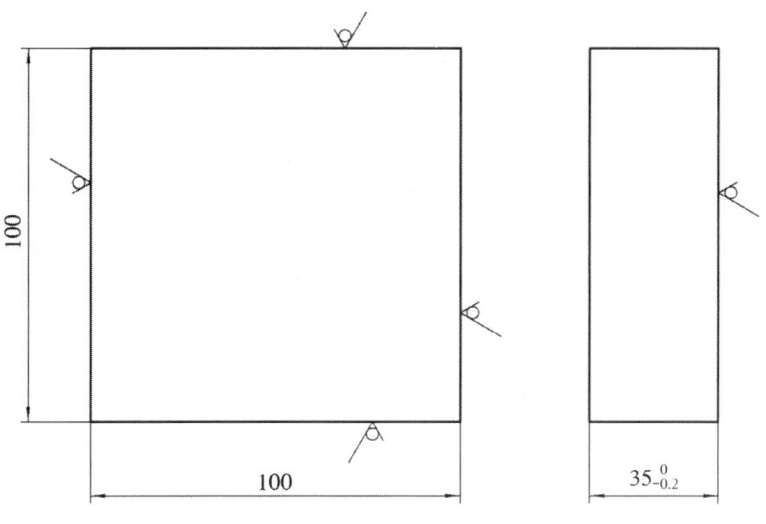

图3-1 平面铣削加工任务零件图

知识链接

一、数控编程规则

1. 小数点编程

数控编程时，数字单位以公制为例分为两种：一种是以毫米(mm)为单位，另一种是以脉冲当量即机床的最小输入单位为单位。现在大多数机床常用的脉冲当量为0.001mm。

对于数字的输入，有些系统可省略小数点，有些系统则可以通过系统参数来设定是否可以省略小数点，而大部分系统则不可省略小数点。对于不可省略小数点编程的系统，当使用小数点进行编程时，数字以毫米(mm)(英制为英寸：in；角度为度：deg)为输入单位，而当不用小数点编程时，则以机床的最小输入单位作为输入单位。

平面铣削加工基本指令视频

【例题】从 A 点(0，0)移动到 B 点(60，0)有以下三种表达方式：

X60.0
X60.　　　(小数点后的零可省略)
X60000　　(脉冲当量为0.001 mm)

以上三组数值表示的坐标值均为60mm，60.0与60000从数学角度上看两者相差了1000倍。因此，在进行数控编程时，不管哪种系统，为保证程序的正确性，最好不要省略小数点的输入。此外，脉冲当量为0.001mm的系统采用小数点编程时，若小数点后的位数超过四位，数控系统按四舍五入处理。例如，当输入 X60.1234 时，经系统处理后的数值为X60.123。

2. 公、英制编程指令(G21/G20)

坐标功能字是使用公制还是英制，多数系统用准备功能字来选择，如 FANUC 系统采用 G21/G20 指令来进行公、英制的切换，而 SIEMENS 系统和 A—B 系统则采用 G71/G70 指令来进行公、英制的切换。其中，G21 指令或 G71 指令表示公制，而 G20 指令或 G70 指令表示英制。

【例题】G91 G20 G01 X60.0;　　(表示刀具向 X 轴正方向移动 60in)
　　　　G91 G21 G01 X60.0;　　(表示刀具向 X 轴正方向移动 60mm)

公英制对旋转轴无效，旋转轴的单位都是度(deg)。

3. 平面选择指令(G17/G18/G19)

当机床坐标系及工件坐标系确定后，对应地就确定了三个坐标平面，即 XY 平面、ZX 平面和 YZ 平面，可分别用 G 代码 G17(XY 平面)、G18(ZX 平面)和 G19(YZ 平面)表示这三个平面，如表 3-1 所示。

表3-1　工作平面选择

平面选择/G功能代码	坐标平面/工作平面	进给轴/刀具轴
G17	X/Y 平面	Z
G18	Z/X 平面	Y
G19 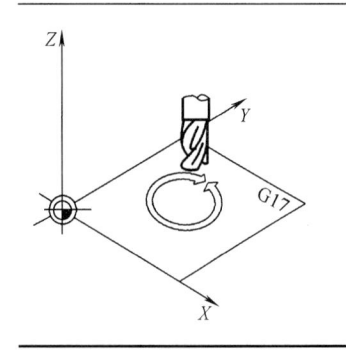	Y/Z 平面 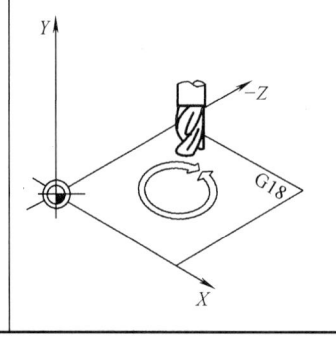	X 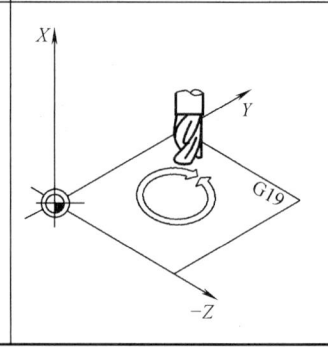

4. 绝对坐标与增量坐标指令(G90/G91)

ISO 代码中，绝对坐标指令用 G 代码 G90 表示。程序中坐标功能字后面的坐标以原点作为基准，表示刀具终点的绝对坐标。增量坐标(亦称为相对坐标)指令用 G 代码 G91 表示。程序中坐标功能字后面的坐标以刀具起始点作为基准，表示刀具终点相对于刀具起始点坐标值的增量。G90 与 G91 属于同组模态指令，系统默认指令是 G90。在实际编程时，可根据具体的零件及零件的标注来进行 G90 和 G91 方式的切换。

【例题】如图 3-2 所示的刀具轨迹，分别用 G90 和 G91 编程时的程序如下。

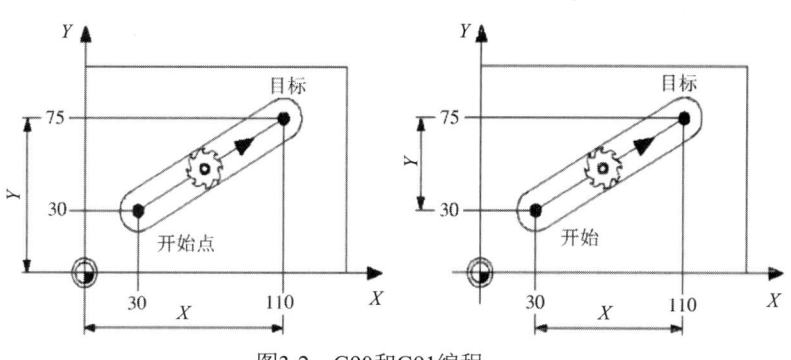

图3-2 G90和G91编程……

N50 G90
N60 G00 X0 Y0 Z10.0；
N70 G01 X30.0 Y30.0 F150；
N80 Z-5.0；
N90 X110.0 Y75.0；
N100 Z10.0；
N110 M30；
N100 M30；

N50 G90；
N60 G00 X0 Y0 Z10.0；
N70 G91 G01 X30.0 Y30.0 F150；
N80 Z-15.0；
N85 X80.0 Y45.0；
N90 Z15.0；
N95 G90；

二、常用编程指令

1. 快速定位指令(G00)

指令格式

　　G00　X__ Y__ Z__；

X__ Y__ Z__为刀具目标点坐标，当使用增量方式时，X__ Y__ Z__为目标点相对于起始点的增量坐标，没有增量值的坐标可以省略不写。G00是模态代码。

指令说明

(1) 刀具以各轴内定的速度由始点(当前点)快速移动到目标点。
(2) 刀具运动轨迹与各轴快速移动速度有关。
(3) 刀具在起始点开始加速至预定的速度，到达目标点前减速定位。
(4) 移动速度由机床系统参数设定。编程时，G00不用指定移动速度，但可通过机床面板上的按钮"F0""F25""F50"和"F100"对G00移动速度进行调节。

【例题】如图3-3所示的加工轨迹，用G00编写的程序段为：

图3-3　G00和G01编程示例

绝对值方式编程：

　　G90 G00 X40.0 Y30.0；

增量值方式编程：

　　G91 G00 X30.0 Y20.0；

2. 直线插补指令(G01)

G01 指令是直线运动指令，它命令刀具在两坐标或三坐标轴间以联动插补的方式按指定的进给速度作任意斜率的直线运动。G01 也是模态指令。

指令格式

　　G01　X__ Y__ Z__ F__；

X__ Y__ Z__为刀具目标点坐标，当使用增量方式时，X__ Y__ Z__为目标点相对于起始点的增量坐标，没有增量值的坐标可以不写。F 为刀具切削进给速度指令。

指令说明

(1) 刀具按照 F 指令所规定的进给速度直线插补至目标点。

(2) F 代码是模态代码，在没有新的 F 代码替代前一直有效。如果在 G01 程序段前的程序中没有指定 F 指令，而在 G01 程序段也没有 F 指令，则机床不运动，有的系统还会出现系统报警。

(3) 各轴实际的进给速度是 F 速度在该轴方向上的投影分量。

【例题】如图 3-3 所示加工轨迹，用 G01 编写的程序段为：

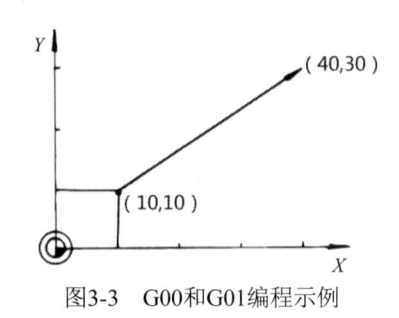

绝对值方式编程：

　　G90 G01 X40.0 Y30.0 F300；

增量值方式编程：

　　G91 G01 X30.0 Y20.0 F300；

三、平面加工常用铣刀

1. 面铣刀

如图 3-4(a)所示，面铣刀主要用在立式铣床或卧式铣床上加工台阶面和平面，特别适合较大平面的加工。面铣刀的主切削刃分布在圆柱或圆锥表面上，端面切削刃为副切削刃，铣

平面铣削加工
工艺视频

刀的轴线垂直于被加工表面。用面铣刀加工平面，同时参加切削的刀齿较多，又有副切削刃的修光作用，使加工表面粗糙度值小，因此可以用较大的切削用量，生产率较高，应用广泛。

2. 立铣刀

如图 3-4(b)所示，立铣刀主要用于加工较小的台阶平面、凹槽及利用靠模加工成形面。立铣刀是数控铣削中最常用的一种铣刀，其结构中圆柱面上的切削刃是主切削刃，端面上分布着副切削刃，主切削刃一般为螺旋齿，这样可以增加切削平稳性，提高加工精度。由于普通立铣刀端面中心处无切削刃，所以立铣刀工作时不能作轴向进给，端面刃主要用来加工与侧面相垂直的底平面。

(a) 机夹可转位硬质合金面铣刀　　(b) 立铣刀

图3-4　铣刀的类型

四、平面类零件的装夹与找正

1. 精密平口钳的装夹与校正

加工本任务工件时，通常采用精密平口钳进行装夹与找正。常用的精密平口钳如图 3-5 所示，常采用机械螺旋式、气动式或液压式的夹紧方式。平口钳具有较大的通用性和经济性，适用于尺寸较小的方形工件的装夹。

采用平口钳装夹工件时，需对平口钳的钳口进行找正，以保证平口钳的钳口方向与主轴刀具的进给方向平行或垂直。平口钳的找正方法如图 3-6 所示，将百分表用磁性表座固定在主轴上，百分表触头接触平口钳钳口，在上下和左右方向移动主轴，从而找正平口钳钳口平面与进给方向的平行度。

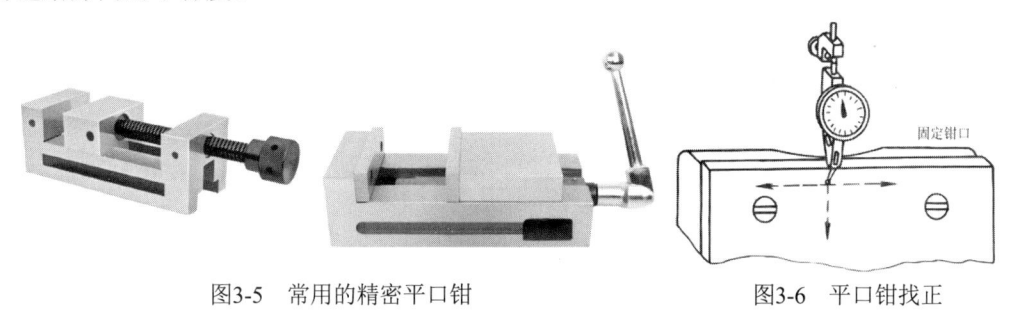

图3-5　常用的精密平口钳　　　　图3-6　平口钳找正

2. 压板装夹工件与校正

对于形状尺寸较大或不便于用平口钳装夹的工件，常用压板将其安装在数控铣床工作台

台面上进行加工，如图 3-7 所示。通常采用 T 形螺母与螺栓的夹紧方式。

图3-7　压板装夹工件

采用压板装夹工件时，应使垫铁的高度略高于工件，以保证加紧效果；压板螺栓应尽量靠近工件，以增大压紧力；压紧力要适中，在压板与工件表面安装软材料垫片以防止工件变形或工件表面受到损伤；工件不能在工作台面上拖动，以免将工作台面划伤。

在使用平口钳或压板装夹的过程中，应对工件进行找正。找正方法如图 3-8 所示。找正时将百分表用磁性表座固定在主轴上，百分表测头接触工件，在前后或左右方向移动主轴，从而找正工件上下平面与工作台面的平行度。同样在侧平面内移动主轴，找正工件侧面与轴进给方向的平行度。如果不平行，可用铜棒轻敲工件或垫塞尺的办法进行纠正，然后再重新进行找正。

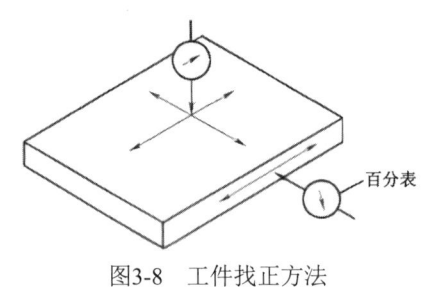

图3-8　工件找正方法

五、平面铣削刀具路线设计

1. 刀具直径大于平面宽度

平面铣削时，刀具相对于工件的位置，选择是否适当，将影响到切削加工的状态和加工质量，当刀具直径大于平面宽度时，刀具在水平方向相对于工件的走刀路线有对称铣、不对称逆铣、不对称顺铣三种情况，如图 3-9 所示。

(a) 对称铣　　　　(b) 不对称逆铣　　　　(c) 不对称顺铣

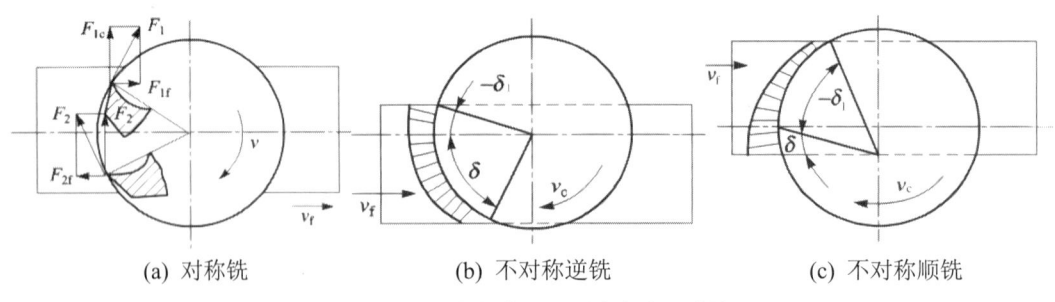

图3-9　刀具直径大于平面宽度走刀路线

对称铣，刀具中心处于工件中间位置，这种铣削容易引起震颤，从而影响到表面加工质量，因此应避免这种情况。

不对称逆铣，刀具中心偏离工件的中间位置，刀具以较小的切削厚度切入，以较大的切削厚度退出。这种情况有利于提高刀具耐用度，适合铣削碳钢和一般的合金钢，是较常用的铣削方式。

不对称顺铣，刀具中心偏离工件的中间位置，刀具以较大的切削厚度切入，以较小的切削厚度退出。这种情况下刀具切入虽有一定冲击，但可以避免刀刃切入冷硬层，适合铣削冷硬材料或不锈钢、耐热钢等材料。

2. 刀具直径小于平面宽度

当刀具直径小于平面宽度时，刀具在水平方向相对工件的运动轨迹有单向平行切削、往复平行切削和环形切削三种情况，如图3-10所示。

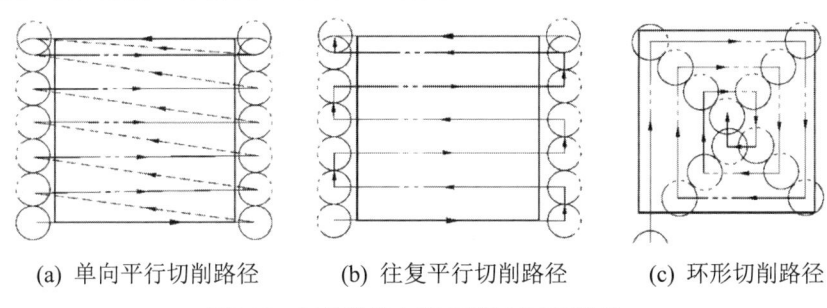

(a) 单向平行切削路径　　(b) 往复平行切削路径　　(c) 环形切削路径

图3-10　刀具直径小于平面宽度走刀路线

(1) 单向平行切削是指刀具在一个方向单行程进给，所有接刀痕都是方向平行的直线，这种单向走刀加工平面精度高，但因为有空行程，切削效率低。

(2) 往复平行切削，这种走刀空行程少，切削效率高，但应顺逆铣交替进行，加工平面精度低。单向平行切削和往复平行切削这两种走刀方式中，每两刀之间行距一般取75%至80%为宜。

(3) 环形切削刀具总行程最短，生产效率最高，拐角处如果采用直角拐弯，则在工件四角处，由于要切换进给方向，造成刀具停在一个位置无进给切削，使工件四角处被多切了薄薄的一层，从而影响了加工面的平面度，因此在拐角处，应尽量采用圆弧过渡。

任务实施

1. 读图确定零件特征

具体要求如下。

(1) 对图样要有全面的认识，尺寸与各种公差符号要清楚。

(2) 分析毛坯材料为硬铝，规格为100mm×100mm×36mm的方料，如图3-11所示。

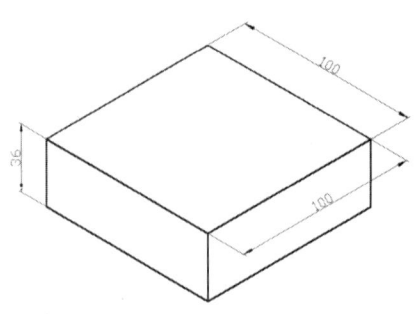

图3-11　100mm×100mm×36mm方料

2. 零件分析与尺寸计算

1) 结构分析

由于该零件为简单的平面加工，工件厚度尺寸公差为$35_{-0.2}^{0}$。

2) 工艺分析

经过以上分析，可用硬质合金盘铣刀分粗、精加工直接铣出工件平面，粗加工留余量0.3mm。

3) 定位及装夹分析

考虑到工件只是简单的平面加工，可将方料直接装夹在平口钳上，一次装夹完成所有加工内容。在工件装夹时的夹紧过程中，既要防止工件的转动、变形和夹伤，又要防止工件在加工中松动。

3. 工艺卡片

有关加工顺序及工步内容，夹具、刀具、量具检具、切削用量、冷却润滑液等工艺问题，详见表3-2和表3-3所示的工艺卡片。

表3-2　平面加工刀具调整卡

刀具调整卡							
零件名称	平面加工件		零件图号				
设备名称	加工中心	设备型号	VMC850	程序号			
材料名称及牌号	LY12		工序名称	平面铣削	工序号		3
序号	刀具编号	刀具名称	刀具材料及牌号	刀具参数		刀补地址	
^	^	^	^	直径	长度	直径	长度
1	T01	寻边器	高速钢	$\phi10$			
2	T02	面铣刀	硬质合金	$\phi80$			

表3-3　平面加工数控加工工序卡

数控加工工序卡

零件名称	平面加工件	零件图号		夹具名称		平口钳
设备名称及型号	加工中心VMC850					
材料名称及牌号	LY12		工序名称	平面铣削	工序号	3

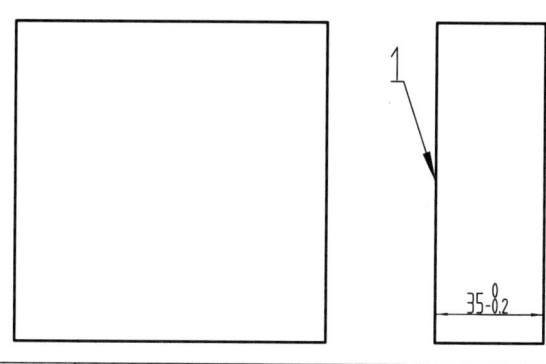

工步号	工步内容	切削用量				刀具		量具名称
		V_f	n	F	a_p	编号	名称	
1	粗铣顶面留余量0.3		1000	300	0.7	T02	面铣刀	游标卡尺
2	精铣上表面控制高度		1000	150	0.3	T02	面铣刀	游标卡尺

4. 参考程序

工件坐标系原点选定在工件上表面的中心位置，编制平面加工参考程序如表3-4所示。

表3-4　编制平面加工参考程序

程序段号	铣平面程序	程序说明
	%	程序传输开始代码
	O1000;	程序名
N10	G94 G90 G54 G40 G21 G17;	机床初始参数设置：每分钟进给、绝对编程、工件坐标、刀补取消、毫米单位、XY平面
N20	G00 Z200.0;	刀具快速抬到安全高度
N30	X0 Y0;	刀具移动到工件坐标原点(判断刀具X、Y位置是否正确)
N40	M03 S1000;	主轴正转1000 r/min
N50	X-30.0 Y-100.0;	刀具快速进刀到平面加工切削起点
N60	Z2.0;	刀具快速下刀到平面加工深度的安全高度
N70	G01 Z-0.7 F100;	刀具切削到平面加工深度，进给速度为100 mm/min
N80	Y100.0 F300;	平面加工走直线，切削进给速度为300 mm/min

(续表)

程序段号	铣平面程序	程序说明
N90	X30.0;	平面加工走直线
N100	Y-100.0;	平面加工走直线
N110	G00Z200.0;	刀具快速退刀到安全高度
N120	X0Y200.0;	工件快速移到机床门口(方便拆卸与测量工件)
N130	M05;	主轴停转
N140	M30;	程序结束,程序运行光标并回到程序开始处
	%	程序传输结束代码

任务评价

本任务评价表见表 3-5。

表3-5 平面铣削任务评价表

序号	考核项目	考核内容	分值	评分标准	学生自评	教师评分
1	安全文明生产	安全文明生产和数控实训车间安全操作的有关规定	20	违反安全操作的有关规定不得分		
2	任务实施计划	任务实施过程中,有计划地进行	5	完成计划得 5 分,计划不完整得 0~4 分		
3	工艺规划	合理的工艺路线、合理区分粗精加工	10	工艺合理得 5~10 分;不合理或部分不合理得 0~4 分		
4	程序编制	完整和合理的程序逻辑	15	程序完整、合理得 10~15 分;不完整或不合理得 0~9 分		
5	工件质量评分	平面尺寸精度	50	满足得 50 分,不满足得 0 分		

任务二　圆弧槽铣削加工

知识目标

1. 掌握圆弧槽加工指令代码;

2. 掌握圆弧槽加工指令的含义;
3. 掌握圆弧槽的铣削加工方法。

能力目标

1. 能够根据零件的特点正确选择刀具;
2. 能够合理选择圆弧槽铣削的切削参数;
3. 能够运用圆弧插补指令解决实际编程问题。

素养目标

1. 具有团队合作意识;
2. 具有严谨认真和精益求精的职业素养。

任务分析

试编写如图3-12所示工件数控加工程序,并在数控铣床上进行加工,毛坯为70mm×70mm×10mm的硬铝。

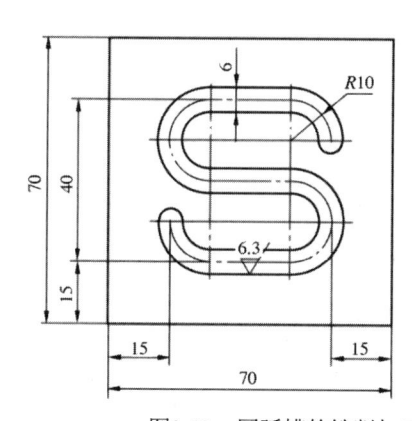

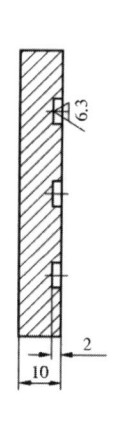

图3-12 圆弧槽的铣削加工任务零件图

知识链接

一、圆弧插补指令(G02/G03)

1. 指令格式

在 XY 平面内

$$G17 \begin{Bmatrix} G02 \\ G03 \end{Bmatrix} X\_Y\_ \begin{Bmatrix} I\_J\_ \\ R\_ \end{Bmatrix} F\_;$$

圆弧插补指令视频

在 ZX 平面内

$$G18 \begin{Bmatrix} G02 \\ G03 \end{Bmatrix} X\_Z\_ \begin{Bmatrix} I\_K\_ \\ R\_ \end{Bmatrix} F\_;$$

在 YZ 平面内

$$G19 \begin{Bmatrix} G02 \\ G03 \end{Bmatrix} Y\_Z\_ \begin{Bmatrix} J\_K\_ \\ R\_ \end{Bmatrix} F\_;$$

$X\_Y\_Z\_$ 为圆弧的终点坐标值，其值可以是绝对坐标，也可以是增量坐标。在增量方式下，其值为圆弧终点坐标相对于圆弧起始点的增量值。圆弧插补指令为模态指令。

2. 指令说明

(1) G02 表示顺时针圆弧插补；G03 表示逆时针圆弧插补，如图 3-13 所示为平面选择和圆弧插补指令示意图。

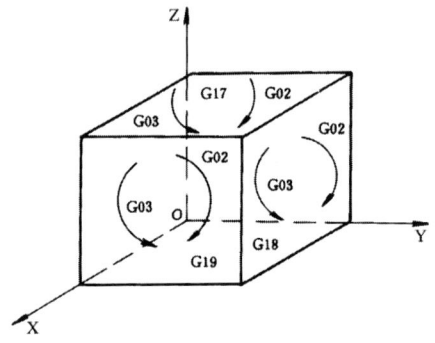

图3-13 平面选择和圆弧插补指令示意图

(2) 如图 3-14 所示，圆弧插补顺逆方向的判断方法是：沿圆弧所在平面(如 XY 平面)的另一坐标轴(Z 轴)的正方向向负方向看，顺时针方向为顺时针圆弧，逆时针方向为逆时针圆弧。

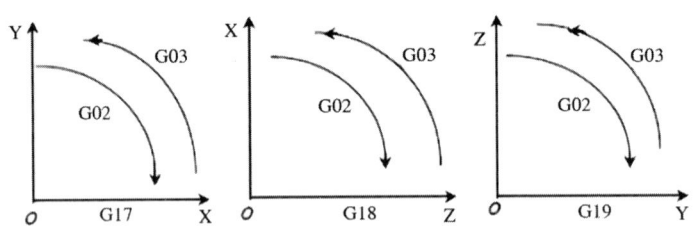

图3-14 圆弧插补顺逆方向判断方法示意图

(3) F 规定了沿圆弧切向的进给速度。

(4) I、J、K 为圆弧的圆心相对于起点并分别在 X、Y 和 Z 坐标轴上的增量值，如图 3-15 所示，与 G90 或 G91 的定义无关，I、J、K 的值为零时可以省略。

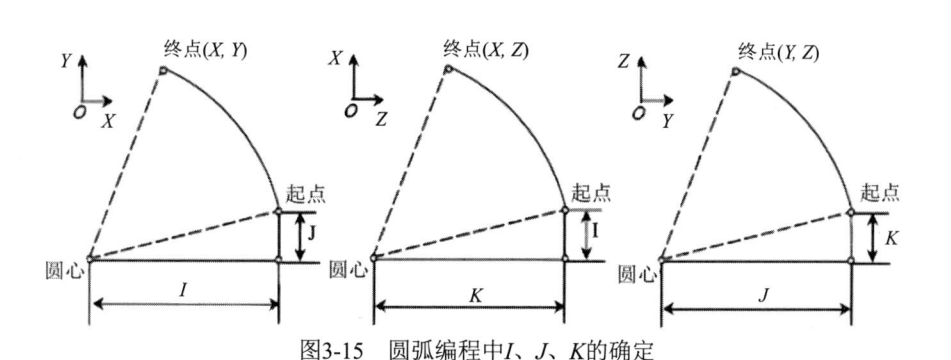

图3-15 圆弧编程中 I、J、K 的确定

(5) R 是圆弧半径，当圆弧所对应的圆心角为 0°~180° 时，R 取正值；圆心角为 180°~360° 时，R 取负值；在 SIEMENS 系统中，圆弧半径用符号"CR="表示。需要注意的是，R 不能用于整圆的编程，整圆编程需用 I、J、K 方式编程。

(6) 在同一程序段中，如果 I、J、K 与 R 同时出现，则 R 有效。

【例题】使用 G02 对图 3-16 所示圆弧 a 和圆弧 b 编程。

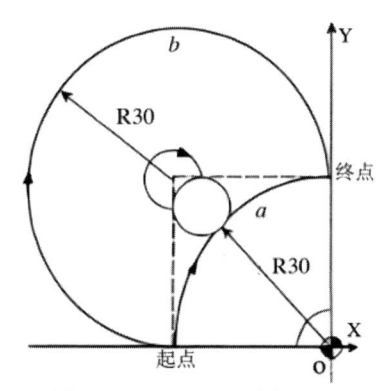

图3-16 G02和G03编程示例

分析：在图中，a 弧与 b 弧的起点相同、终点相同、方向相同、半径相同，仅仅旋转角度 a<180°，b>180°。所以 a 弧半径用 R30 表示，b 弧半径用 R-30 表示。程序编制如表 3-6 所示。

表3-6 弧a和优弧b的编程

类别	劣弧(a弧)	优弧(b弧)
增量编程	G91 G02 X30.0Y30.0R30.0F300	G91 G02 X30.0Y30.0R-30.0F300
	G91 G02 X30.0Y30.0I30.0J0F300	G91 G02 X30Y30I0J30.0F300
绝对编程	G90 G02 X0Y30.0R30.0F300	G90 G02 X0Y30.0R-30.0F300
	G90 G02 X0Y30.0I30.0J0F300	G90 G02 X0Y30I0J30.0F300

【例题】使用 G02/G03 对如图 3-17 所示的整圆编程。

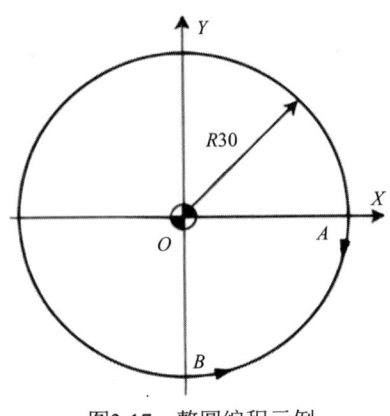

图3-17 整圆编程示例

整圆的程序编制见表3-7。

表3-7 整圆的程序

类别	从A点顺时针一周	从B点逆时针一周
增量编程	G91 G02 X0 Y0 I-30.0 J0 F300	G91 G03 X0 Y0 I0 J30.0 F300
绝对编程	G90 G02 X30 Y0 I-30.0 J0 F300	G90 G03 X0 Y-30.0 I0 J30.0 F300

§ 职业素养 §

圆弧的数控加工理论是 N 边形的近似圆，我国古代魏晋时期，数学家刘徽用"割圆术"计算圆周率并留下杰作《九章算术注》；南北朝时期，数学家祖冲之把圆周率精确到小数点后7位。通过了解我国灿烂的历史文化，作为学生我们要增强民族自尊心和自豪感，做到文化自信。

二、返回参考点指令(G27、G28、G29)

对于机床回参考点动作，除可采用手动回参考点的操作外，还可以通过编程指令来自动实现。常见的与返回参考点相关的编程指令主要有 G27、G28、G29，这三种指令均为非模态指令。

1. 返回参考点校验指令(G27)

指令格式

　　G27 X Y Z；

XYZ 为参考点在工件坐标系中的坐标值。

指令说明

(1) 返回参考点校验指令 G27 用于检查刀具是否正确返回到程序中指定的参考点位置。

(2) 执行该指令时，如果刀具通过快速定位指令 G00 正确定位到参考点上，则对应轴的返回参考点指示灯亮，否则机床系统将发出报警。

(3) 当使用刀具补偿功能时，指示灯是不亮的，所以在取消刀具补偿功能后，才能使用 G27 指令。

(4) 当返回参考点校验功能程序段完成，需要使机械系统停止，必须在下一个程序段后增加 M00 或 M01 等辅助功能或在单程序段情况下运行。

2. 自动返回参考点指令(G28)

指令格式

G28 X Y Z；

XYZ 为返回过程中经过的中间点的坐标值，其坐标值可以用增量值，也可以用绝对值。但需用 G91 指令或 G90 指令来指定。

指令说明

(1) 执行这条指令时，可以使刀具以点位方式经中间点返回到参考点，中间点的位置由该指令后的 *XYZ* 值决定。

(2) 返回参考点过程中设定中间点是为了防止刀具在返回参考点过程中与工件或夹具发生干涉。

(3) G28 指令一般用于自动换刀，所以使用 G28 指令时，应取消刀具的补偿功能。

【例题】G90 G28 X150.0 Y150.0 Z150.0；

刀具先快速定位到工件坐标系的中间点(150，150，150)处，再返回机床 *X*、*Y*、*Z* 轴的参考点。

3. 自动从参考点返回指令(G29)

功能：使刀具由机床参考点经过中间点到达目标点。

指令格式

G29 X__Y__Z__；

X__Y__Z__ 为从参考点返回后刀具所到达的终点坐标。可用 G91/G90 指令来决定该值是增量值还是绝对值。如果是增量值，则该值指刀具终点相对于 G28 指令所指中间点的增量值。

指令说明

(1) 这条指令一般紧跟在 G28 指令后使用，指令中的 *X*、*Y*、*Z* 坐标值是执行完 G29 后，刀具应到达的坐标点。

(2) 它的动作顺序是从参考点快速到达 G28 指令的中间点，再从中间点移动到 G29 指令的点定位，其动作与 G00 动作相同。由于在编写 G29 指令时有种种限制，而且在选择 G28 指令后，这条指令并不是必需的，所以建议用 G00 指令代替 G29 指令。

【例题】G28 和 G29 应用举例，如图 3-18 所示。

图3-18 G28和G29应用举例

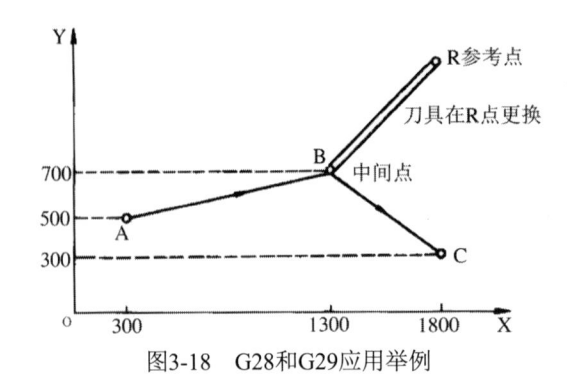

G90 G28 X1300.0 Y700.0 Z0.0;　　(由 A 经 B 返回参考点)
T01 M06;　　(换刀)
G29 X1800.0 Y300.0 Z0.0;　　(从参考点经 B 返回 C 点)
或:
G91 G28 X1000.0 Y200.0 Z0.0;　　(由 A 经 B 返回参考点)
T01 M06;　　(换刀)
G29 X500.0 Y-400.0 Z0.0;　　(从参考点经 B 返回 C 点)

三、工件坐标系零点偏移及取消指令(G54～G59、G53)

通过对刀设定的工件坐标系在编程时,可通过工件坐标系零点偏移指令 G54～G59 在程序中得到体现。

工件坐标系零点偏移指令可通过 G53 指令取消。工件坐标系零点偏移取消后,程序中使用的坐标系为机床坐标系。

一般通过对刀操作及对机床面板的操作,通过输入不同的零点偏移数值,可以设定 G54～G59 共 6 个不同的工件坐标系,在编程及加工过程中可以通过 G54～G59 指令对不同的工件坐标系进行选择。

【例题】如图 3-19 所示,使用工件坐标系编程,要求刀具从当前点移动到 A 点,再从 A 点移动到 B 点。

当前点 → A → B

```
O1000;
N01G54G90G00X30.0Y40.0;
N02G59;
N03G00X30.0Y30.0;
...
```

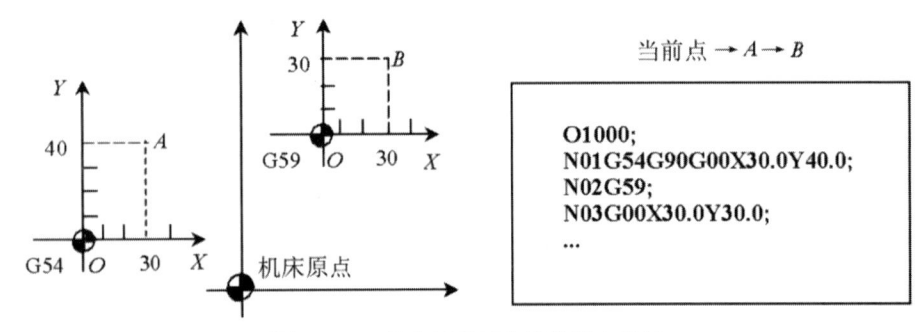

图3-19 工件坐标系零点偏移指令举例

任务实施

1. 读图确定零件特征

(1) 对图样要有全面的认识，尺寸与各种公差符号要清楚。

(2) 分析毛坯材料为硬铝，规格为 70mm×70mm×10mm 的方料，如图 3-20 所示。

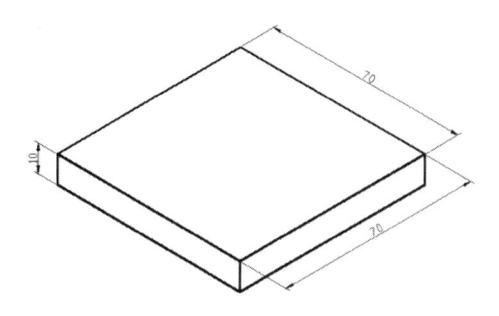

图3-20　70mm×70mm×10mm方料

2. 零件分析与尺寸计算

1) 结构分析

该零件属于板类零件，加工内容包括平面、直线和圆弧组成的槽。

2) 工艺分析

S 形槽侧面和槽底的表面粗糙度为 6.3，其余表面用不去除材料的方法获得。该零件的加工表面精度不高，采用的加工方法为粗铣。

3) 定位及装夹分析

考虑到工件只是简单的平面加工，可将方料直接装夹在平口钳上，一次装夹完成所有加工内容。在工件装夹的夹紧过程中，既要防止工件的转动、变形和夹伤，又要防止工件在加工中松动。

3. 工艺卡片

有关加工顺序及工步内容，夹具、刀具、量具检具、切削用量等工艺问题，详见表 3-8 和表 3-9 所示的工艺卡片。

表3-8　圆弧槽加工刀具调整卡

刀具调整卡							
零件名称		圆弧槽加工件		零件图号			
设备名称		加工中心	设备型号	VMC850	程序号		
材料名称及牌号		LY12	工序名称	槽铣削	工序号		3
序号	刀具编号	刀具名称	刀具材料及牌号	刀具参数		刀补地址	
^	^	^	^	直径	长度	直径	长度
1	T01	寻边器	高速钢	$\phi 10$			
2	T02	立铣刀	高速钢	$\phi 6$	90		

表3-9 圆弧槽加工数控加工工序卡

数控加工工序卡					
零件名称	圆弧槽加工件	零件图号		夹具名称	平口钳
设备名称及型号	加工中心 VMC850				
材料名称及牌号	LY12	工序名称	槽铣削	工序号	3

工步号	工步内容	切削用量				刀具		量具名称
		V_f	n	F	a_p	编号	名称	
1	粗铣槽		500	100	2	T02	立铣刀	游标卡尺
2								

4. 参考程序

工件坐标系原点选定在工件上表面的中心位置,其加工程序如表 3-10 所示。

表3-10 编制圆弧槽加工程序

程序段号	铣平面程序	程序说明
	%	程序传输开始代码
	O1000;	程序名
N10	G94 G90 G54 G40 G21 G17;	机床初始参数设置:每分钟进给、绝对编程、工件坐标、刀补取消、毫米单位、XY 平面
N20	G00 Z200.0;	刀具快速抬到安全高度
N30	X0 Y0;	刀具移动到工件坐标原点(判断刀具 X、Y 位置是否正确)
N40	M03 S500;	主轴正转 500 r/min
N50	G00 X20.0 Y10.0;	刀具快速进刀到平面加工切削起点
N60	Z2.0;	刀具快速下刀到平面加工深度的安全高度
N70	G01 Z-2.0 F100;	刀具切削到平面加工深度,进给速度为 100 mm/min
N80	G03 X10.0 Y20.0 R10;	逆时针圆弧插补
N90	G01 X-10.0;	直线插补
N100	G03 X-10.0 Y0 R10;	逆时针圆弧插补
N110	G01 X-10.0;	直线插补
N120	G02 Y-20.0 R10;	顺时针圆弧插补

(续表)

程序段号	铣平面程序	程序说明
N130	G01 X10.0;	直线插补
N140	G02 X-20.0 Y-10.0 R10;	顺时针圆弧插补
N150	G01 Z5.0;	刀具抬刀至 Z+5 mm 处
N160	G00 Z200.0;	刀具快速退刀到安全高度
N170	X0 Y0;	工件快速移动到起刀点
N180	M05;	主轴停转
N190	M30;	程序结束，程序运行光标回到程序开始处
	%	程序传输结束代码

任务评价

本任务评价表见表 3-11。

表3-11 铣削圆弧槽任务评价表

序号	考核项目	考核内容	分值	评分标准	学生自评	教师评分
1	安全文明生产	符合安全文明生产和数控实训车间安全操作的有关规定	20	违反安全操作的有关规定不得分		
2	任务实施计划	任务实施过程中，有计划地进行	5	完成计划得 5 分，计划不完整得 0~4 分		
3	工艺规划	合理的工艺路线、合理区分粗精加工	10	工艺合理得 5~10 分；不合理或部分不合理得 0~4 分		
4	程序编制	完整和合理的程序逻辑	15	程序完整、合理得 10~15 分；不完整或不合理得 0~9 分		
5	工件质量评分	圆弧槽精度	50	满足得 50 分，不满足得 0 分		

任务三　台阶面铣削加工

知识目标

1. 掌握台阶面的铣削加工工艺；

2. 掌握数控铣削用量的选择方法；
3. 掌握台阶面的编程与加工。

能力目标

1. 能够根据零件的特点正确选择刀具；
2. 能够合理选择台阶面铣削的切削参数；
3. 能够正确编制程序并进行程序的调试与检验。

素养目标

1. 具有精益求精、诚实守信、严谨负责的职业态度；
2. 具有分析问题和解决问题的能力。

任务分析

加工如图 3-21 所示工件，毛坯为 100mm×100mm×35mm 的硬铝，试编写其数控铣床加工程序并进行加工。

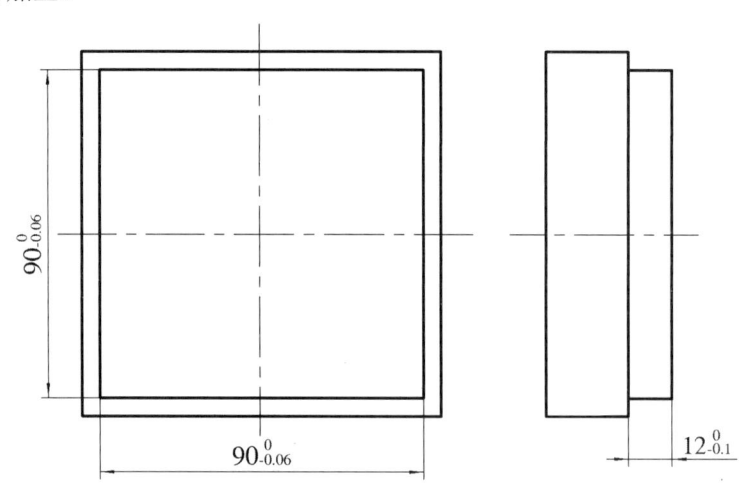

图3-21　台阶的铣削加工任务零件图

知识链接

一、铣削切削用量的合理选择

铣削用量选择得是否合理，直接影响到铣削加工的质量。平面铣削分粗铣、半精铣、精铣三种情况，粗铣时，选择铣削用量时侧重考虑刀具性能、工艺系统刚性、机床功率、加工效率等因素。精铣时，侧重考虑表面加工精度的要求。铣削加工的切削用量包括切削速度、进给速度、背吃刀量和侧吃刀量。从刀具耐用度出发，切削用量的选择方法是：首先选择背吃刀量 a_p 或侧吃刀量 a_e，其次选择进给速度 V_f，最后确定铣削速度 V_c，如图 3-22 所示。

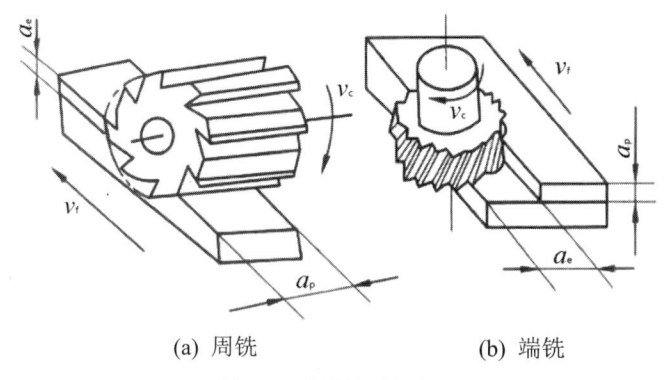

(a) 周铣　　　　　　　　(b) 端铣

图3-22　铣削切削用量

1. 背吃刀量(端铣)或侧吃刀量(圆周铣)

背吃刀量 a_p 为平行于铣刀轴线测量的切削层尺寸，单位符号为 mm。端铣时 a_p 为切削层深度；而圆周铣削时，a_p 为被加工表面的宽度。

侧吃刀量 a_e 为垂直于铣刀轴线测量的切削层尺寸，单位符号为 mm。端铣时 a_e 为被加工表面宽度；而圆周铣削时，a_e 为切削层深度。

背吃刀量或侧吃刀量的选取主要由加工余量和对表面质量的要求决定：

(1) 当工件表面粗糙度值要求为 12.5～25μm 时，如果圆周铣削加工余量小于 5mm，端面铣削加工余量小于 6mm，粗铣一次进给就可以达到要求。但是在余量较大、工艺系统刚性较差或机床动力不足时，可分两次进给完成。

(2) 当工件表面粗糙度值要求为 3.2～12.5μm 时，应分为粗铣和半精铣两步进行。粗铣时背吃刀量或侧吃刀量选取同前。粗铣后留 0.5～1.0mm 余量，在半精铣时切除。

(3) 当工件表面粗糙度值要求为 0.8～3.2μm 时，应分为粗铣、半精铣、精铣三步进行。半精铣时背吃刀量或侧吃刀量取 1.5～2mm；精铣时，圆周铣侧吃刀量取 0.3～0.5 mm，面铣刀背吃刀量取 0.5～1 mm。

2. 进给速度

铣削时的进给量有三种表示方法：每齿进给量 f_z、每转进给量 f 和进给速度 V_f。

每转进给量 f 是指工件或刀具每转一周时，刀具与工件之间沿进给方向所移动的距离，单位是 mm/r。

每齿进给量 f_z 铣削时，由于铣刀是多齿刀具，所以规定了每齿进给量。它是指铣刀每转过一个齿间距时，工件相对于铣刀沿进给方向所移动的距离，单位是 mm/z。

进给速度 V_f 是指每分钟工件相对于铣刀沿进给方向所移动的距离，单位是 mm/min。

进给速度与铣床主轴转速 n、铣刀齿数 Z 及每齿进给量 f_z(铣刀每齿进给量参考值见表3-12)之间的关系是：

$$V_f = f \cdot n = f_z \cdot Z \cdot n \text{ (mm/min)}$$

表3-12 铣刀每齿进给量参考值

刀具名称	高速钢刀具		硬质合金刀具	
工件材料	铸铁	钢件	铸铁	钢件
立铣刀	0.08～0.15	0.03～0.06	0.2～0.5	0.08～0.2
面铣刀	0.15～0.2	0.06～0.1	0.2～0.5	0.08～0.2

3. 铣削速度

铣削速度是在切削过程中铣刀的线速度。在实际工作中，应先选好合适的铣削速度，然后根据铣刀直径计算出转速。它们的相互关系为

$$n = \frac{1000V_c}{\pi d}$$

式中，V_c 为铣削速度(m/min)；d 为铣刀直径(mm)；n 为转速(r/min)。实际生产中，在没有经验数据的情况下，可以通过查阅切削用量手册来确定切削参数。表 3-13 给出了不同情况下的切削用量的参考值，供实际应用时参考。

表3-13 铣削速度参考值

工件材料	铣削速度V_c(m/min)	
	高速钢铣刀	硬质合金铣刀
20 钢	20～45	150～250
45 钢	20～35	80～220
40Cr	15～25	60～90
HT150	14～22	70～100
黄铜	30～60	120～200
铝合金	112～300	400～600
不锈钢	16～25	50～100

二、切削液的选择与使用

1. 切削液的作用

1) 润滑作用

切削液能在刀具的前、后刀面与工件之间形成一层润滑薄膜，可减少或避免刀具与工件切屑间的直接接触，减轻摩擦和黏结程度，因而可以减轻刀具的磨损，提高工件表面的加工质量。切削速度对切削液的润滑效果影响最大，一般速度越高，切削液的润滑效果越低。切削厚度越大，材料强度越高，润滑效果越差。

2) 冷却作用

流出切削区的切削液带走大量的热量，从而降低工件与刀具的温度，提高刀具耐用度；

减少热变形，提高加工精度。不过切削液对刀具与切屑界面的影响不大。试验表明，切削液只能缩小刀具与切屑界面的高温区域，并不能降低最高温度，一般的浇注方法主要冷却切屑，切削液如喷注到刀具副后面，将对刀具和工件的冷却效果更好。

3) 清洗作用

在铣削加工时，常浇注和喷射切削液来清洗机床上的切屑和杂物，并将切屑和杂物带走。

4) 防锈作用

切削液中加入了防锈添加剂，它能与金属表面起化学反应而生成一层保护膜，从而起到防锈的作用。

2. 切削液的种类

切削液主要分为水基切削液和油基切削液两类。水基切削液的主要成分是水、化学合成水和乳化液，冷却能力强。油基切削液的主要成分是各种矿物油、动物油、植物油或由它们组成的复合油，并可添加各种添加剂，因此其润滑性能突出。

3. 切削液的选择

粗加工或半精加工时，切削热量大。因此，切削液的作用应以冷却散热为主。精加工时，为了获得良好的已加工表面质量，切削液应以润滑为主。

硬质合金刀具的耐热性能好，一般可不用切削液。如果要使用切削液，一定要采用连续冷却的方法进行。

4. 切削液的使用方法

使用切削液普遍采用浇注法。对于深孔加工、难加工材料的加工以及高速或强力切削加工，应采用高压冷却法。切削时切削液工作压力约为 1～10MPa，流量为 50～150l/min。

使用切削液也可采用喷雾冷却法。加工时，切削液经高压处理并通过喷雾装置雾化后被高速喷射到切削区。

§ 职业素养 §

零件加工工艺的制定，是一项重要而又严肃的工作，严谨细致的作风弥足珍贵。国家科技奖的获奖者们，在这方面做出了表率。我国计算机事业创始人金怡濂院士是后辈眼中的"老工人"，在印制电路板这项"极限"工艺中，他和工作人员一起用砂纸磨模具，用卡尺量尺寸，加班到深夜两三点，为的是追求"零缺陷"。严谨细致，是科学家基本的专业素养。追求真理是伟大的事业，也是异常艰巨的求索，来不得半点马虎，容不得半点"差不多"思想。只有通过反复核对、综合分析，不忽略、不放过任何细微的变化，才可能在蛛丝马迹中捕捉到成功的曙光。

任务实施

1. 读图确定零件特征

(1) 对图样要有全面的认识，对尺寸与各种公差符号要清楚。

(2) 分析毛坯材料为硬铝，规格为 100mm×100mm×35mm 的方料，如图 3-23 所示。

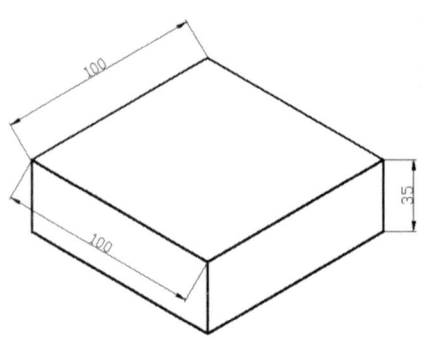

图3-23　100mm×100mm×35mm方料

2. 零件分析与尺寸计算

1) 结构分析

由于对该零件的加工要求是铣削零件的外轮廓，并保证工件轮廓尺寸公差为$90_{-0.06}^{0}$ mm，台阶高度为$12_{-0.1}^{0}$，应考虑加工工艺的顺序、切削用量等问题。

2) 工艺分析

经过以上分析，可用 ϕ16 高速钢立铣刀分粗、精加工直接铣出台阶，粗加工留余量 0.2mm。

3) 定位及装夹分析

考虑到只是简单地平面加工工件，可将方料直接装夹在平口钳上，一次装夹完成所有加工内容。在工件装夹的夹紧过程中，既要防止工件的转动、变形和夹伤，又要防止工件在加工中松动。

4) 基点坐标计算

刀具的运动轨迹为 A→B→C→D→E，如图 3-24 所示。

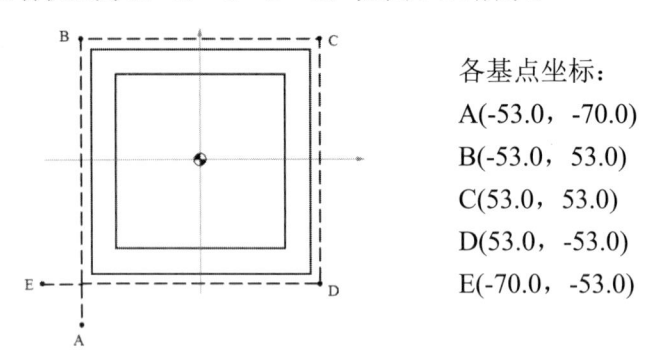

各基点坐标：
A(-53.0，-70.0)
B(-53.0，53.0)
C(53.0，53.0)
D(53.0，-53.0)
E(-70.0，-53.0)

图3-24　刀具的运动轨迹

3. 工艺卡片

有关加工顺序、工步内容、夹具、刀具、量具检具、切削用量等工艺问题，详见如表 3-14 和表 3-15 所示的工艺卡片。

表3-14 台阶面加工刀具调整卡

零件名称	台阶面加工件		零件图号				
设备名称	数控铣床		设备型号	VMC850		程序号	
材料名称及牌号	LY12			工序名称	台阶铣削	工序号	
序号	刀具编号	刀具名称		刀具材料及牌号	刀具参数		刀补地址
					直径	长度	直径	长度
1	T1	寻边器		高速钢	ϕ10			
2	T2	立铣刀		高速钢	ϕ16	30		

表3-15 台阶加工数控加工工序卡

数控加工工序卡

零件名称	台阶面加工件	零件图号		夹具名称	平口钳
设备名称及型号	数控铣VMC850				
材料名称及牌号	LY12	工序名称	台阶铣削	工序号	

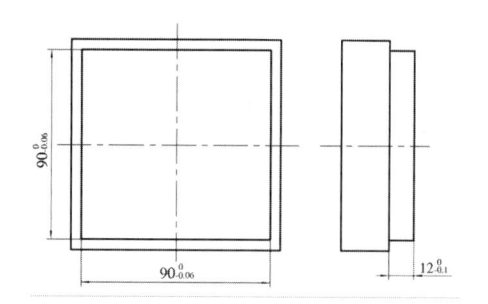

工步号	工步内容	切削用量				刀具		量具名称
		V_f	n	F	A_p	编号	名称	
1	粗加工台阶		500	150	11.8	T2	立铣刀	千分尺
2	精加工台阶		1000	150	0.2	T2	立铣刀	千分尺

4. 精加工参考程序

工件坐标系原点选定在工件上表面的中心位置,其加工程序见表3-16。

表3-16　台阶面铣削加工程序

程序段号	铣台阶面程序	程序说明
	%	程序传输开始代码
	O1000;	程序名
N10	G94 G90 G54 G40 G21 G17;	机床初始参数设置：每分钟进给、绝对编程、工件坐标、刀补取消、毫米单位、XY平面
N20	G00 Z200.0;	刀具快速抬到安全高度
N30	X0 Y0;	刀具移到工件坐标原点(判断刀具X、Y位置是否正确)
N40	M03 S1000;	主轴正转 1000 r/min
N50	X-53.0 Y-70.0;	刀具快速进刀到起点A
N60	Z3.0;	刀具快速下刀到凸台轮廓加工深度的安全高度
N70	G01 Z-12.0 F150;	刀具切削到凸台轮廓加工深度，进给速度为150mm/min
N80	X-53.0 Y53.0;	刀具走直线到B点
N90	X53.0;	刀具走直线到C点
N100	Y-53.0;	刀具走直线到D点
N110	X-70.0;	刀具走直线到E点
N120	G00 Z200.0;	刀具快速退刀到安全高度
N130	X0 Y0;	工件快速移到起刀点
N140	M05;	主轴停转
N150	M30;	程序结束，程序运行光标回到程序开始处
N160	%	程序传输结束代码

任务评价

本任务评价表见表 3-17。

表3-17　铣削台阶面任务评价表

序号	考核项目	考核内容	分值	评分标准	学生自评	教师评分
1	安全文明生产	符合安全文明生产和数控实训车间安全操作的有关规定	20	违反安全操作的有关规定不得分		
2	任务实施计划	任务实施过程中，有计划地进行	5	完成计划得 5 分，计划不完整得 0~4 分		
3	工艺规划	合理的工艺路线、合理区分粗精加工	10	工艺合理得 5~10 分；不合理或部分不合理得 0~4 分		

(续表)

序号	考核项目	考核内容	分值	评分标准	学生自评	教师评分
4	程序编制	完整和合理的程序逻辑	15	程序完整、合理得10~15分；不完整或不合理得0~9分		
5	工件质量评分	台阶面精度	50	满足得50分，不满足得0分		

任务四　宇龙数控仿真软件的使用

知识目标

1. 了解宇龙数控仿真软件；
2. 掌握宇龙数控仿真软件选择机床的方法；
3. 掌握宇龙数控仿真软件选择刀具、毛坯的方法。

能力目标

1. 能够认识宇龙数控仿真软件的操作界面；
2. 能够正确使用仿真软件的各个工具栏；
3. 能够正确使用仿真软件的各种按钮及操作面板。

素养目标

1. 具有自主学习意识和能力；
2. 具有严谨学习态度，养成反复检查、查缺补漏的好习惯。

任务分析

宇龙数控仿真软件可以实现对数控车床、数控铣床和数控加工中心加工零件全过程的仿真，其中包括毛坯定义、夹具刀具定义与选用，零件基准测量和设置，数控程序输入、编辑和调试。对刀和操作面板的训练，具有多系统、多机床、多零件的加工仿真模拟功能。本任务重点认识和学会使用宇龙数控仿真系统(FANUC系统)操作界面(图3-25)。

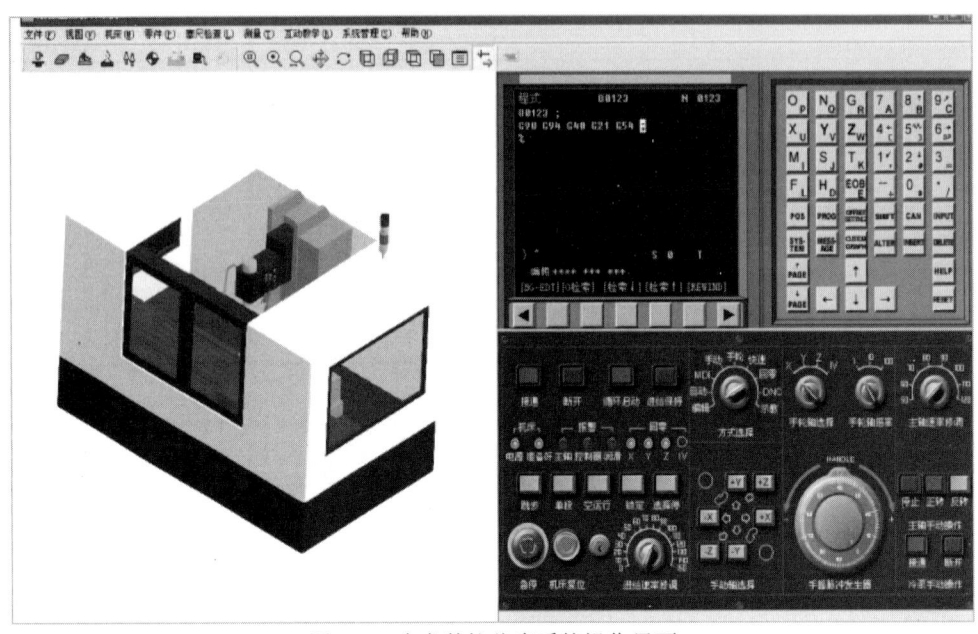

图3-25　宇龙数控仿真系统操作界面

知识链接

一、宇龙数控仿真系统操作界面简介

1. 进入数控仿真系统

(1) 单击"开始"按钮，在"程序"目录中弹出"数控加工仿真系统"的子目录，在接着弹出的下级子目录中单击"数控加工仿真系统"。

(2) 系统弹出"用户登录"界面，单击"快速登录"按钮或输入用户名和密码，再单击"登录"按钮，进入数控加工仿真系统，如图3-26所示。

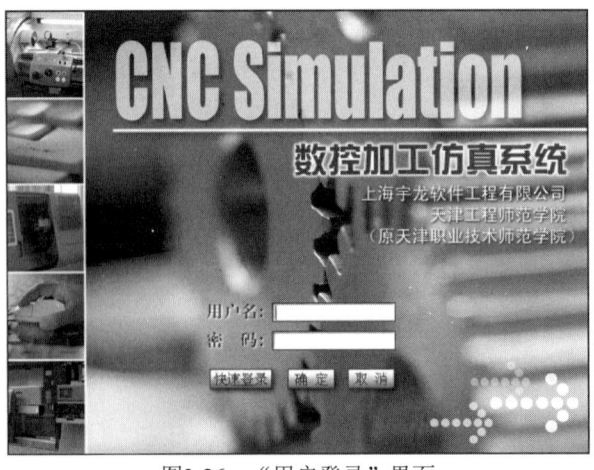

图3-26　"用户登录"界面

2. 仿真软件的主菜单

主菜单为下拉菜单，部分下拉菜单的展开界面如图 3-27 所示，可根据需要选择其中的一个。

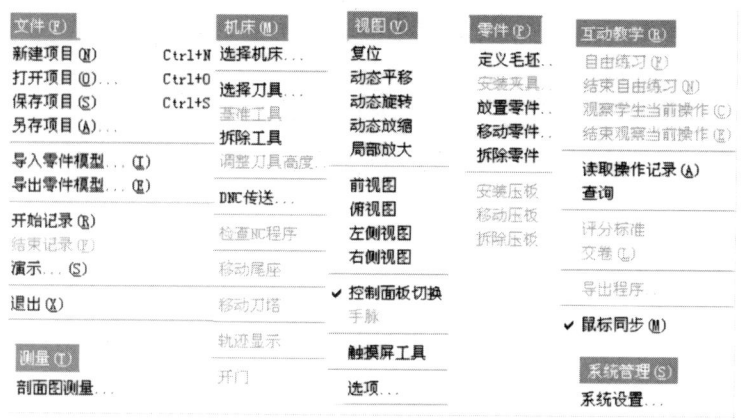

图3-27　主菜单展开图

3. 仿真软件的工具栏

仿真软件的工具栏如图 3-28 所示。

图3-28　宇龙数控仿真系统的工具栏及其功能

4. 仿真软件的机床操作面板

根据相应系统，数控铣床的实际操作面板定制而成。

5. 仿真软件的机床显示

根据所选择的机床类型不同，在机床显示区域将显示不同类型的数控机床。

二、各种按钮及旋钮的操作方法

1. 按钮操作

如图 3-29 所示为各种操作按钮。用鼠标左键单击该按钮，即可使该按钮位于接通状态，再次用鼠标左键单击该按钮即可松开该按钮。

图3-29 各种按钮

2. 旋钮操作

如图 3-30 所示为各种旋钮，图 3-31 所示为手摇脉冲发生器。用鼠标左键单击旋钮，可使该旋钮向逆时针旋转；用鼠标右键单击旋钮，可使该旋钮向顺时针旋转，即可使该按钮位于接通状态，再次用鼠标左键单击该按钮即可松开该按钮。

图3-30 各种旋钮　　图3-31 手摇脉冲发生器

3. MDI 功能面板操作

仿真软件系统中的 MDI 功能面板和真实数控系统相对应的 MDI 功能面板完全相同，其操作方法也完全类似，只需用鼠标左键单击该钮即可实现该功能键的相应操作。

任务实施

一、仿真加工准备操作

1. 选择机床类型

打开菜单"机床"→"选择机床"或单击 ，在"选择机床"对话框中选择"控制系统"类型和相应的机床并单击"确定"按钮，此时界面如图 3-32 所示。

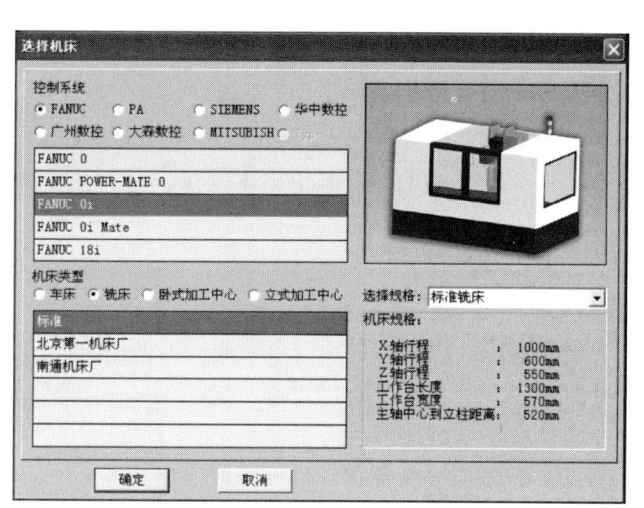

图3-32 "选择机床"对话框

2. 工件的使用

1) 定义毛坯

打开菜单"零件"→"定义毛坯"或在工具条上选择"⌔"，系统打开图3-33所示的对话框。

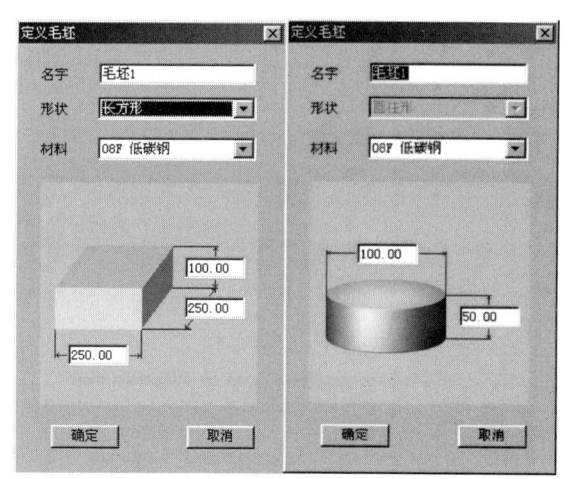

图3-33 定义长方形毛坯、圆形毛坯

(1) 名字输入。

在毛坯"名字"文本框内输入毛坯名，也可使用缺省值。

(2) 选择毛坯形状。

铣床、加工中心有两种形状的毛坯供选择：长方形毛坯和圆柱形毛坯。可以在"形状"下拉列表中选择毛坯形状。

(3) 选择毛坯材料。

毛坯"材料"列表框中提供了多种供加工的毛坯材料，可根据需要在"材料"下拉列表中选择毛坯材料。

(4) 参数输入。

尺寸输入框用于输入尺寸，单位是毫米。

(5) 保存退出。

单击"确定"按钮，保存定义的毛坯并且退出本操作。

(6) 取消退出。

单击"取消"按钮，退出本操作。

2) 导出零件模型

导出零件模型相当于保存零件模型，利用这个功能，可以把经过部分加工的零件作为成型毛坯予以存放。如图 3-34 所示，此毛坯已经过部分加工，称为零件模型。可通过导出零件模型功能予以保存。

若经过部分加工的成型毛坯希望作为零件模型予以保存，打开菜单"文件"→"导出零件模型"，系统弹出"另存为"对话框，在对话框中输入文件名，单击"保存"按钮，此零件模型即被保存。可在以后放置零件时调用。

图3-34　导出零件模型

3) 导入零件模型

机床在加工零件时，除了可以使用原始的毛坯，还可以对经过部分加工的毛坯进行再加工。经过部分加工的毛坯称为零件模型，可以通过导入零件模型的功能调用零件模型。

打开菜单"文件"→"导入零件模型"，若已通过导出零件模型功能保存为成型毛坯，则系统将弹出"打开"对话框，在此对话框中选择并且打开所需的后缀名为.PRT 的零件文件，则选中的零件模型被放置在工作台面上。此类文件为已通过"文件"→"导出零件模型"所保存的成型毛坯。

4) 使用夹具

(1) 打开菜单"零件"→"安装夹具"命令或者在工具条上单击图标，打开操作对话框。

(2) 在"选择零件"列表框中选择毛坯。在"选择夹具"列表框中选择夹具，长方体零件可以使用工艺板或者平口钳，圆柱形零件可以选择工艺板或者卡盘，如图 3-35 所示。

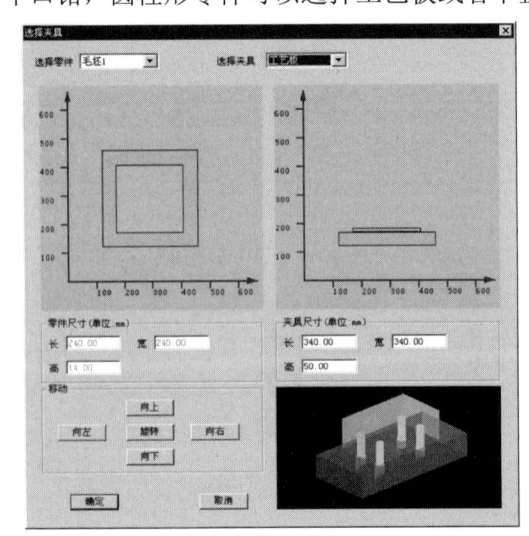

图3-35　定义夹具列表框

夹具尺寸：成组控件内的文本框仅供用户修改工艺板的尺寸。

移动：成组控件内的按钮供调整毛坯在夹具上的位置。

铣床和加工中心可以不使用夹具。

5) 放置零件

(1) 打开菜单"零件"→"放置零件"命令或者在工具条上单击图标，系统弹出操作对话框，如图 3-36 所示。

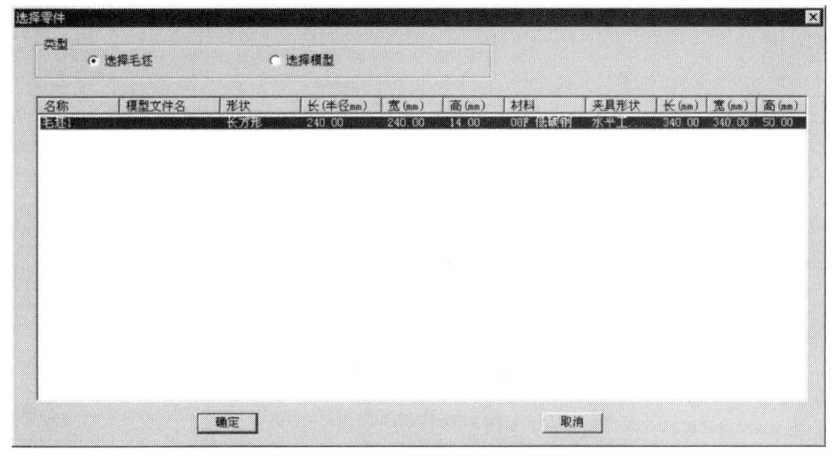

图3-36 "选择零件"对话框

(2) 在列表中单击所需的零件，选中的零件信息将加亮显示，单击"确定"按钮，系统自动关闭对话框，零件和夹具(如果已经选择了夹具)将被放到机床上。对于卧式加工中心还可以在上述对话框中选择是否使用角尺板。如果选择了使用角尺板，那么在放置零件时，角尺板将同时出现在机床台面上。

(3) 如果经过"导入零件模型"的操作，对话框的零件列表中会显示模型文件名，若在"类型"列表中选择"选择模型"，则可以选择导入零件模型文件。选择后零件模型即经过部分加工的成型毛坯被放置在机床台面上，如图 3-37 所示。

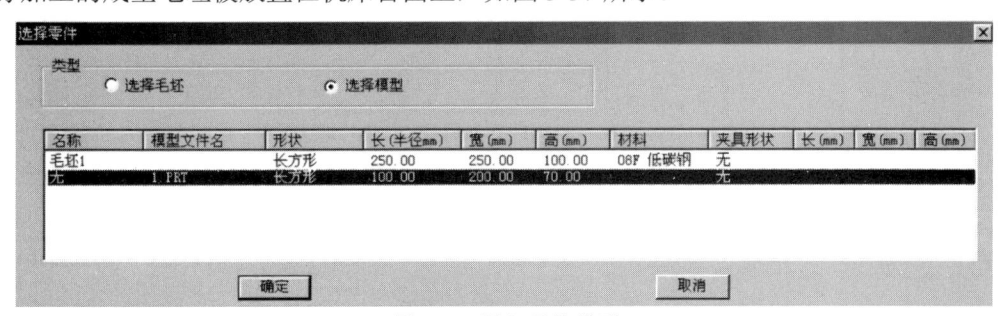

图3-37 导入零件模型

6) 调整零件位置

零件可以在工作台面上移动。毛坯放上工作台后，系统将自动弹出一个小键盘，如图 3-38 所示。通过按动小键盘上的方向按钮，实现零件的平移和旋转或车床零件调头。小键盘上的"退出"按钮用于关闭小键盘。选择菜单"零件"→"移动零件"也可以打开小键盘。

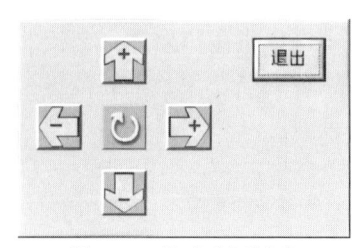

图3-38 移动毛坯键盘

7) 使用压板

当使用工艺板或者不使用夹具时，可以使用压板。

(1) 安装压板。

打开菜单"零件"→"安装压板"，系统打开"选择压板"对话框。图3-39中列出各种安装方案，拉动滚动条，可以浏览全部可能的方案。选择所需要的安装方案，单击"确定"按钮，压板将出现在台面上。

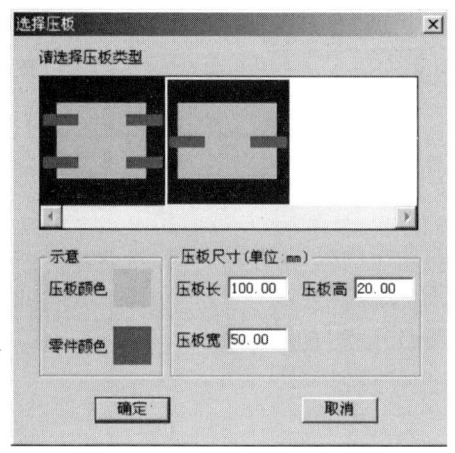

图3-39 "选择压板"对话框

在"压板尺寸"中可更改压板的长、高、宽，范围：长30~100；高10~20；宽10~50。

(2) 移动压板。

打开菜单"零件"→"移动压板"。系统弹出小键盘，操作者可以根据需要平移压板，但是不能旋转压板。首先用鼠标指针选择需移动的压板，被选中的压板颜色变成灰色；然后按动小键盘中的方向按钮操纵压板移动。移动压板时被选中的压板颜色变成灰色，如图3-40所示。

图3-40 修改压板

(3) 拆除压板。

选择"零件"→"拆除压板",可拆除压板。

3. 选择刀具

选择"机床"→"选择刀具"或者在工具条中单击" "图标,系统弹出刀具选择对话框。

1) 按条件列出工具清单

(1) 在"所需刀具直径"输入框内输入直径,如果不把直径作为筛选条件,请输入数字"0"。

(2) 在"所需刀具类型"选择列表中选择刀具类型。可供选择的刀具类型有平底刀、平底带R刀、球头刀、钻头、镗刀等。

(3) 单击"确定"按钮,符合条件的刀具在"可选刀具"列表中显示。

2) 指定序号

在对话框的下半部中指定序号(图3-41)。这个序号就是刀库中的刀位号。卧式加工中心允许同时选择20把刀具;立式加工中心允许同时选择24把刀具。铣床只有一个刀位。

图3-41 加工中心指定刀位号

3) 选择需要的刀具

先单击"已经选择刀具"列表中的刀位号,再单击"可选刀具"列表中所需的刀具,选中的刀具对应显示在"已经选择刀具"列表中选中的刀位号所在行,单击"确定"完成刀具选择。

4) 输入刀柄参数

操作者可以按需要输入刀柄参数,有直径和长度两个参数。总长度是刀柄长度与刀具长度之和。

5) 删除当前刀具

单击"删除当前刀具"按钮可删除此时"已选择的刀具"列表中光标停留的刀具。

6) 确认选刀

选择完刀具，单击"确认"按钮完成选刀，或者单击"取消"按钮退出选刀操作。

立式加工中心的刀具全部在刀库中；卧式加工中心装载刀位号最小的刀具，其余刀具放在刀架上，通过程序调用；铣床的刀具装在主轴上。

二、机床面板操作

1. 操作面板简介

(1) FUNAC 0i 的操作面板如图 3-42 所示。

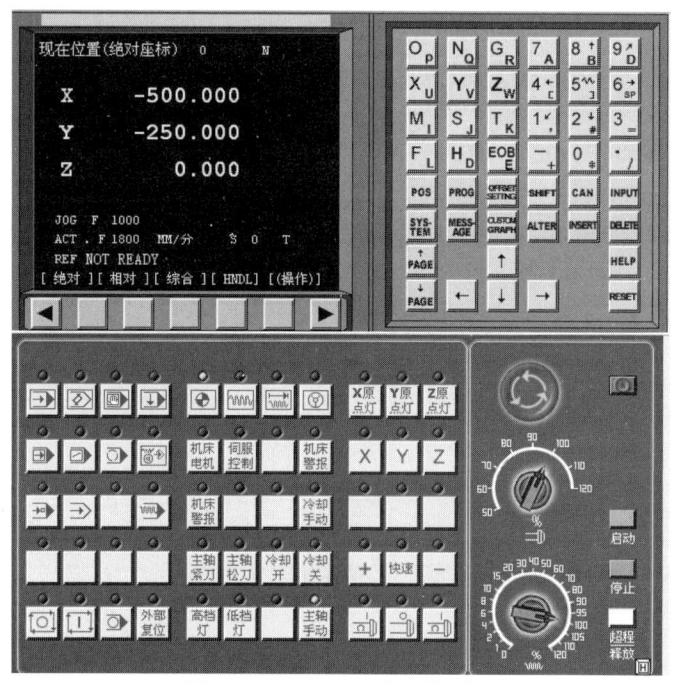

图3-42　FUNAC 0i的操作面板

(2) 机床操作面板按钮功能，如表 3-18 所示。

表3-18　机床操作面板按钮功能表

按钮	名称	功能说明
	自动运行	此按钮被按下后，系统进入自动加工模式
	编辑	此按钮被按下后，系统进入程序编辑状态，用于直接通过操作面板输入数控程序和编辑程序
	MDI	此按钮被按下后，系统进入 MDI 模式，手动输入并执行指令
	远程执行	此按钮被按下后，系统进入远程执行模式即 DNC 模式，输入输出资料

(续表)

按钮	名称	功能说明
	单节	此按钮被按下后，运行程序时每次执行一条数控指令
	单节忽略	此按钮被按下后，数控程序中的注释符号"/"有效
	选择性停止	当此按钮被按下后，"M01"代码有效
	机械锁定	锁定机床
	试运行	机床进入空运行状态
	进给保持	程序运行暂停，在程序运行过程中，按下此按钮运行暂停，按"循环启动"恢复运行
	循环启动	程序运行开始；系统处于"自动运行"或"MDI"位置时按下有效，其余模式下使用无效
	循环停止	程序运行停止，在数控程序运行中，按下此按钮将停止程序运行
	回原点	机床处于回零模式；机床必须首先执行回零操作，然后才可以运行
	手动	机床处于手动模式，可以手动连续移动
	手动脉冲	机床处于手轮控制模式，通过 X、Y、Z 方向键进行增量进给
	手轮脉冲	机床处于手轮控制模式
	X 轴选择按钮	在手动状态下，按下该按钮，则机床移动 X 轴
	Z 轴选择按钮	在手动状态下，按下该按钮，则机床移动 Z 轴
	正方向移动按钮	手动状态下，单击该按钮系统，将向所选轴正向移动。在回零状态时，单击该按钮，将所选轴回零
	负方向移动按钮	手动状态下，单击该按钮，系统将向所选轴负向移动
	快速按钮	按下该按钮，机床处于手动快速状态
	主轴倍率选择旋钮	将光标移至此旋钮上后，通过单击鼠标来调节主轴旋转倍率
	进给倍率	调节主轴运行时的进给速度倍率

(续表)

按钮	名称	功能说明
	急停按钮	按下急停按钮，使机床移动立即停止，并且所有的输出如主轴的转动等都会被关闭
	超程释放	系统超程释放
	主轴控制按钮	从左至右分别为正转、停止、反转
	手轮显示按钮	按下此按钮，则可以显示出手轮面板
	手轮面板	单击H按钮将显示手轮面板
	手轮轴选择旋钮	手轮模式下，将光标移至此旋钮上，通过单击鼠标选择进给轴
	手轮进给倍率旋钮	手轮模式下将光标移至此旋钮上后，通过单击鼠标调节手轮步长。X1、X10、X100 分别代表移动量为 0.001mm、0.01mm、0.1mm
	手轮	将光标移至此旋钮上后，通过单击鼠标转动手轮
	启动	启动控制系统
	关闭	关闭控制系统

2．开机和回零模式

1) 激活机床

(1) 单击"启动"按钮，此时机床电机和伺服控制的指示灯变亮。

(2) 检查"急停"按钮是否松开至状态，若未松开，单击"急停"按钮，将其松开。

2) 机床回参考点

(1) 检查操作面板上回原点指示灯是否亮，若指示灯亮，表明已进入回原点模式；若指示灯不亮，则单击"回原点"按钮，转入回原点模式。

(2) 在回原点模式下，先将 Z 轴回原点，单击操作面板上的"Z 轴选择"按钮，使 Z 轴方向移动指示灯变亮，单击"正方向移动"按钮，此时 Z 轴将回原点，Z 轴回原点灯变亮■，CRT 上的 Z 坐标变为"0.000"。同样，再单击"Y 轴选择"按钮■，使指示灯变亮，单击■，Y 轴将回原点，Y 轴回原点灯变亮■；再单击"X 轴选择"按钮■，使指示灯变亮，单击■，X 轴将回原点，X 轴回原点灯变亮■■■，此时 CRT 界面如图 3-43 所示。

图3-43 CRT界面

3. 手动操作和自动加工方式

1) 手动方式操作

(1) 单击操作面板上的"手动"按钮■，使其指示灯亮■，机床进入手动模式。

(2) 分别单击 X、Y、Z 键，选择移动的坐标轴。

(3) 分别单击■、■键，控制机床的移动方向。

(4) 单击■■■控制主轴的转动和停止。

注意：

刀具切削零件时，主轴需转动。加工过程中刀具与零件发生非正常碰撞后(非正常碰撞包括车刀的刀柄与零件发生碰撞；铣刀与夹具发生碰撞等)，系统弹出警告对话框，同时主轴自动停止转动，调整到适当位置，继续加工时需再次单击■■按钮，使主轴重新转动。

2) 手动脉冲方式

(1) 在手动/连续方式下，需精确调节机床时，可用手动脉冲方式调节机床。

(2) 单击操作面板上的"手动脉冲"按钮■或■，使指示灯■变亮。

(3) 单击按钮■，显示手轮■。

(4) 鼠标指针对准"轴选择"旋钮■，单击左键或右键，选择坐标轴。

(5) 鼠标指针对准"手轮进给速度"旋钮■，单击左键或右键，选择合适的脉冲当量。

(6) 鼠标指针对准手轮■，单击左键或右键，精确控制机床的移动。

(7) 单击■■■控制主轴的转动和停止。

(8) 单击■，可隐藏手轮。

3) 自动加工方式

(1) 自动/连续方式。

● 自动加工流程

检查机床是否回零，若未回零，先将机床回零。导入数控程序或自行编写一段程序，单

击操作面板上的"自动运行"按钮▣，使其指示灯变亮▣。单击操作面板上的"循环启动"按钮▣，程序开始执行。

- 中断运行

数控程序在运行过程中可根据需要暂停、急停或重新运行。

数控程序在运行时，按"进给保持"按钮▣，程序停止执行；再按"循环启动"按钮▣，程序从暂停位置开始执行。

数控程序在运行时，按下"急停"按钮▣，数控程序中断运行，继续运行时，先将急停按钮松开，再按"循环启动"按钮▣，余下的数控程序从中断行开始作为一个独立的程序执行。

(2) 自动/单段方式。

检查机床是否回零。若未回零，先将机床回零，再导入数控程序或自行编写一段程序。单击操作面板上的"自动运行"按钮▣，使其指示灯变亮▣。单击操作面板上的"单节"按钮▣，然后单击"循环启动"按钮▣，程序开始执行。单击"选择性停止"按钮▣，则程序中 M01 有效。

注意：

(1) 自动/单段方式执行每一行程序均需单击一次"循环启动"▣按钮。

(2) 单击"单节跳过"按钮▣，则程序运行时跳过符号"/"有效，该行成为注释行，不执行；可以通过"主轴倍率"旋钮▣和"进给倍率"旋钮▣调节主轴旋转的速度和移动的速度。

4. MDI 操作模式

1) MDI 键盘说明

图 3-44 所示为 FANUC0I 系统的 MDI 键盘(右半部分)和 CRT 界面(左半部分)。MDI 键盘用于程序编辑、参数输入等功能。MDI 键盘上各个键的功能见表 3-19。

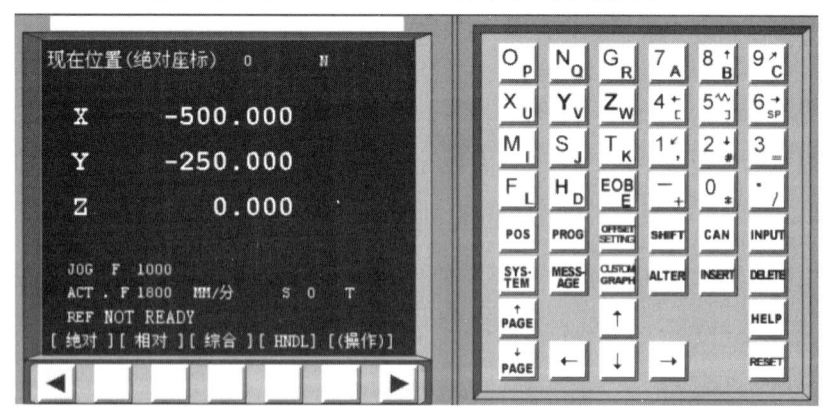

图3-44　FANUC0I MDI键盘

表3-19　MDI键盘功能表

MDI软键	功能
PAGE↑ PAGE↓	软键PAGE↑实现左侧CRT中显示内容的向上翻页；软键PAGE↓实现左侧CRT显示内容的向下翻页
↑↓←→	移动CRT中的光标位置。软键↑实现光标的向上移动；软键↓实现光标的向下移动；软键←实现光标的向左移动；软键→实现光标的向右移动
O N G / X Y Z / M S T / F H EOB	实现字符的输入，单击SHIFT键后再单击字符键，将输入右下角的字符。例如：单击O将在CRT的光标所在位置输入"O"字符，单击软键SHIFT后再单击O将在光标所在位置输入P字符；单击软键EOB中的"EOB"将输入"；"号表示换行结束
7 8 9 / 4 5 6 / 1 2 3 / - 0 .	实现字符的输入，例如：单击软键5将在光标所在位置输入"5"字符，单击软键SHIFT后再单击5将在光标所在位置处输入"]"
POS	在CRT中显示坐标值
PROG	CRT将进入程序编辑和显示界面
OFFSET SETTING	CRT将进入参数补偿显示界面
SYSTEM	本软件不支持
MESSAGE	本软件不支持
CUSTOM GRAPH	在自动运行状态下将数控显示切换至轨迹模式
SHIFT	输入字符切换键
CAN	删除单个字符
INPUT	将数据域中的数据输入到指定的区域
ALTER	字符替换
INSERT	将输入域中的内容输入到指定区域
DELETE	删除一段字符
HELP	本软件不支持
RESET	机床复位

2) MDI模式

单击操作面板上的MIDI按钮，使其指示灯变亮，进入MDI模式。在MDI键盘上按PROG键，进入编辑页面。在输入键盘上单击数字/字母键，可以作取消、插入、删除等修改操作。按数字/字母键键入字母"O"，再键入程序号，但不可以与已有程序号重复。输入程序后，用回车换行键EOB结束一行的输入后换行。移动光标按PAGE↑PAGE↓上下方向键翻页。按方位键↑↓←→移动光标。按CAN键，删除输入域中的数据；按DELETE键，删除光标所在的代码。按键盘上的INSERT键，输入所编写的数据指令。输入完整数据指令后，按循环启动按钮运行程序。用

清除输入的数据。

3) 轨迹模式

检查运行轨迹。NC 程序导入后，可检查运行轨迹。

单击操作面板上的"自动运行"按钮，使其指示灯变亮，转入自动加工模式，单击 MDI 键盘上的按钮，单击数字/字母键，输入"Ox"(x 为所需要检查运行轨迹的数控程序号)，按开始搜索，找到后，程序显示在 CRT 界面。单击按钮，进入检查运行轨迹模式，单击操作面板上的"循环启动"按钮，即可观察数控程序的运行轨迹，此时也可通过"视图"菜单中的动态旋转、动态放缩、动态平移等方式对三维运行轨迹进行全方位的动态观察。

三、对刀操作

数控程序一般按工件坐标系编程，对刀的过程就是建立工件坐标系与机床坐标系之间关系的过程。

下面具体说明数控铣床/立式加工中心对刀的方法。其中将工件上表面中心点(铣床及加工中心)设为工件坐标系原点，将工件上的其他点设为工件坐标系原点的对刀方法与此类似。

立式加工中心在选择刀具后，刀具被放置在刀架上。对刀时，首先要使用基准工具在 X、Y 轴方向对刀，再拆除基准工具，将所需刀具装载在主轴上，在 Z 轴方向对刀。

1. X、Y 轴对刀

一般铣床及加工中心在 X、Y 方向对刀时使用的基准工具包括刚性靠棒和寻边器。

单击菜单"机床"→"基准工具"，弹出"基准工具"对话框，左边的是刚性靠棒基准工具，右边的是寻边器，如图 3-45 所示。

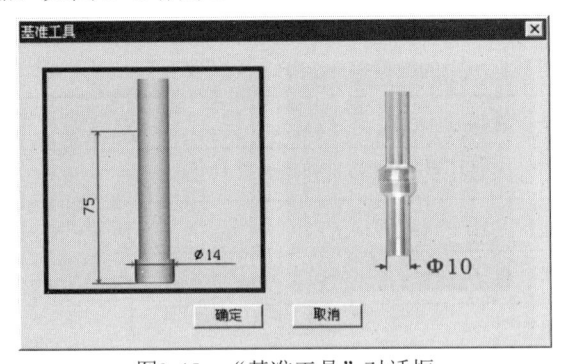

图3-45 "基准工具"对话框

1) 刚性靠棒

刚性靠棒采用检查塞尺松紧的方式对刀,我们采用将零件放置在基准工具的左侧(正面视图)的方式，具体过程如下。

(1) X 轴方向对刀。

① 单击操作面板中的按钮进入"手动"方式。

② 单击 MDI 键盘上的 POS，使 CRT 界面上显示坐标值；借助"视图"菜单中的动态旋转、动态放缩、动态平移等工具，适当单击 X、Y、Z 按钮和 +、- 按钮，将机床移动到如图 3-46 所示的大致位置。

③ 移动到大致位置后，可以采用手轮调节方式移动机床，单击菜单"塞尺检查"→"1mm"，基准工具和零件之间被插入塞尺。如图 3-47 所示为局部放大图，紧贴零件的红色物件为塞尺)。

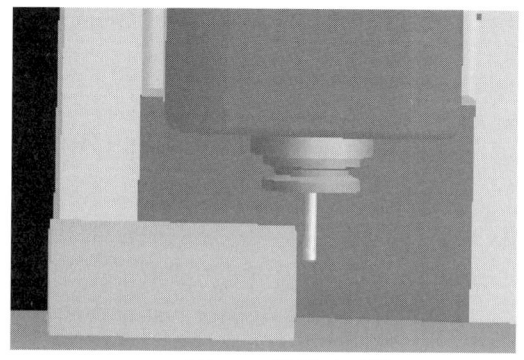

图3-46　靠近对刀面 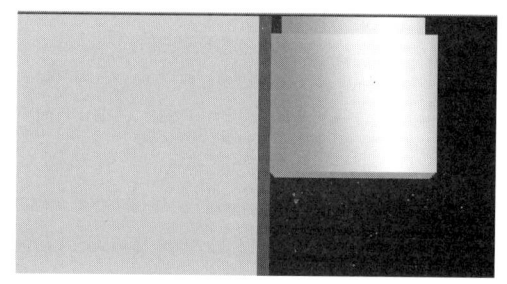　　　　　图3-47　对刀局部放大图

④ 单击操作面板上的手动脉冲按钮 或 ，使手动脉冲指示灯变亮 ，采用手动脉冲方式精确移动机床，单击 回 显示手轮  ，将手轮对应轴旋钮  置于 X 档，调节手轮进给速度旋钮  ，在手轮 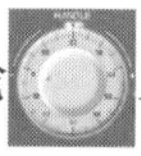 上单击鼠标左键或右键精确移动靠棒，使得提示信息对话框显示"塞尺检查的结果：合适"，如图 3-48 所示。

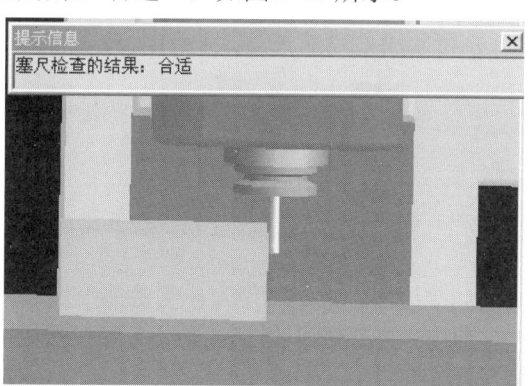

图3-48　塞尺检查

⑤ 记下塞尺检查结果为"合适"时 CRT 界面中的 X 坐标值，此为基准工具中心的 X 坐标，记为 X_1；将定义毛坯数据时设定的零件的长度记为 X_2，将塞尺厚度记为 X_3，将基准工件直径记为 X_4(可在选择基准工具时读出)。

⑥ 工件上表面中心的 X 的坐标为基准工具中心的 X 的坐标－零件长度的一半－塞尺厚

度－基准工具半径，即 $X_1 - X_2/2 - X_3 - X_4/2$，结果记为 X。

(2) Y 方向对刀采用同样的方法，得到工件中心的 Y 坐标，记为 Y。

(3) 完成 X、Y 方向对刀后，单击菜单"塞尺检查"→"收回塞尺"将塞尺收回，单击 ▨，机床转入手动操作状态，单击 Z 和 + 按钮，将 Z 轴提起，再单击菜单"机床"→"拆除工具"拆除基准工具。

注：塞尺有各种不同尺寸，可以根据需要调用。本系统提供的赛尺尺寸有 0.05mm、0.1mm、0.2mm、1mm、2mm、3mm、100mm(量块)。

2) 寻边器

寻边器由固定端和测量端两部分组成。固定端由刀具夹头夹持在机床主轴上，中心线与主轴轴线重合。在测量时，主轴以 400rpm 旋转。通过手动方式，使寻边器向工件基准面移动靠近，让测量端接触基准面。在测量端未接触工件时，固定端与测量端的中心线不重合，两者呈偏心状态。当测量端与工件接触后，偏心距减小，这时使用点动方式或手轮方式微调进给，寻边器继续向工件移动，偏心距逐渐减小。当测量端和固定端的中心线重合的瞬间，测量端会明显偏出，出现明显的偏心状态。这时主轴中心位置距离工件基准面的距离等于测量端的半径。

(1) X 轴方向对刀。

① 单击操作面板中的按钮 ▨ 进入"手动"方式。

② 单击 MDI 键盘上的 ▨ 使 CRT 界面显示坐标值；借助"视图"菜单中的动态旋转、动态放缩、动态平移等工具，适当单击操作面板上的 X、Y、Z 按钮和 +、- 按钮，将机床移动到如图 3-49 所示的大致位置。

③ 在手动状态下，单击操作面板上的 ▨ 或 ▨ 按钮，使主轴转动。未与工件接触时，寻边器测量端会大幅度晃动。

④ 移动到大致位置后，可采用手动脉冲方式移动机床，单击操作面板上的手动脉冲按钮 ▨ 或 ▨，使手动脉冲指示灯变亮 ▨，采用手动脉冲方式精确移动机床，单击 ▨ 显示手轮 ▨，将手轮对应轴旋钮 ▨ 置于 X 档，调节手轮进给速度旋钮 ▨，在手轮 ▨ 上单击鼠标左键或右键精确移动寻边器。寻边器测量端晃动幅度逐渐减小，直至固定端与测量端的中心线重合，如图 3-49 所示，若此时用增量或手轮方式以最小脉冲当量进给，寻边器的测量端突然大幅度偏移，如图 3-50 所示。即认为此时寻边器与工件恰好吻合。

⑤ 记下寻边器与工件恰好吻合时 CRT 界面中的 X 坐标，此为基准工具中心的 X 坐标，记为 X_1；将定义毛坯数据时设定的零件的长度记为 X_2；将基准工件直径记为 X_3，可在选择基准工具时读出。

图3-49　中心线重合　　　图3-50　间隙合适

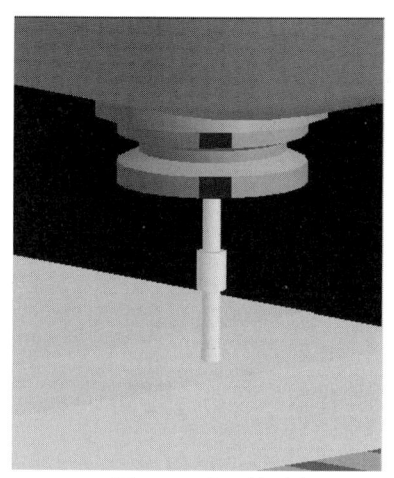

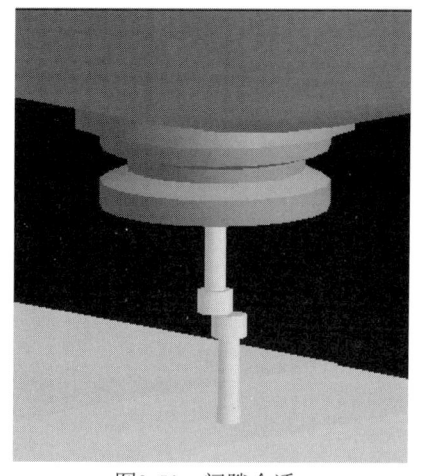

⑥ 工件上表面中心的 X 的坐标为基准工具中心的 X 的坐标—零件长度的一半—基准工具半径，即 $X_1—X_2/2—X_3/2$，结果记为 X。

(2) Y 方向对刀采用同样的方法。得到工件中心的 Y 坐标，记为 Y。

(3) 完成 X、Y 方向对刀后，单击 z 和 + 按钮，将 Z 轴提起，停止主轴转动，再单击菜单"机床"→"拆除工具"拆除基准工具。

2. Z 轴对刀

铣床 Z 轴对刀时采用实际加工时所要使用的刀具。

1) 塞尺检查法

(1) 单击菜单"机床"→"选择刀具"或单击工具条上的小图标 ，选择所需刀具。

(2) 装好刀具后，单击操作面板中的按钮 进入"手动"方式。

(3) 利用操作面板上的 X 、 Y 、 Z 按钮和 + 、 - 按钮，将机床移到如图 3-51 所示的大致位置。

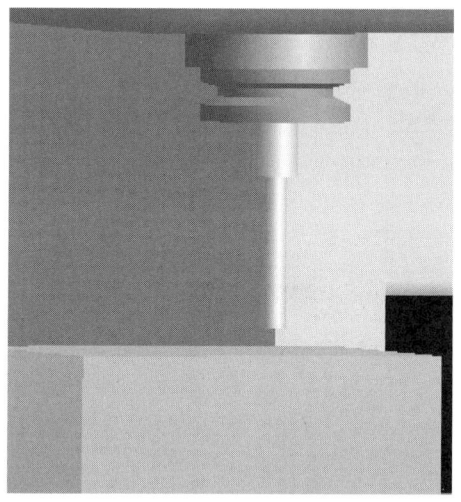

图3-51　靠近对刀面

(4) 用类似在 X、Y 方向对刀的方法进行塞尺检查，得到"塞尺检查的结果：合适"时 Z 的坐标值，记为 Z_1，如图 3-52 所示，工件中心的 Z 坐标值为 Z1－塞尺厚度。得到工件表面一点处 Z 的坐标值，记为 Z。

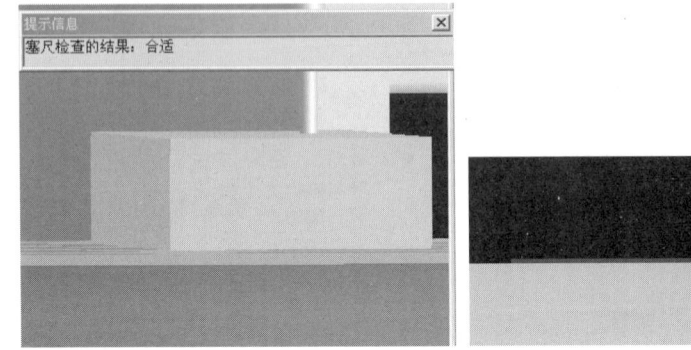

图3-52　塞尺检查

2) 试切法

(1) 单击菜单"机床"→"选择刀具"或单击工具条上的小图标，选择所需刀具。

(2) 装好刀具后，利用操作面板上的 X、Y、Z 按钮和 +、- 按钮，将机床移到如图 3-51 所示的大致位置。

(3) 选择菜单"视图"→"选项"中的"声音开"和"铁屑开"选项。

(4) 单击操作面板上的 或 使主轴转动；单击操作面板上的 Z 和 -，切削零件的声音刚响起时停止，用铣刀将零件切削小部分，记下此时 Z 的坐标值，记为 Z，此为工件表面一点处 Z 的坐标值。

3) 立式加工中心的 Z 轴对刀

立式加工中心 Z 轴对刀时首先要将已放置在刀架上的刀具放置在主轴上，再采用与铣床及卧式加工中心类似的办法逐把对刀。

- 装刀

立式加工中心需采用 MDI 操作方式装刀，具体过程如下。

(1) 单击操作面板上的"MDI"按钮，使其指示灯变亮，进入 MDI 运行模式。

(2) 单击 MDI 键盘上的 键，进入 CRT 界面，如图 3-53 所示。

(3) 利用 MDI 键盘输入"G28Z0.00"，按 键，将输入域中的内容输到指定区域。CRT 界面如图 3-54 所示。

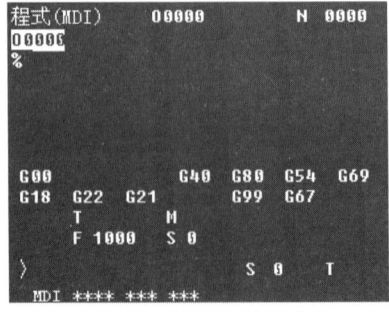

图3-53　MDI运行模式　　　　图3-54　MDI键盘输入

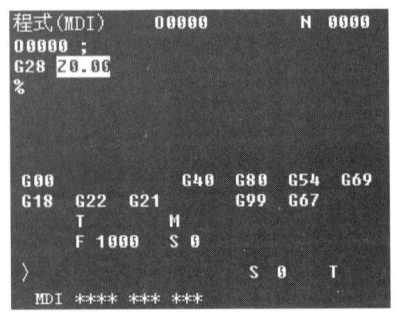

(4) 单击⊡按钮，主轴回到换刀点，如图 3-55 所示。

(5) 利用 MDI 键盘输入"T01M06"，按 INSERT 键，将输入域中的内容输到指定区域。

(6) 单击⊡按钮，一号刀被装载在主轴上，如图 3-56 所示。

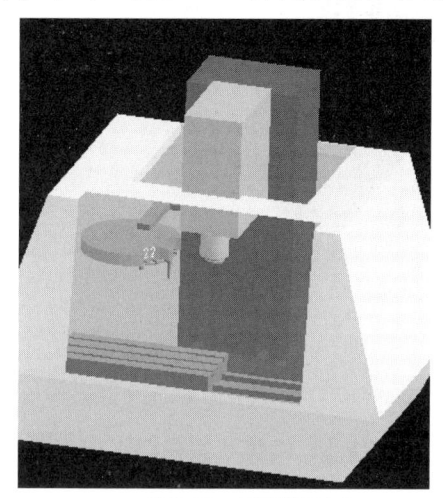

图3-55　回到换刀点　　　　　　　图3-56　换刀完成

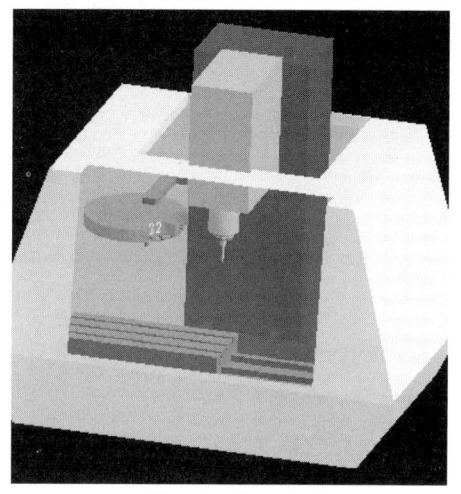

- 对刀

装好刀具后，可对 Z 轴刀进行对刀，方法参考铣床 Z 轴对刀方法。

注：其他各把刀在进行对刀时只需依次重复上述步骤。

通过对刀得到的坐标值(X、Y、Z)即为工件坐标系原点在机床坐标系中的坐标值。

四、数控程序处理操作

1. 程序的导入

数控程序可以通过记事本或写字板等编辑软件输入并保存为文本格式(*.txt 格式)文件，也可直接用 FANUC 0i 系统的 MDI 键盘输入。

单击操作面板上的编辑键，编辑状态指示灯变亮，此时已进入编辑状态。单击 MDI 键盘上的 PROG，CRT 界面转入编辑页面。再按菜单软键"操作"，在出现的下级子菜单中按软键▶，然后按菜单软键"READ"，转入如图 3-57 所示界面，单击 MDI 键盘上的数字/字母键，输入"Ox"(x 为任意不超过四位的数字)，按软键"EXEC"；单击菜单"机床"→"DNC 传送"，在弹出的对话框中选择所需的 NC 程序，单击"打开"按钮确认，则数控程序被导入并显示在 CRT 界面上。

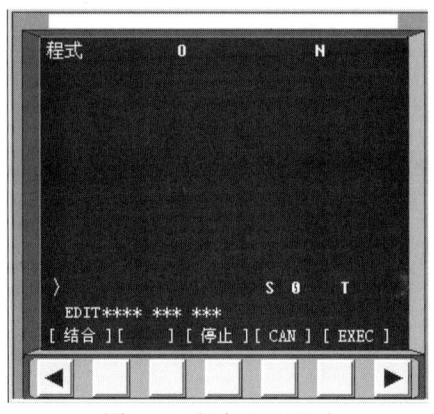

图3-57 程序显示界面

2. 程序的管理

1) 显示数控程序目录

经过导入数控程序操作后，单击操作面板上的编辑键，编辑状态指示灯变亮，此时已进入编辑状态。单击 MDI 键盘上的，CRT 界面转入编辑页面。按菜单软键"LIB"，经过 DNC 传送的数控程序名列表显示在 CRT 界面上，如图 3-58 所示。

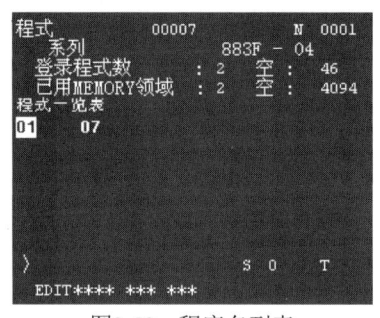

图3-58 程序名列表

2) 选择数控程序

经过导入数控程序操作后，单击 MDI 键盘上的，CRT 界面转入编辑页面。利用 MDI 键盘输入"Ox"(x 为数控程序目录中显示的程序号)，按键开始搜索，搜索到后"OX"显示在屏幕首行程序号位置，NC 程序显示在屏幕上。

3) 删除数控程序

单击操作面板上的编辑键，编辑状态指示灯变亮，此时已进入编辑状态。利用 MDI 键盘输入"Ox"(x 为要删除的数控程序在目录中显示的程序号)，按键，程序即被删除。

4) 新建 NC 程序

单击操作面板上的编辑键，编辑状态指示灯变亮，此时已进入编辑状态。单击 MDI 键盘上的，CRT 界面转入编辑页面。利用 MDI 键盘输入"Ox"(x 为程序号，但不能与已有的程序号重复)，按键，CRT 界面上将显示一个空程序，可以通过 MDI 键盘输入程序。输入一段代码后，按键，数据输入域中的内容将显示在 CRT 界面上，用回车换行键结束一行的输入后换行。

5) 删除全部数控程序

单击操作面板上的编辑键■,编辑状态指示灯变亮■,此时已进入编辑状态。单击 MDI 键盘上的■,CRT 界面转入编辑页面。利用 MDI 键盘输入"O-9999",按■键,全部数控程序即被删除。

3. 编辑程序

(1) 单击操作面板上的编辑键■,编辑状态指示灯变亮■,此时已进入编辑状态。单击 MDI 键盘上的■,CRT 界面转入编辑页面。选定某数控程序后,此程序显示在 CRT 界面,可对数控程序进行编辑操作。

(2) 移动光标。

按■和■翻页,按方位键↑↓←→移动光标。

(3) 插入字符。

先将光标移到所需位置,单击 MDI 键盘上的数字/字母键,将代码输入到输入域中,按■键,把输入域的内容插入到光标所在代码后面。

(4) 删除输入域中的数据。

按■键删除输入域中的数据。

(5) 删除字符。

先将光标移到所需删除字符的位置,按■键,删除光标所在的代码。

(6) 查找。

输入需要搜索的字母或代码,按↓在当前数控程序中光标所在位置后搜索。代码可以是:一个字母或一个完整的代码。例如:"N0010""M"等。如果此数控程序中有所搜索的代码,则光标停留在找到的代码处;如果此数控程序中光标所在位置后没有所搜索的代码,则光标停留在原处。

(7) 替换。

先将光标移到需替换字符的位置,将替换成的字符通过 MDI 键盘输入到输入域,按■键,用输入域的内容替代光标所在处的代码。

4. 保存程序

编辑好程序后需要进行保存操作。单击操作面板上的编辑键■,编辑状态指示灯变亮■,此时已进入编辑状态。按菜单软键"操作",在下级子菜单中按菜单软键"Punch",在弹出的对话框中输入文件名,然后选择文件类型和保存路径,单击"保存"按钮,如图 3-59 所示。

图3-59 "另存为"对话框

五、参数设置

1. G54～G59 参数设置

在 MDI 键盘上单击 ![OFFSET SETTING] 键,按菜单软键"坐标系",进入坐标系参数设定界面,输入"0x"(01 表示 G54,02 表示 G55,以此类推),按菜单软键"NO 检索",光标停留在选定的坐标系参数设定区域,如图 3-60 所示。

也可以用方位键 ![↑][↓][←][→] 选择所需的坐标系和坐标轴。利用 MDI 键盘输入通过对刀所得到的工件坐标原点在机床坐标系中的坐标值。设通过对刀得到的工件坐标原点在机床坐标系中的坐标值(如-500,-415,-404),则首先将光标移到 G54 坐标系 X 的位置,在 MDI 键盘上输入"-500.00",按菜单软键"输入"或按 ![INPUT],参数输入到指定区域。按 ![CAN] 键可逐个删除输入域中的字符。单击 ![↓],将光标移到 Y 的位置,输入"-415.00",按菜单软键"输入"或按 ![INPUT],参数输入到指定区域。同样可以输入 Z 坐标值,此时 CRT 界面如图 3-61 所示。

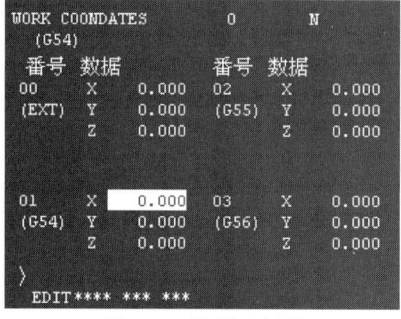

图3-60　选择坐标系　　　　　　图3-61　参数输入

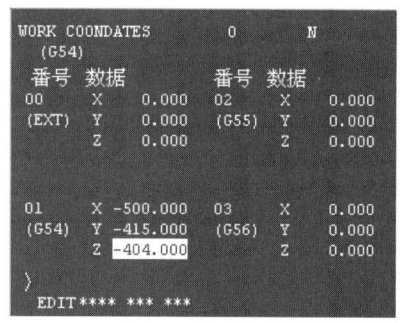

注意:

X 坐标值为-100,须输入"X-100.00";若输入"X-100",则系统默认为-0.100。

如果按软键"+输入",则键入的数值将和原有的数值相加以后才输入。

2. 设置铣床及加工中心刀具补偿参数

铣床及加工中心的刀具补偿包括刀具的半径和长度补偿。

(1) 输入直径补偿参数。

FANUC 0i 的刀具直径补偿包括形状直径补偿和摩耗直径补偿。

① 在 MDI 键盘上单击 ![OFFSET SETTING] 键,进入参数补偿设定界面,如图 3-62 所示。

图3-62　参数补偿设定界面

② 用方位键 ↑ ↓ 选择所需的番号，并用 ← → 确定需要设定的直径补偿是形状补偿还是摩耗补偿，将光标移到相应的区域。

③ 单击 MDI 键盘上的数字/字母键，输入刀尖直径补偿参数。

④ 按菜单软键"输入"或按 INPUT，参数输入到指定区域。按 CAN 键逐个删除输入域中的字符。

注意：

直径补偿参数若为 4mm，在输入时需输入"4.000"，如果只输入"4"，则系统默认为"0.004"。

(2) 输入长度补偿参数。

长度补偿参数在刀具表中按需要输入。FANUC 0i 的刀具长度补偿包括形状长度补偿和摩耗长度补偿。

① 在 MDI 键盘上单击 OFFSET SETTING 键，进入参数补偿设定界面，如图 3-62 所示。

② 用方位键 ↑ ↓ ← → 选择所需的番号，并确定需要设定的长度补偿是形状补偿还是摩耗补偿，将光标移到相应的区域。

③ 单击 MDI 键盘上的数字/字母键，输入刀具长度补偿参数。

④ 按软键"输入"或按 INPUT，输入参数到指定区域。按 CAN 键逐个删除输入域中的字符。

任务评价

本任务评价表见表 3-20。

表3-20　宇龙数控仿真软件使用任务评价表

序号	考核项目	考核内容	分值	评分标准	学生自评	教师评分
1	宇龙数控仿真软件菜单和工具栏使用	菜单功能使用	25	操作熟练正确		
		工具栏使用	25	操作熟练正确		
2	宇龙数控仿真软件操作	仿真加工准备操作	10	操作熟练正确		
		机床面板操作	10	操作熟练正确		
		对刀操作	10	操作熟练正确		
		程序处理操作	10	操作熟练正确		
		参数设置	10	操作熟练正确		

任务五　仿真加工实例

知识目标

1. 进一步掌握宇龙数控仿真软件的使用方法；

2. 掌握宇龙数控仿真软件描述轨迹的方法；
3. 掌握宇龙数控仿真软件中导入加工程序的方法。

能力目标

1. 能够熟练应用宇龙数控仿真软件的操作界面；
2. 能够掌握应用宇龙数控仿真软件完成零件的仿真方法。

素养目标

1. 具有安全文明生产和环境保护意识；
2. 具有严谨认真和精益求精的职业素养。

任务分析

试采用数控仿真系统完成如图 3-63 所示零件的仿真加工。零件的材料为 45 钢，毛坯为 100mm×80mm×40mm。

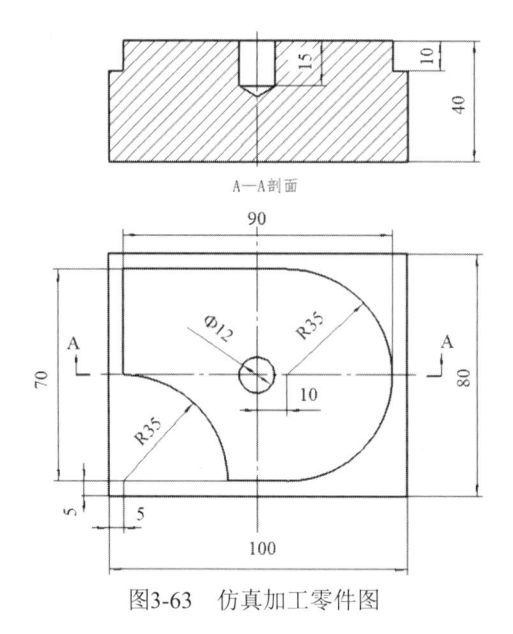

图3-63　仿真加工零件图

知识链接

一、零件加工参考程序

1. 刀具及切削用量的选择

数控加工工序卡片见表 3-21。

表3-21 数控加工工序卡片

加工工艺卡片	产品型号	产品名称	零件名称	材料	零件图号
			垫板	45#钢	
	程序编号	夹具名称	夹具编号	使用设备	实习场地	备注

工步号	工步内容	刀具号	刀具规格	补偿号	主轴转速/(r/min)	进给速度/(mm/min)	背吃刀量(mm)	备注
1	铣外轮廓	T01	φ25mm 立铣刀	D01	800	120		
2	钻孔	T02	φ12mm 钻头		600	60		
		审核		共页		第页		

2. 参考程序

主程序子程序

O1234；
N10 G54 G90 G94 G40 G17；
N20 G28 Z0；
N30 T1 M6；
N40 S800 M3；
N50 G54 G0 X-70 Y35；
N60 Z5；
N70 G1 Z-5 F200；
N80 M98 P0001；
N90 G1 Z-10 F200；
N100 M98 P0001；
N110 G0 Z100；
N120 M5；
N130 G53；
N140 G28 Z0；
N150 T2 M6；
N160 S600 M3；
N170 G54 G0 X0 Y0；
N180 G0 G43 H02 Z100；
N190 G99 G83 X0 Y0 Z-18 R5 Q8 F60；
N200 G0 G49 Z100；
N210 M5；
N220 M30；

O0001；
N10 G1 G41 D1 X-45 Y35 F120；
N20 X10 ；
N30 G2 Y-35 R35 F120；
N40 G1 X-45 F120；
N50 Y-25；
N60 X-25；
N70 Y-35；
N80 Y-10；
N90 G3 X-45 Y0 R35 F120；
N100 G1 Y40；
N110 G0 G40 X-70 Y35；
N120 M99；

以路径 D:\Documents and Settings\My Documents\1234.cut 保存加工程序。

二、仿真加工操作准备

1. 选择机床

单击菜单"机床"或在工具条中单击机床图标，在"选择机床"对话框中的"控制系统"选择 FANUC 0i，"机床类型"选择"立式加工中心"，操作面板选择"北京第一机床厂 XKA714/B"并单击"确定"按钮，此时界面如图 3-64 和图 3-65 所示。

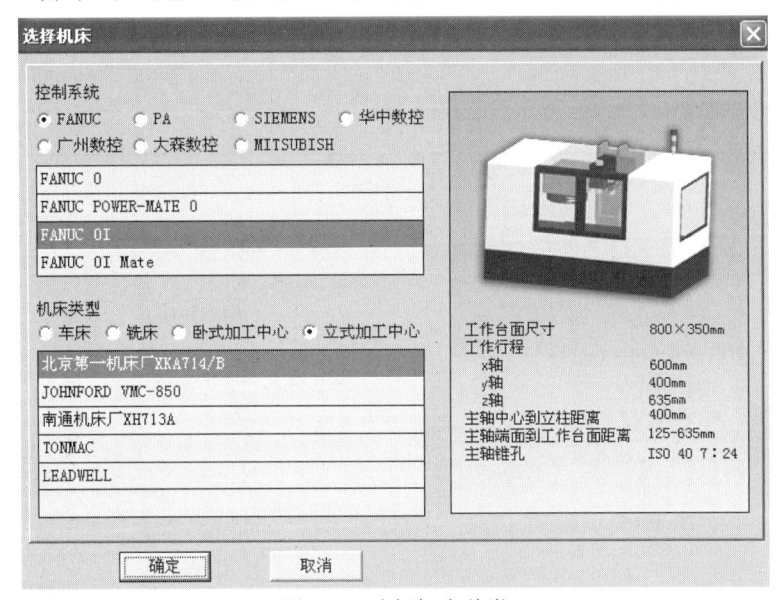

图3-64 选择机床种类

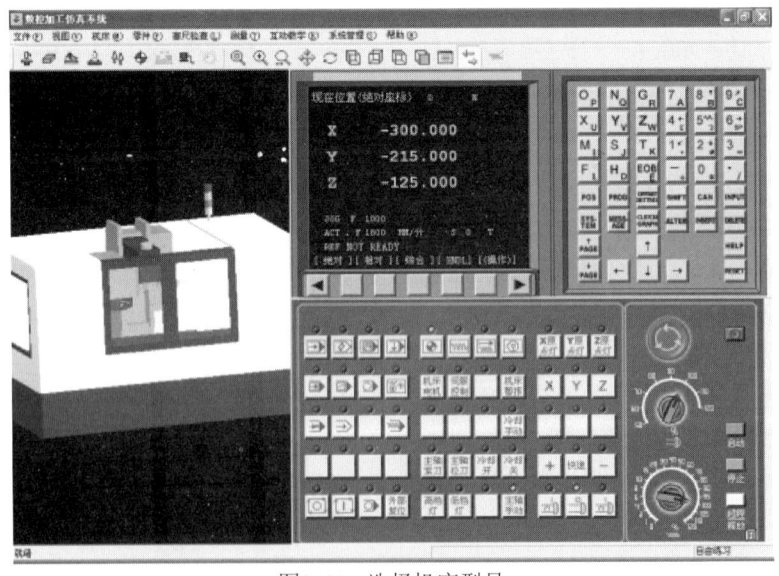

图3-65 选择机床型号

2. 启动机床

(1) 单击系统启动按钮 ![], 此时机床电机和伺服控制的指示灯变亮 ![]。

(2) 检查急停按钮是否松开至 ![] 状态, 若未松开, 单击急停按钮 ![], 将其松开。

3. 机床回参考点

(1) 检查操作面板上回原点指示灯是否为亮的状态 ![], 若指示灯亮, 则已进入回原点模式。

(2) 先将 Z 轴回原点, 单击操作面板上的 ![] 按钮, 此时 Z 轴将回原点, Z 轴回原点灯变亮 ![], CRT 上的坐标变为 0.000。同样, 再分别单击 X 轴、Y 轴方向移动按钮 ![]、![], 此时 X 轴、Y 轴将回原点, X 轴、Y 轴回原点灯变亮 ![]。CRT 界面如图3-66所示。

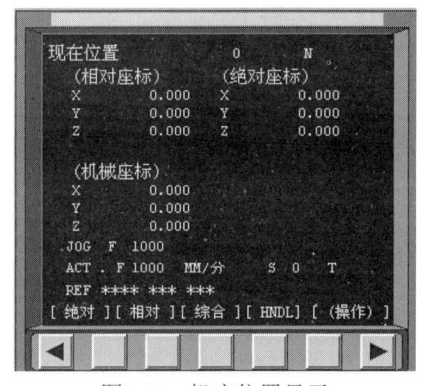

图3-66 机床位置显示

4. 安装刀具

单击菜单"机床"→"选择刀具"或单击工具条上的小图标 ![], 弹出"刀具选择"对话框, 根据加工方式选择所需的刀具和刀柄, 1 号刀为 $\phi25$mm 立铣刀、2 号刀为 $\phi12$mm, 钻头确定后退出, 机床如图3-67所示。

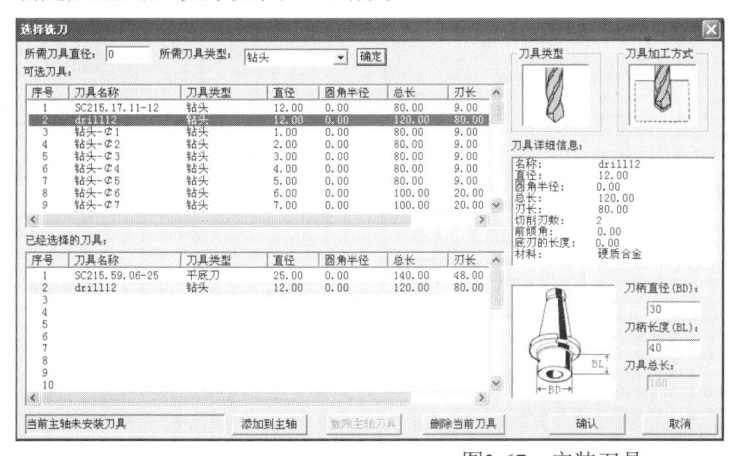

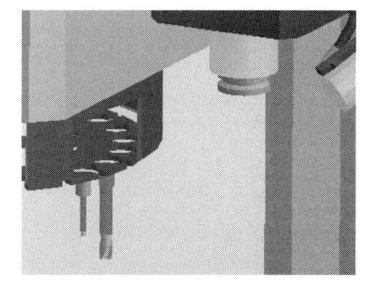

图3-67 安装刀具

5. 输入 NC 程序

(1) 单击操作面板上的编辑按键 ◎，编辑状态指示灯变亮 ◎，此时已进入编辑状态。

(2) 单击 MDI 键盘上的 ◎，CRT 界面转入编辑页面。按软键"操作"，在出现的下级子菜单中按软键 ▶，再按软键"READ"，转入如图 3-68 所示的界面，单击 MDI 键上的数字/字母键，输入"O1"，然后按软键"EXEC"。

(3) 单击菜单"机床"→"DNC 传送"，在弹出的对话框中选择所需的 NC 程序，单击"打开"确认，则数控程序被导入并显示在 CRT 界面上。

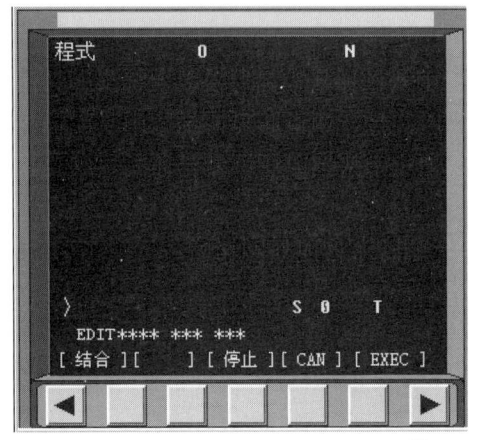

图3-68　程序传输

6. 检查运行轨迹

(1) 单击操作面板上的自动运行按钮 ◎，使其指示灯变亮，转入自动加工模式。

(2) 单击 MDI 键盘上的 ◎ 按钮，单击数字/字母键，输入"O1"，按 ↓ 开始搜索，找到后，程序显示在 CRT 界面上。

(3) 单击 GRAPH 按钮，进入检查运行轨迹模式，单击操作面板上的循环启动按钮 ◎，即可观察数控程序的运行轨迹，此时也可通过"视图"菜单中的动态旋转、动态放缩、动态平移等方式对三维运行轨迹进行全方位的动态观察。仿真结果如图 3-69 所示。

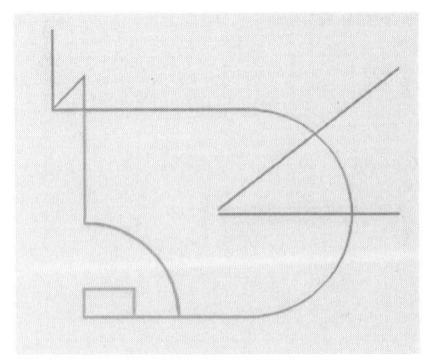

图3-69　轨迹检验

图中红线代表刀具快速移动的轨迹，绿线代表刀具切削的轨迹。

任务实施

1. 安装零件

(1) 单击菜单"零件"→"定义毛坯…"，在"定义毛坯"对话框(图3-70)中可改写零件的高度和长度，按"确定"按钮。

(2) 单击菜单"零件"→"安装夹具…"，在"选择零件"列表中选择"毛坯1"的零件，在"选择夹具"列表框中选择"平口钳"，用"向上""旋转"按钮调整零件的位置并按"确定"按钮，如图3-71所示。

图3-70　定义毛坯　　　　图 3-71　放置夹具

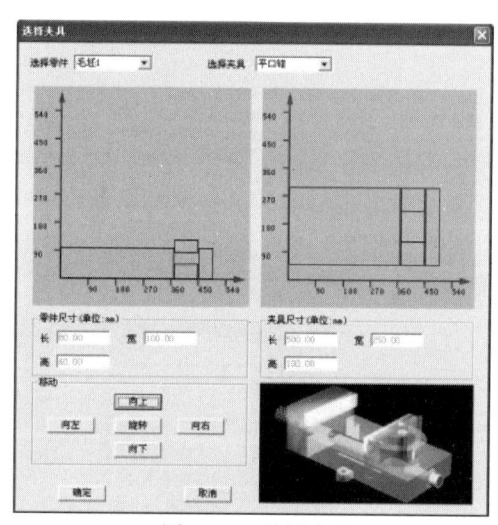

(3) 单击菜单"零件"→"选择零件…"，在"选择零件"对话框(图3-72)中，选取名称为"毛坯1"的零件，单击"安装零件"按钮，此时所选零件出现在机床上，用上、下、左、右按钮调整好零件的位置并退出。

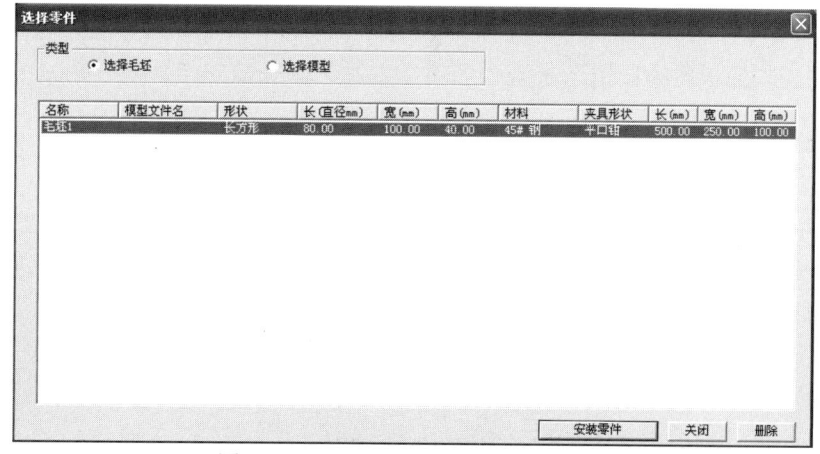

图3-72　移动零件面板及机床上的零件

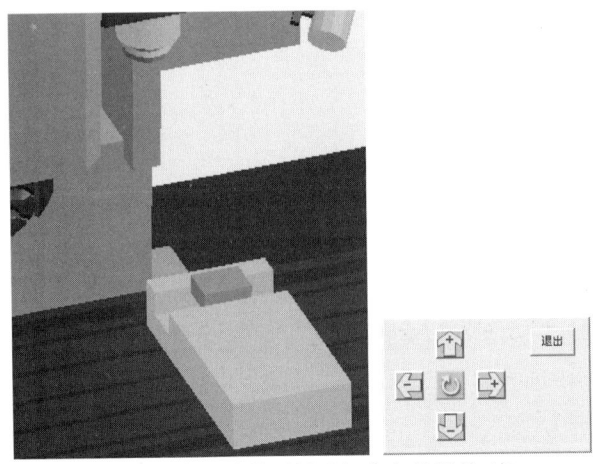

图3-72 移动零件面板及机床上的零件(续)

2. 对刀操作

数控程序一般按工件坐标系编程，对刀的过程就是建立工件坐标系与机床坐标系之间关系的过程。工件上表面中心点为工件坐标系原点。

(1) 单击菜单"机床"→"基准工具…"，弹出"基准工具"对话框，选取左边的刚性靠棒基准工具并确定，如图3-73所示。

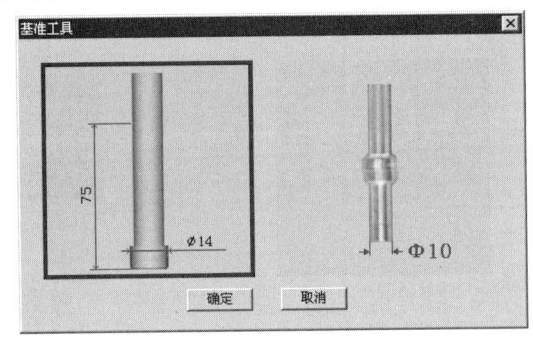

图3-73 选择对刀工具

(2) X 轴方向对刀。

① 单击操作面板中的按钮 进入"手动"方式，单击 MDI 键盘上的 ，使 CRT 界面上显示坐标值；借助"视图"菜单中的动态旋转、动态放缩、动态平移等工具，适当单击 、 、 按钮和 、 、 按钮，将机床移动到如图3-74所示的大致位置。

② 移动到大致位置后，可以采用手轮调节方式移动机床，单击菜单"塞尺检查"→"1mm"，基准工具和零件之间被插入塞尺。在机床下方显示如图3-75所示的局部放大图，紧贴零件的红色物件为塞尺。

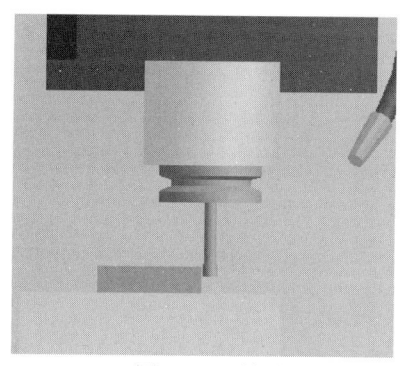

图3-74　X轴对刀 　　　　　　　　　　图3-75　塞尺检查

③ 单击操作面板上的手动脉冲按钮▣或▣，使手动脉冲指示灯变亮，▣，采用手动脉冲方式精确移动机床，单击▣显示手轮▣，将手轮对应轴旋钮▣置于 X 档，调节手轮进给速度旋钮▣，在手轮▣上单击鼠标左键或右键精确移动靠棒，使得提示信息对话框显示"塞尺检查的结果：合适"，如图3-76所示。

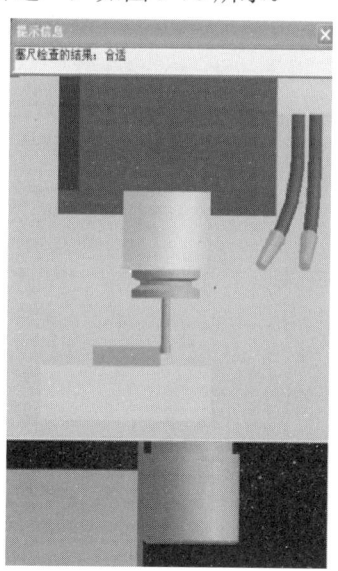

图3-76　塞尺检查结果

④ 在 MDI 键盘上单击▣键，按软键"坐标系"进入坐标系参数设定界面，用方位键 ↑ ↓ ← → 选择所需的 G54 坐标系和 X 坐标轴，光标停留在选定的 X 坐标系参数设定区域，在MDI 键盘上输入"X58.0"，按软键"测量"，把参数输入到指定区域，如图 3-77 所示。

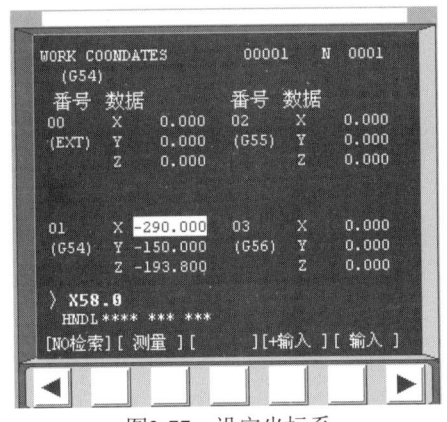

图3-77 设定坐标系

(3) Y 轴方向对刀。

Y 方向对刀采用同 X 方向的对刀操作步骤，如图 3-78 所示。

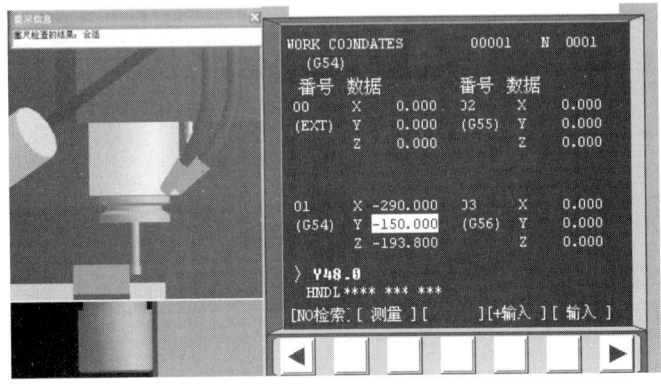

图3-78 Y轴对刀

完成 X、Y 方向对刀后，单击菜单"塞尺检查"→"收回塞尺"将塞尺收回，单击 ![] ，机床转入手动操作状态，单击 +Z 按钮，将 Z 轴提起，再单击菜单"机床"→"拆除工具"拆除基准工具。

(4) Z 轴对刀。

① 单击菜单"机床"→"选择刀具"或单击工具条上的小图标 ![] ，选择所需 1 号刀具。

② 装好刀具后，单击操作面板中的按钮 ![] 进入"手动"方式，利用操作面板上的 +X 、 +Y 、 +Z 按钮和 -X 、 -Y 、 -Z 按钮，将机床移到如图 3-79 所示的大致位置。

图3-79 移动位置示意

③ 对刀步骤同上，如图 3-80 和图 3-81 所示。

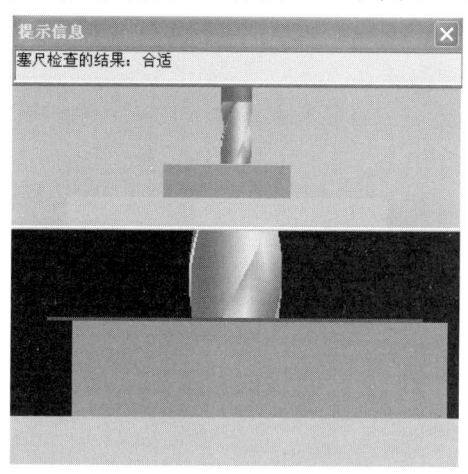

图3-80 检查Z轴塞尺

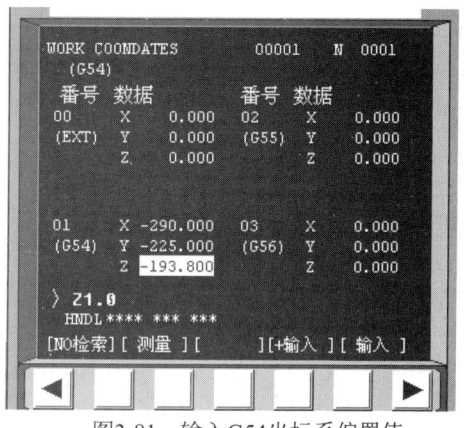

图3-81 输入G54坐标系偏置值

(5) 设置刀具补偿参数。

① 换 2 号刀具到主轴，采用步骤(5)的操作方法得到与 1 号刀具在 Z 轴方向相比较的长度补偿数值，如图 3-82 所示。

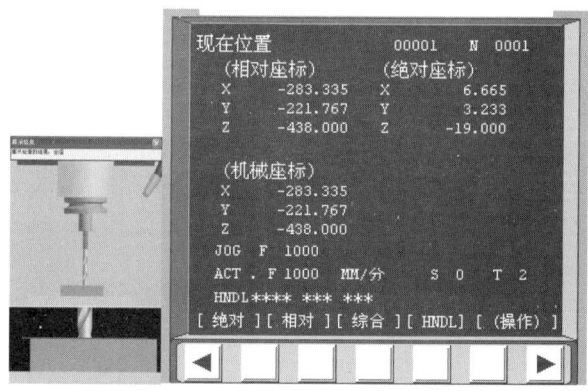

图3-82 设置刀具长度补偿

② 在 MDI 键盘上单击 OFFSET SETTING 键，进入参数补偿设定界面，如图 3-83 所示。

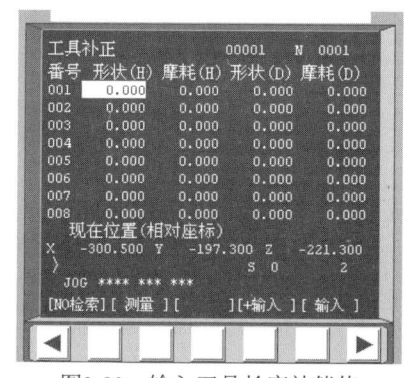

图3-83 输入刀具长度补偿值

③ 用方位键 ↑ ↓ 选择所需的 001 番号，并用 ← → 确定需要设定的形状(H)补偿。

④ 单击 MDI 键盘上的数字/字母键，输入刀尖形状补偿参数"-19.0"。

⑤ 按软键"输入"或按 INPUT，把参数输入到指定区域。

⑥ 用 ← → 确定需要设定的形状(D)补偿，输入刀具形状补偿参数"12.5"，按软键"输入"或按 INPUT，把参数输入到指定区域，如图 3-84 所示。

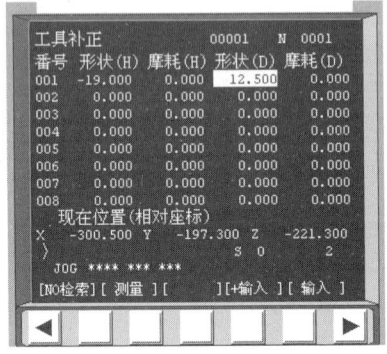

图3-84 输入刀具半径补偿参数

3. 自动加工

(1) 单击操作面板上的"自动运行"按钮，使其指示灯变亮。

(2) 单击操作面板上的，程序开始执行。

(3) 数控程序在运行时，按暂停键，程序停止执行；再单击键，程序从暂停位置开始执行。

(4) 数控程序在运行时，按下急停按钮，数控程序将中断运行；继续运行时，先将急停按钮松开，再按按钮，余下的数控程序将从中断行开始作为一个独立的程序执行。

(5) 通过主轴倍率旋钮和进给倍率旋钮调节主轴旋转的速度和移动的速度。

(6) 仿真结果如图 3-85 所示。

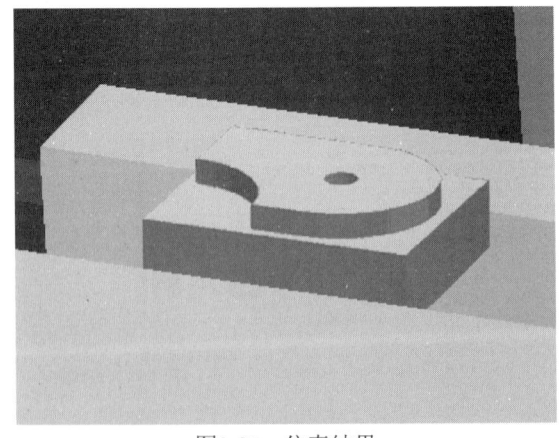

图3-85 仿真结果

4. 测量

零件加工完成后，单击菜单"测量"→"剖面图测量…"，弹出测量对话框，如图 3-86 所示，分别观察其轮廓尺寸，以便校验编程和加工的正确性。

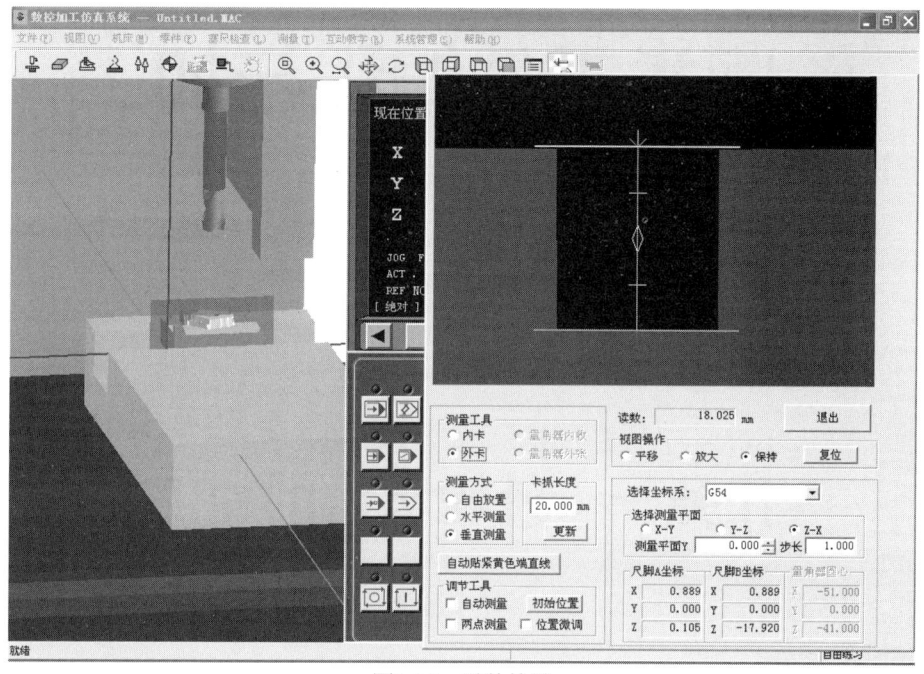

图3-86 零件检验

任务评价

本任务评价表见表 3-22。

表3-22 仿真加工实例任务评价表

序号	考核项目	考核内容	分值	评分标准	学生自评	教师评分
1	宇龙数控仿真软件加工操作	仿真软件的使用	25	软件正确使用		
		程序传输	25	程序传输正确		
		仿真加工操作	25	仿真加工操作正确		
2	安全文明生产	计算机操作	15	计算机操作规范		
		文明生产	15	遵守文明生产规范		

项目四

轮廓类零件编程与加工

任务一　外轮廓铣削加工

知识目标

1. 掌握外轮廓的加工方法；
2. 掌握刀具半径补偿功能的作用；
3. 掌握外轮廓加工路线的确定方法。

能力目标

1. 能够合理确定外轮廓的加工方法；
2. 能够正确选择刀具半径补偿指令；
3. 能够运用刀具半径补偿指令解决实际编程问题。

素养目标

1. 具有不怕困难、勇于超越、奋发图强的意志品格；
2. 具有严谨认真和精益求精的职业素养。

任务分析

加工如图 4-1 所示的工件，毛坯为 100mm×100mm×35mm 的硬铝(沿用项目三任务三完成的零件)，试编写其数控铣床加工程序并进行加工。

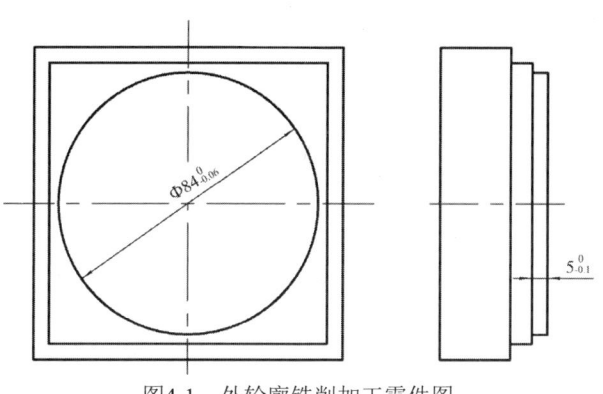

图4-1 外轮廓铣削加工零件图

知识链接

一、外轮廓加工工艺

1. 轮廓加工方案的选择

轮廓多由直线和圆弧或各种曲线构成，主要采用立铣刀加工，为保证加工面光滑，刀具应沿轮廓线的切线切入与切出。粗铣的尺寸精度和表面粗糙度一般可达 IT11～IT13 级、6.3～25μm；精铣的尺寸精度和表面粗糙度一般可达 IT8～IT10 级、1.6～6.3μm。

2. 顺铣和逆铣的选择

轮廓铣削有顺铣和逆铣两种方式，如图 4-2 所示，铣刀旋转切入工件的方向与工件的进给方向相同时称为顺铣，相反时称为逆铣。

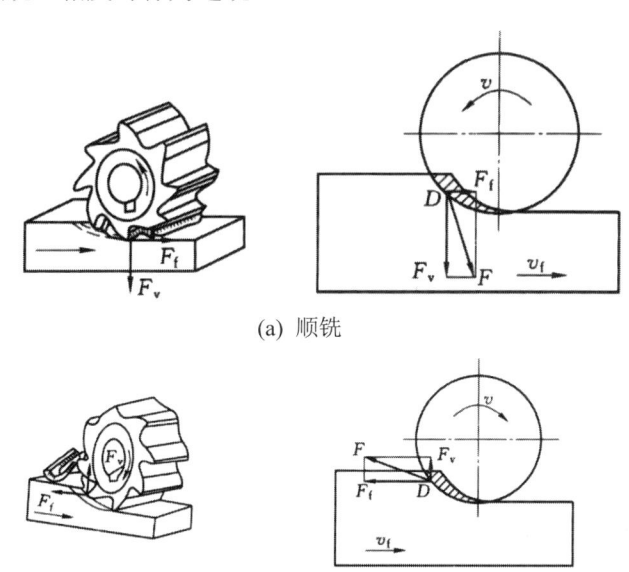

(a) 顺铣

(b) 逆铣

图4-2 顺铣和逆铣

顺铣与逆铣的选择方法如下：

顺铣有利于提高刀具的耐用度和工件装夹的稳定性，但容易引起工作台窜动，甚至造成事故。顺铣的加工范围应是无硬皮的工件表面。精加工时，铣削力较小，不容易引起工作台窜动，多用顺铣。同时顺铣时无滑移现象，加工后的表面比逆铣好。对难加工材料的铣削，采用顺铣可以减少切削变形，降低切削力和功率。

逆铣多用于粗加工，在铣床上加工有硬皮的铸件、锻件毛坯时，一般采用逆铣。

对于铝镁合金、钛合金和耐热合金等材料，建议采用顺铣加工，以降低表面粗糙度值，提高刀具耐用度。

3. 刀具的选择

外轮廓(凸台、台阶等)一般采用立铣刀加工，常用的立铣刀有高速钢和硬质合金两种。立铣刀是数控铣削中最常用的一种铣刀，其圆柱面上的切削刃是主切削刃，端面上分布着副切削刃，主切削刃一般为螺旋齿，这样可以增加切削平稳性，提高加工精度。由于普通立铣刀端面中心处无切削刃，所以立铣刀工作时不能作轴向进给，端面刃主要用来加工与侧面相垂直的底平面。

4. 切入切出点的确定

铣削外轮廓时，一般采用立铣刀侧刃进行切削。为减少接刀痕迹，保证零件表面质量，铣刀的切入和切出点应沿零件轮廓曲线的延长线切入和切出零件表面，而不应沿法向直接切入零件，以避免加工表面产生划痕，如图 4-3 所示。对于连续铣削轮廓，特别是用圆弧插补方式铣削外整圆时，刀具应从切线进入圆周铣削加工，当整圆加工完毕后，不要在切点处直接退刀，而要让刀具沿切线方向多运动一段距离(图 4-4)，以免取消刀具补偿时，刀具与工件表面碰撞，造成工件报废。

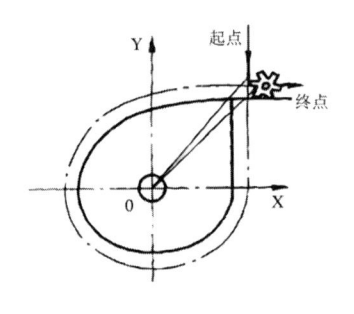

图4-3　刀具切入和切出时的外延　　　　图4-4　铣削外圆进给路线

二、刀具补偿功能

1. 刀位点的概念

在数控编程过程中，为了方便编程，通常将数控刀具假想成是一个点，该点称为刀位点或刀尖点。刀位点既是用于表示刀具特征的点，也是对刀和加工的基准点。数控铣床常用刀具的刀位点如图 4-5 所示。车刀与镗刀的刀位点通常指刀具的刀尖，钻头的刀位点通常指钻尖,立铣刀、端面铣刀和铰刀的刀位点指刀具底面的中心,而球头铣刀的刀位点指球头中心。

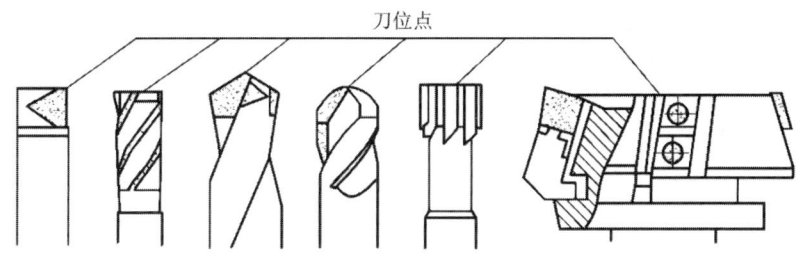

图4-5 数控刀具的刀位点

2. 刀具补偿功能的概念

数控编程过程中,一般不考虑刀具的长度与半径,而只考虑刀位点与编程轨迹重合。但在实际加工过程中,由于刀具半径与刀具长度各不相同,在加工中势必造成很大的加工误差。因此,实际加工时必须通过刀具补偿指令,使数控机床根据实际使用的刀具尺寸,自动调整各坐标轴的移动量,确保实际加工轮廓和编程轨迹完全一致。数控机床的这种根据实际刀具尺寸,自动改变坐标轴位置,使实际加工轮廓和编程轨迹完全一致的功能,称为刀具补偿功能。

数控铣床的刀具补偿功能分为刀具半径补偿功能和刀具长度补偿功能,接下来先重点介绍刀具半径补偿功能。

三、刀具半径补偿指令

刀具半径补偿原理动画

1. 刀具半径补偿的目的

在数控铣床上进行轮廓的铣削加工时,由于刀具半径的存在,刀具中心(刀心)轨迹和工件轮廓不重合。如果数控系统不具备刀具半径自动补偿功能,则只能按刀心轨迹进行编程,即在编程时给出刀具中心运动轨迹,如图 4-6 所示的点划线轨迹,其计算相当复杂,尤其当刀具磨损、重磨或换新刀而使刀具直径变化时,必须重新计算刀心轨迹,修改程序,这样既繁琐,又不易保证加工精度。当数控系统具备刀具半径补偿功能时,只需按工件轮廓进行编程,如图 4-6 中的粗实线轨迹,数控系统会自动计算刀心轨迹,使刀具偏离工件轮廓一个半径值,即进行刀具半径补偿。

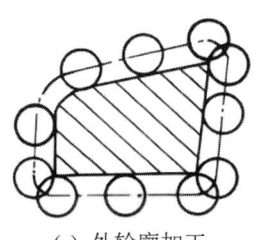

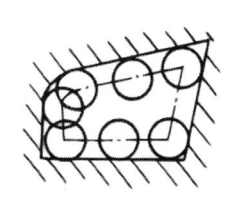

(a) 外轮廓加工　　　　　　　　(b) 内轮廓加工

图4-6 刀具半径补偿

2. 刀具半径补偿指令格式

G41G01/G00 XYFD；
G42G01/G00 XYFD；
G40G01/G00 XY；

其中，G41——刀具半径左补偿；
　　　G42——刀具半径右补偿；
　　　G40——取消刀具半径补偿；
　　　X、Y——建立或取消刀具半径补偿的终点坐标值；
　　　D——刀具偏置代号地址字，后面一般为两位数字的代号。

刀具半径补偿的意义

3. 刀具半径左、右补偿的判断方法

假设工件不动，沿着刀具的运动方向向前看，刀具位于工件左侧的刀具半径补偿，称为刀具半径左补偿；假设工件不动，沿着刀具的运动方向向前看，刀具位于零件右侧的刀具半径补偿，称为刀具半径右补偿，如图4-7所示。

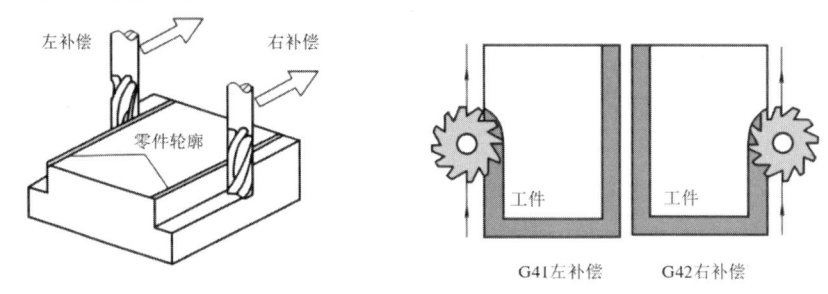

图4-7　刀具左补偿和右补偿的判别

4. 刀具半径补偿的过程

刀具补偿过程的运动轨迹分为三个组成部分：刀具补偿的建立、刀具补偿的执行和刀具补偿的取消。

(1) 刀具补偿的建立。刀具从起点接近工件，在编程轨迹基础上，刀具中心向左(G41)或向右(G42)偏离一个偏置量的距离。不能进行零件的加工。

(2) 刀具补偿的执行。刀具中心轨迹与编程轨迹始终偏离一个偏置量的距离。

(3) 刀具补偿的取消。刀具撤离工件，使刀具中心轨迹终点与编程轨迹终点(如起刀点)重合，不能进行加工。

如图4-8所示，程序如下：

O1000；
…N60 G41 G01 X20.0 Y10.0 D01 F100；刀具半径补偿建立
N70 Y50.0；刀具补偿的执行
N80 X50.0；刀具补偿的执行
N90 Y20.0；刀具补偿的执行
N100 X10.0；刀具补偿的执行

N110 G40 X0 Y0 M05；刀具补偿的取消；

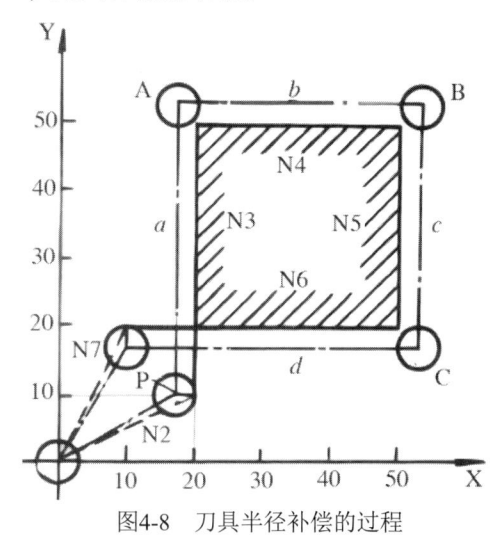

图4-8　刀具半径补偿的过程

5. 刀具半径补偿的注意事项

(1) 刀具半径补偿的建立与取消程序段只能在 G00 或 G01 移动指令模式下有效。当然，现在有部分系统也支持 G02、G03 模式，但为防止出现差错，在半径补偿建立与取消程序段最好不使用 G02、G03 指令。

(2) 为保证刀具补偿建立与刀具补偿取消时刀具与工件的安全，通常采用 G01 运动方式来建立或取消刀补。如果采用 G00 运动方式建立或取消刀补，则要采取先建立刀补再下刀和先退刀再取消刀补的加工方法。

(3) 为了便于计算坐标，可采用切线切入方式或法向切入方式来建立或取消刀补。对于不便于沿工件轮廓线方向切线或法向切入切出时，可根据情况增加一个辅助程序段，如图 4-9 所示。

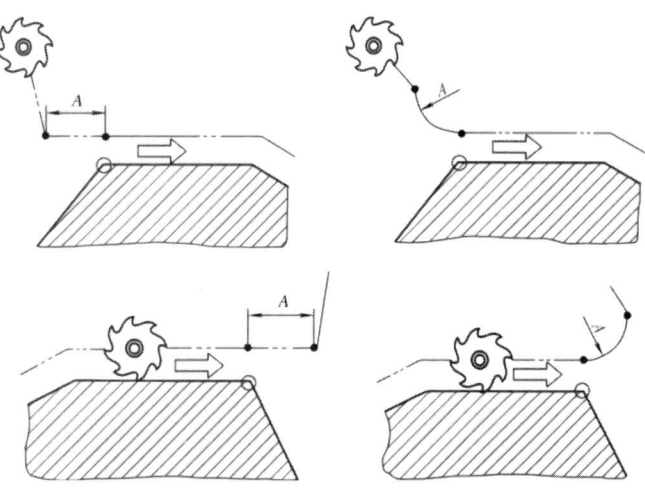

图4-9　建立与取消刀具半径补偿常采用的方式

(4) 刀具半径补偿建立与取消程序段的起始位置与终点位置最好与补偿方向在同一侧，以防止在刀具半径补偿建立与取消过程中刀具产生过切现象，如图4-10中的OM。

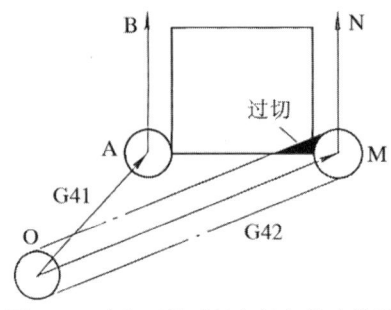

图4-10　建立刀补时的起始与终点位置

(5) 在刀具补偿模式下，一般不允许在连续两段以上的非补偿平面内移动指令，否则刀具也会出现过切等危险动作。非补偿平面移动指令通常指：只有G、M、S、F、T代码的程序段(如G90和M05等)、程序暂停程序段(如G04 X10.0)和G17平面加工中的Z轴移动指令等。

(6) 选择刀具时要注意刀具的半径必须小于轮廓最小凹圆弧的半径。

6. 刀具半径补偿的应用

(1) 刀具因磨损、重磨、换新刀而引起刀具直径改变后，不必修改程序，只需在刀具参数设置中输入变化后的刀具直径。如图4-11所示，1为未磨损刀具，2为磨损后刀具，两者直径不同，只需将刀具参数表中的刀具半径r_1改为r_2，即可适用同一程序。

(2) 用同一程序、同一尺寸的刀具，利用刀具半径补偿，可进行粗精加工。如图4-12所示，刀具半径r，精加工余量Δ。粗加工时，输入刀具直径$D=2(r+\Delta)$，则加工出点划线轮廓；精加工时，用同一程序，同一刀具，但输入刀具直径$D=2r$，则加工出实线轮廓。

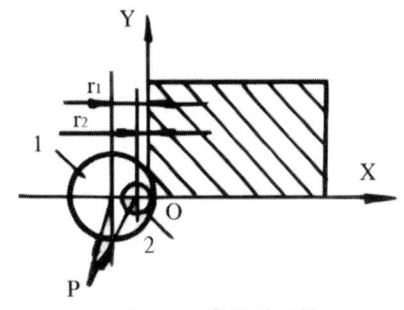

1—未磨损刀具　2—磨损后刀具
图4-11　刀具直径变化，加工程序不变

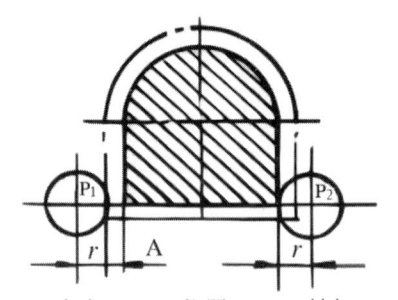

P_1—粗加工刀心位置　P_2—精加工刀心位置
图4-12　利用刀具半径补偿进行粗精加工

(3) 用同一个程序加工同一公称尺寸的凹、凸型面，如图4-13所示，内、外轮廓编写成同一程序，在加工外轮廓时，将偏置值设为+D，刀具中心将沿轮廓的外侧切削；当加工内轮廓时，将偏置值设为-D，这时刀具中心将沿轮廓的内侧切削。此种方法在模具加工中运用较多。

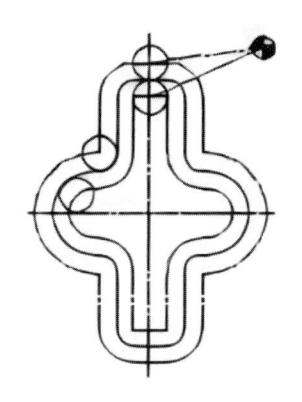

图4-13 内外轮廓加工方式图

> **§ 职业素养 §**
>
> 刀具半径补偿功能给数控加工编程带来了方便，灵活运用刀具半径补偿，可以大大提高生产效率和产品合格率。我国优秀传统文化《乐府诗集·长歌行》中提到："百川东到海，何日复西归？少壮不努力，老大徒伤悲。"作为学生，在今后的学习中应该多注意学习方法，提高学习效率。

任务实施

1. 读图确定零件特征

(1) 对图样要有全面的认识，尺寸与各种公差符号要清楚。

(2) 毛坯材料为硬铝，规格为项目三任务三完成的零件，如图4-14所示。

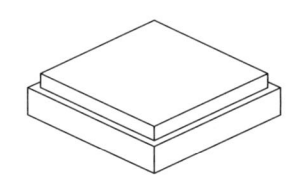

图4-14 项目三任务三完成的零件

2. 零件分析与尺寸计算

1) 结构分析

该零件加工要求是铣削零件的外轮廓，并保证工件轮廓尺寸公差为 $\phi 84_{-0.06}^{0}$ mm，台阶高度为 $5_{-0.1}^{0}$，应考虑加工工艺的顺序、编程指令、切削用量等问题。

2) 工艺分析

经过以上分析，可知用 $\phi 16$ 高速钢立铣刀分粗、精加工即可，粗精加工采用同一个程序，粗加时通过刀具半径补偿功能保留 0.2mm 的精加工余量。

3) 定位及装夹分析

考虑到工件只是简单的轮廓加工,可将方料直接装夹在平口钳上,一次装夹完成所有加工内容。在工件装夹的夹紧过程中,既要防止工件的转动、变形和夹伤,又要防止工件在加工中松动。

3. 工艺卡片

有关加工顺序、工步内容、夹具、刀具、量具检具、切削用量等工艺问题,详见表 4-1 和表 4-2 所示的工艺卡片。

表4-1 零件外轮廓加工刀具调整卡

刀具调整卡							
零件名称	零件外轮廓加工工件		零件图号				
设备名称	数控铣床		设备型号	VMC850	程序号		
材料名称及牌号	LY12		工序名称	零件外轮廓加工件	工序号		5
序号	刀具编号	刀具名称	刀具材料及牌号	刀具参数		刀补地址	
				直径	长度	直径	长度
1	T1	寻边器	高速钢	$\phi 10$			
2	T2	立铣刀	高速钢	$\phi 16$	30	D2	H2

表4-2 零件外轮廓加工数控加工工序卡

数控加工工序卡					
零件名称	零件外轮廓加工件	零件图号		夹具名称	平口钳
设备名称及型号	数控铣VMC850				
材料名称及牌号	LY12 || 工序名称	圆台加工	工序号	5

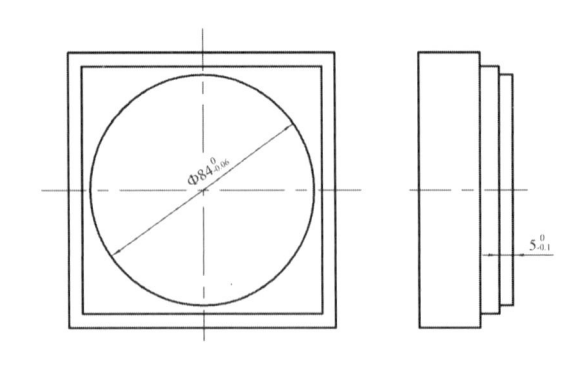

(续表)

工步号	工步内容	切削用量				刀具		量具
		V_f	n	F	A_p	编号	名称	名称
1	粗加工圆台		1000	100	4.8	T2	立铣刀	千分尺
2	精加工圆台		2000	150	0.2	T2	立铣刀	千分尺

4. 参考程序

工件坐标系原点选定在工件上表面的中心位置，其加工程序见表 4-3。

表4-3 台阶面铣削加工程序

程序段号	铣圆台程序	程序说明
	%	程序传输开始代码
	O1000;	程序名
N10	G94 G90 G54 G40 G21 G17;	机床初始参数设置：每分钟进给、绝对编程、工件坐标、刀补取消、毫米单位、XY 平面
N20	G00 Z200.0;	刀具快速抬到安全高度
N30	X0 Y0;	刀具移动到工件坐标原点(判断刀具 X、Y 位置是否正确)
N40	S2000 M03;	主轴正转 2000 r/min
N50	X-60.0 Y0;	刀具快速进刀到圆台轮廓切削起点
N60	Z3.0;	刀具快速下刀到圆台轮廓加工深度的安全高度
N70	G01 Z-5.0 F150;	刀具切削到圆台轮廓加工深度，进给速度为 150 mm/min
N80	G41 X-54.0 Y-12.0 D2;	建立左刀具半径补偿功能，走圆弧进刀到圆弧起点处
N90	G03 X-42.0 Y0 R12.0;	走圆台轮廓圆弧进刀到圆弧终点处
N100	G02 I42.0;	走圆台轮廓整圆加工指令
N110	G03 X-54.0 Y12.0 R12.0;	刀具沿圆弧退刀
N120	G00 Z200.0;	刀具快速退刀到安全高度
N130	G40 X-60.0 Y0;	取消刀具半径补偿功能
N140	X0 Y0;	工件快速移动到起刀点
N150	M05;	主轴停转
N160	M30;	程序结束，程序运行光标回到程序开始处
N170	%	程序传输结束代码

任务评价

本任务评价表见表 4-4。

表4-4　铣削台阶面任务评价表

序号	考核项目	考核内容	分值	评分标准	学生自评	教师评分
1	安全文明生产	符合安全文明生产和数控实训车间安全操作的有关规定	20	违反安全操作的有关规定不得分		
2	任务实施计划	任务实施过程中，有计划地进行	5	完成计划得5分，计划不完整得0~4分		
3	工艺规划	合理的工艺路线、合理区分粗精加工	10	工艺合理得5~10分；不合理或部分不合理得0~4分		
4	程序编制	完整和合理的程序逻辑	15	程序完整、合理得10~15分；不完整或不合理得0~9分		
5	工件质量评分	圆台面精度	50	满足得50分，不满足得0分		

任务二　内轮廓铣削加工

知识目标

1. 掌握内轮廓的加工方法；
2. 掌握刀具长度补偿功能的作用；
3. 掌握内轮廓加工路线的确定方法。

能力目标

1. 能够合理确定内轮廓的加工方法；
2. 能够正确选择刀具长度补偿指令；
3. 能够运用刀具长度补偿指令解决实际编程问题。

素养目标

1. 具有团队合作意识；
2. 具有严谨认真和精益求精的职业素养。

任务分析

加工如图 4-15 所示工件,毛坯为 100mm×100mm×35mm 的硬铝(沿用项目四任务一完成的零件),试编写其数控铣床加工程序并进行加工。

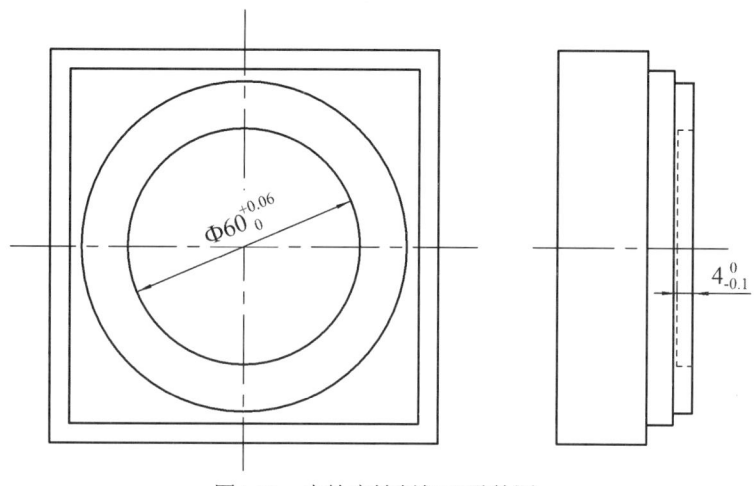

图4-15 内轮廓铣削加工零件图

知识链接

一、内轮廓加工工艺

1. 加工方法的选择

内轮廓加工通常是在实体上加工,型腔有一定的深度,需正确选择刀具和进刀方式。常用的内轮廓加工 Z 向进刀方式如图 4-16 所示。

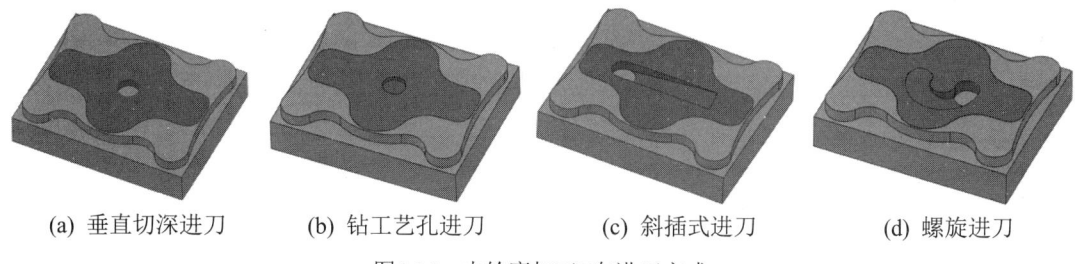

(a) 垂直切深进刀　　(b) 钻工艺孔进刀　　(c) 斜插式进刀　　(d) 螺旋进刀

图4-16 内轮廓加工Z向进刀方式

1) 垂直切深进刀

小面积切削或零件加工精度要求不高时,一般采用键槽铣刀垂直进刀,并进行型腔切削。这种方法进刀速度不能过快,否则会引起震动,并损坏切削刃。

2) 在工艺孔中进刀

宽度大、深切削和零件加工精度要求较高时,一般先采用钻头(或键槽铣刀)垂直进刀,预钻落刀工艺孔后，再换立铣刀加工型腔。这种方法需增加一把刀具，也增加换刀时间。

3) 三轴联动斜插式进刀

采用立铣刀加工内轮廓时，也可直接用立铣刀采用三轴联动斜插式进刀，从而避免刀具中心部分参加切削。但这种进刀方式无法实现 Z 向进给与轮廓加工的平滑过渡，容易产生加工痕迹。这种进刀方式的指令如下：

G01 X20.0 Y25.0 Z0；(定位至起刀点)
X‐20.0 Z‐8.0；(斜直线进刀)

4) 三轴联动螺旋进刀

采用三轴联动的另一种进刀方式是螺旋线进刀(图 4-17)方式。这种进刀方式容易实现 Z 向进刀与轮廓加工的自然平滑过渡，不会产生加工过程中的刀具接痕。因此，在手工编程和自动编程的内轮廓铣削中广泛使用这种进刀方式。

其指令格式如下：

G02/G03 XYZR；(非整圆加工的螺旋线指令)
G02/G03 XYZIJK；(整圆加工的螺旋线指令)

其中，XYZ——螺旋线的终点坐标；
R——螺旋线的半径；
IJK——螺旋线起点到圆心的矢量值。

图4-17 螺旋进刀的刀具轨迹

2. 进给路线的选择

内轮廓的型腔进给有三种方法：行切法(图 4-18a)、环切法(图 4-18b)、行切+环切法(图 4-18c)。从进给路线的长短看，行切法要优于环切法；但对于小面积型腔，环切法要优于行切法；行切+环切法是先用行切法，最后用环切法环切一刀光整轮廓表面，这种方法对于大面积型腔效果较好。

为保证零件的加工精度，型腔精加工时，尽可能采用顺铣方式。

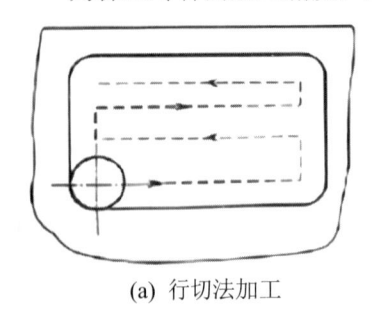

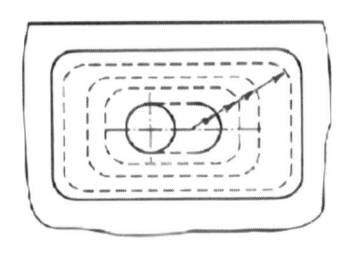

(a) 行切法加工　　(b) 环切法加工　　(c) 行切+环切法加工

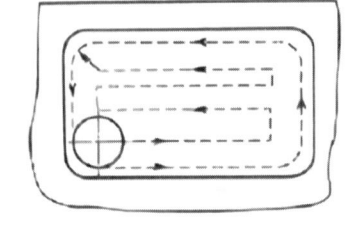

图4-18 型腔的进给路线

3. 切入切出点的选择

铣削内轮廓时，若内轮廓曲线允许外延，则应沿切线方向切入切出。若内轮廓曲线不允许外延(图 4-19)，则刀具只能沿内轮廓曲线的法向切入切出，并将其切入、切出点选在零件轮廓两几何元素的交点处。

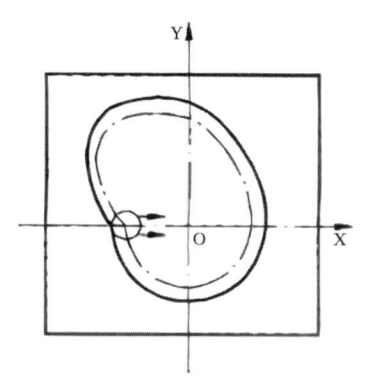

图4-19 内轮廓曲线的切入切出

当内部几何元素相切无交点时(图 4-20)，为防止刀补取消时在轮廓拐角处留下凹口，刀具切入切出点应远离拐角。

铣削内圆弧时，要安排切入、切出过渡圆弧(图 4-21)，刀具从切线进入圆周铣削加工，当整圆加工完毕后，沿切线方向切出。

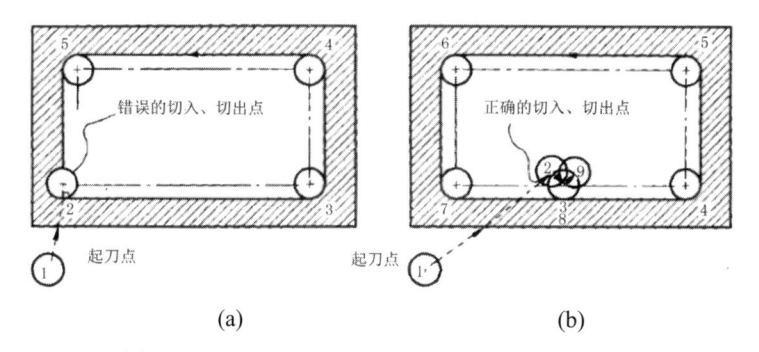

图4-20 无交点内轮廓加工刀具的切入和切出

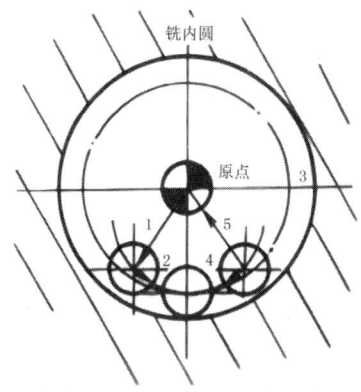

图4-21 铣削内孔进给路线

4．铣刀直径的选择

(1) 内圆角的大小决定着刀具直径大小，所以内圆角半径不应太小。

对于图 4-22 所示零件，其结构工艺性的好坏与被加工轮廓的高低转角半径的大小等因素有关。图(b)与图(a)相比转角圆弧半径大，可以采用较大直径立铣刀来加工。加工平面时，进给次数也相应减少，表面加工质量也会好一些，因而其工艺性较好。通常 $R<0.2H$ 时可以判定零件该部位的工艺性不佳。

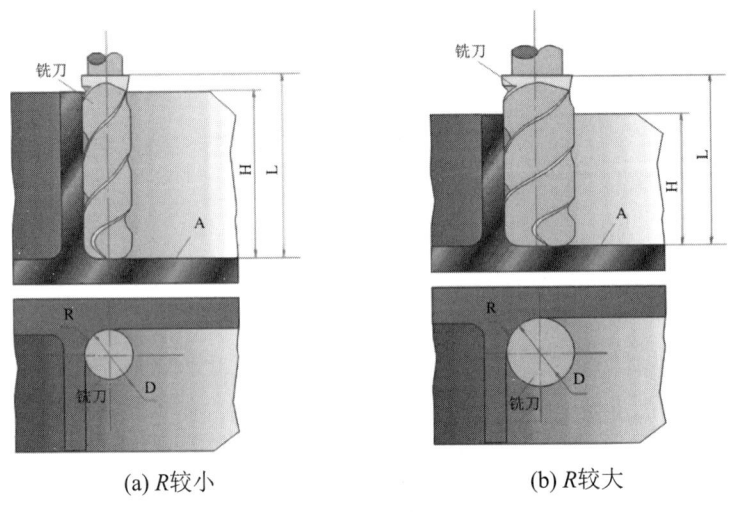

(a) R较小   (b) R较大

图4-22　圆角R

(2) 零件铣底平面时，圆角半径 r 不能过大。

如图 4-23 所示，铣刀端面刃与铣削平面的最大接触直径 $d=D-2r$（D 为铣刀直径）。当 D 一定时，r 越大，铣刀端面刃铣削平面面积越小，加工平面的能力就越差，效率越低，工艺性也越差。当 r 大到一定程度时，甚至必须用球头铣刀加工，便应尽量避免。

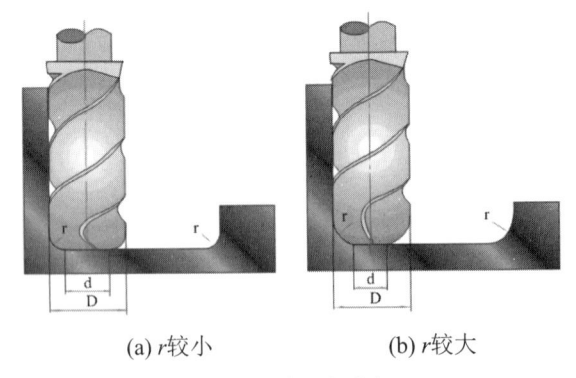

(a) r较小   (b) r较大

图4-23　槽底圆角半径r

二、刀具长度补偿指令

刀具长度补偿指令是用来补偿假定的刀具长度与实际的刀具长度之间的差值的指令。系统规定所有的轴都可采用刀具长度补偿,但同时规定刀具长度补偿只能加在其中的一个轴上,要对补偿轴进行切换,必须先取消前面轴的刀具长度补偿。

1. 刀具长度补偿指令

1) 指令格式

  G43 H；(刀具长度补偿"+")
  G44 H；(刀具长度补偿"-")
  G49；或 H00；(取消刀具长度补偿)

刀具长度补偿视频

H 用于指令偏置存储器的偏置号。在地址 H 所对应的偏置存储器中存入相应的偏置值,执行刀具长度补偿指令时,系统首先根据偏移方向指令将指令要求的移动量与偏置存储器中的偏置值作相应的"+"(G43)或"-"(G44)运算,计算出刀具的实际移动值,然后指令刀具作相应的运动。

2) 指令说明

G43、G44 为模态指令,可以在程序中保持连续有效。G43、G44 的撤销可以使用 G49 指令或选择 H00("刀具偏置值"H00 规定为 0)进行。在实际编程中,为避免产生混淆,通常采用 G43 而非 G44 的指令格式进行刀具长度补偿的编程。

3) 编程示例

如图 4-24 所示,假定的标准刀具长度为 0,理论移动距离为 -100。采用 G43 指令进行编程,计算刀具从当前位置移动至工件表面的实际移动量(已知 H01 中的偏置值为 20.0,H02 中的偏置值为 60.0,H03 中的偏置值为 40.0)。

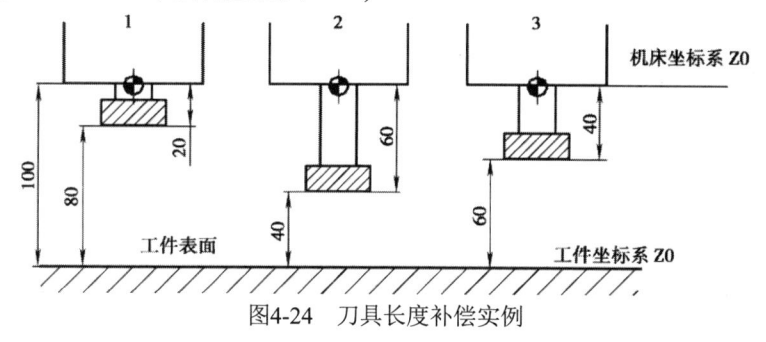

图4-24 刀具长度补偿实例

刀具长度补偿实例

刀具 1：

  G43 G01 Z0 H01 F100；

刀具的实际移动量= -100+20= -80,即刀具向下移 80mm。

刀具 2：

  G43 G01 Z0 H02 F100；

刀具的实际移动量= -100+60= -40,即刀具向下移 40mm。

刀具 3：

如果采用 G44 编程,则输入 H03 中的偏置值应为 -40.0,其编程指令及对应的刀具实际

移动量如下：

    G44 G01 Z0 H03 F100；

2. 刀具长度补偿的应用

1) 将 Z 向对刀值设为刀具长度

对于立式加工中心，刀具长度补偿常被辅助用于工件坐标系零点偏置的设定。即用 G54 设定工件坐标系时，仅在 X、Y 方向偏置坐标原点的位置，而 Z 方向不偏置，Z 方向刀位点与工件坐标系 Z0 平面之间的差值全部通过刀具长度补偿值来解决。

如图 4-25 所示，假设用一标准刀具进行对刀，该刀具的长度等于机床坐标系原点与工件坐标原点之间的距离值。对刀后采用 G54 设定工件坐标系，则 Z 向偏置值设定为如图 4-26 所示的"0"。

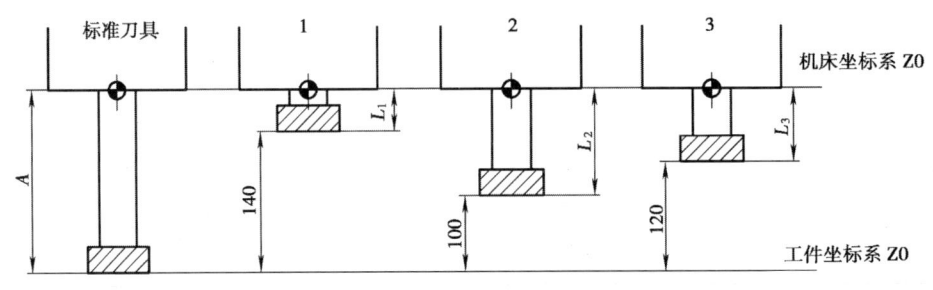

图4-25　刀具长度补偿的应用

图4-26　G54工件坐标系参数的设定

1号刀具对刀时，将刀具的刀位点移动到工件坐标系的 Z0 处，则刀具 Z 向移动量为 -140，机床坐标系中显示的 Z 坐标值也为 -140，将此时机床坐标系中的 Z 坐标值直接输入相对应的刀具长度偏置存储器中，如图 4-27 所示。这样，1 号刀具相对应的偏置存储器 H01 中的值为 -140.0。采用同样的方法，设定在 H02 中的值为 -100.0，设定在 H03 中的值为 -120.0。采用这种方法对刀的刀具移动编程指令如下，其刀具长度补偿参数的设定如图 4-27 所示。

    G90 G54 G49 G94；

    G43 G00 ZHF100 M03 S；

    …

    G49 G91 G28 Z0；

    …

```
WORK COORDINATES        O0001 N0000
OFFSET
NO. GEOM(H)  WEAR(H)  GEOM(D)  WEAR(D)
001  -140.0   0.000    0.000    0.000
002  -100.0   0.000    0.000    0.000
003  -130.0   0.000    0.000    0.000
004   0.000   0.000    0.000    0.000
005   0.000   0.000    0.000    0.000
006   0.000   0.000    0.000    0.000
007   0.000   0.000    0.000    0.000
008   0.000   0.000    0.000    0.000

[OFFSET] [SETING] [WORK] [  ] [OPRT]
```

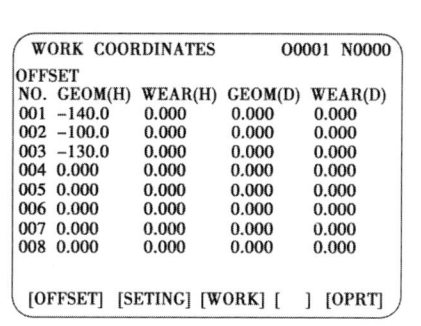

图4-27　刀具长度补偿参数的设定

2) 机外对刀后的设定

当采用机外对刀时，通常选择其中的一把刀具作为标准刀具，也可将所选择的标准刀具的长度设为"0"，再将图 4-28 中测得的机械坐标 A 值(通常为负值)输入 G54 的 Z 偏置存储器中，而将不同的刀具长度(如图 4-28 中的 $L1$、$L2$ 和 $L3$)输入对应的刀具长度补偿存储器中。

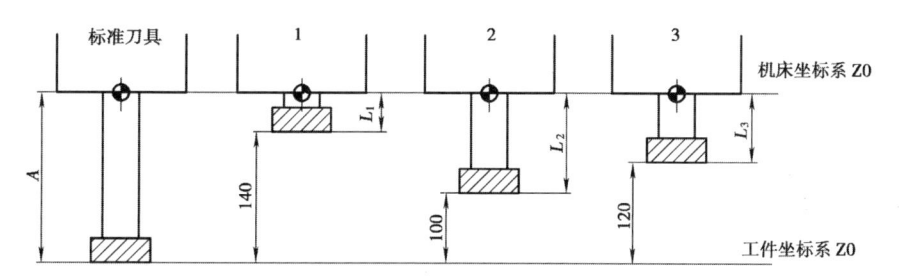

图4-28　刀具长度补偿的应用

另外，也可以把 1 号刀具作为标准刀具，则以 1 号刀具对刀后在"G54"存储器中设定的 Z 坐标值为 -140.0。设定在刀具长度偏置存储器中的值依次为 H01=0，H02=40，H03=20。

§ 职业素养 §

大国工匠之贺满强，90 后的他用心铸就梦想，匠心点亮人生，年纪轻轻就荣获"全国技术能手"称号，数控机床是他手中的"尚方宝剑"，机床的性能被他发挥到极致，无数产品的"骨骼"被他"精雕细琢"，完成多项急、难、险、重的任务。大国工匠人才辈出，但工匠精神无非就是精雕细琢、精益求精、追求极致。作为学生在今后的学习中应该积极发扬工匠精神，认真钻研技术方法，创新技术技能，推动技术进步和社会发展。

任务实施

1. 读图确定零件特征

(1) 对图样要有全面的认识，尺寸与各种公差符号要清楚。

(2) 分析毛坯材料为硬铝，规格为项目四任务一完成的零件，如图 4-29 所示。

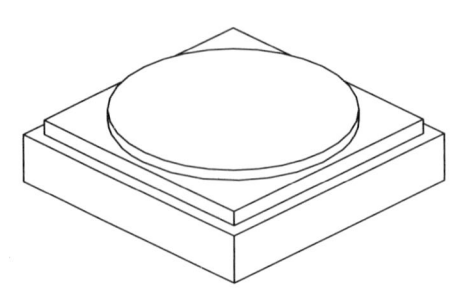

图4-29 上一个任务完成的零件

2. 零件分析与尺寸计算

1) 结构分析

由于该零件的加工要求是铣削零件的凹圆槽,并保证工件轮廓尺寸公差为 $\varphi60_{0}^{+0.06}$,凹圆槽深度为 $4_{-0.1}^{0}$,应考虑加工工艺的顺序、编程指令、切削用量等问题。

2) 工艺分析

经过以上分析,可用 $\phi16$ 高速钢立铣刀分粗、精加工,粗精加工采用同一个程序,粗加工时通过刀具半径补偿功能保留 0.2mm 的精加工余量。

3) 定位及装夹分析

考虑到工件只是简单的轮廓加工,可将方料直接装夹在平口钳上,一次装夹完成所有加工内容。在工件装夹的夹紧过程中,既要防止工件的转动、变形和夹伤,又要防止工件在加工中松动。

3. 工艺卡片

有关加工顺序、工步内容、夹具、刀具、量具检具、切削用量等工艺问题,详见表 4-5 和表 4-6 所示的工艺卡片。

表4-5 凹圆槽加工刀具调整卡

刀具调整卡							
零件名称		凹圆槽加工件		零件图号			
设备名称		数控铣床	设备型号	VMC850		程序号	
材料名称及牌号			LY12	工序名称	凹圆槽铣削	工序号	6
序号	刀具编号	刀具名称		刀具材料及牌号	刀具参数		刀补地址	
^	^	^ || ^	直径	长度	直径	长度
1	T1	寻边器 || 高速钢	$\phi10$			
2	T2	立铣刀 || 高速钢	$\phi16$	30	D2	H2

表4-6 凹圆槽加工数控加工工序卡

数控加工工序卡

零件名称	凹圆槽加工件	零件图号		夹具名称		平口钳
设备名称及型号		数控铣VMC850				
材料名称及牌号		LY12	工序名称	凹圆槽	工序号	6

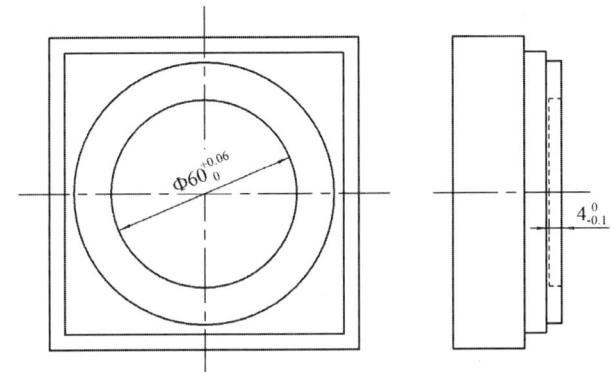

工步号	工步内容	切削用量				刀具		量具名称
		V_f	n	F	A_p	编号	名称	
1	粗铣凹圆槽		1000	100	3.8	T2	立铣刀	带表游标卡尺
2	精铣凹圆槽		2000	150	0.2	T2	立铣刀	带表游标卡尺

4. 参考程序

工件坐标系原点选在工件上表面的中心位置,其加工程序见表4-7。

表4-7 凹圆槽铣削加工程序

程序段号	铣圆台程序	程序说明
	%	程序传输开始代码
	O1000;	程序名
N10	G94 G90 G54 G40 G21 G17;	机床初始参数设置:每分钟进给、绝对编程、工件坐标、刀补取消、毫米单位、XY平面
N20	G00 Z200.0;	刀具快速抬到安全高度
N30	X0 Y0;	刀具移动到工件坐标原点(判断刀具X、Y位置是否正确)
N40	S2000 M03;	主轴正转 2000 r/min
N50	X-7.0 Y0;	刀具快速进刀到凹圆槽轮廓螺旋下刀切削起点
N60	Z3.0;	刀具快速下刀到凹圆槽轮廓加工深度的安全高度
N70	G01 Z0 F100;	刀具切削到凹圆槽轮廓加工上表面,进给速度为100 mm/min

(续表)

程序段号	铣圆台程序	程序说明
N80	G03 I7.0 Z-2.0 F200;	走凹圆槽轮廓螺旋下刀加工指令，切削进给速度为 200 mm/min
N90	G03 I7.0 Z-4.0;	走凹圆槽轮廓螺旋下刀加工指令
N100	G03 I7.0;	走凹圆槽轮廓螺旋下刀底面光平加工指令
N110	G01 G41 X-30.0 D2;	建立左刀具半径补偿功能，走直线进刀到凹圆槽轮廓起点
N120	G03 I30.0;	走凹圆槽轮廓整圆加工指令
N130	G00 Z200.0;	刀具快速退刀到安全高度
N140	G40 X0 Y0;	取消刀具半径补偿功能
N150	M05;	主轴停转
N160	M30;	程序结束，程序运行光标回到程序开始处
N170	%	程序传输结束代码

任务评价

本任务评价表见表 4-8。

表4-8　内轮廓铣削加工任务评价表

序号	考核项目	考核内容	分值	评分标准	学生自评	教师评分
1	安全文明生产	符合安全文明生产和数控实训车间安全操作的有关规定	20	违反安全操作的有关规定不得分		
2	任务实施计划	任务实施过程中，有计划地进行	5	完成计划得 5 分，计划不完整得 0~4 分		
3	工艺规划	合理的工艺路线、合理区分粗精加工	10	工艺合理得 5~10 分；不合理或部分不合理得 0~4 分		
4	程序编制	完整和合理的程序逻辑	15	程序完整、合理得 10~15 分；不完整或不合理得 0~9 分		
5	工件质量评分	凹圆槽精度	50	满足得 50 分，不满足得 0 分		

任务三　子程序加工实例

知识目标

1. 了解子程序的基本概念；
2. 掌握子程序编程指令及用法；
3. 掌握分层切削的编程与加工方法；
4. 掌握相同轮廓的编程与加工方法。

能力目标

1. 能够正确使用子程序调用格式；
2. 能够正确编写零件子程序；
3. 能够熟练运用子程序指令解决实际编程问题。

素养目标

1. 具有团队合作意识；
2. 具有严谨认真和精益求精的职业素养。

任务分析

加工如图4-30所示的工件，毛坯为100mm×100mm×35mm的硬铝(沿用项目四任务二完成的零件)，试编写其数控铣床加工程序并进行加工。

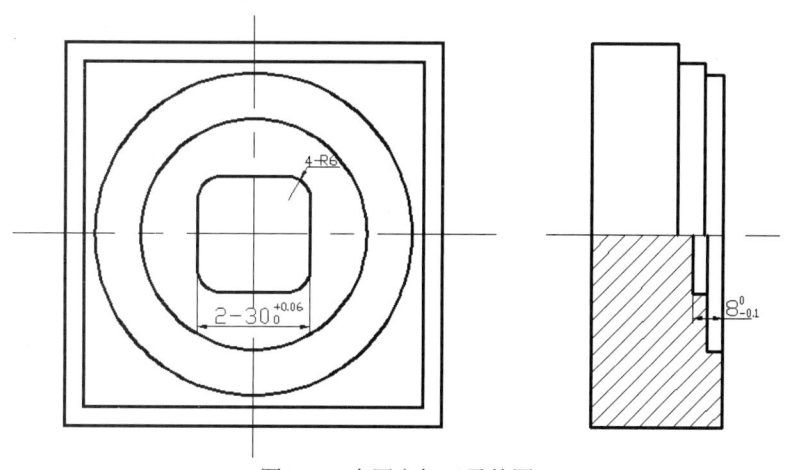

图4-30　内四方加工零件图

知识链接

一、数控铣削编程中的子程序

1. 子程序的定义

在编制加工程序时,有时会遇到一组程序段在一个程序中多次出现,或在几个程序中都要使用,这个典型的加工程序可以保存为固定程序,并单独命名,这组程序段就被称为子程序。

子程序不能单独使用,它只能通过主程序调用,实现加工中的局部动作。子程序结束后,能自动返回到调用的主程序中。

2. 子程序的格式

子程序的格式与主程序的格式相似,包括程序名、程序段、程序结束指令,所不同的是程序结束指令不同,主程序用 M02 或 M30,子程序用 M99。

子程序格式如下:

O0003;

G91 G01 Z-2.0 F100;

……

G01 X20.0 Y30.0;

M99;

子程序微课

3. 子程序的调用

在 FANUC 系统中,子程序的调用格式有两种。

指令格式一: M98 P×××× L××××

地址 P 后面的四位数字为子程序名,地址 L 后的数字表示重复调用的次数,当只调用一次时,L 可省略不写。

例:M98 P1234 L5 表示调用子程序"O1234"共 5 次。

指令格式二: M98 P×××× ××××

地址 P 后面的八位数字中,前四位表示调用次数,后四位表示子程序名,采用这种调用格式时,调用次数前的 0 可以省略,但子程序名前的 0 不能省略。

例:M98 P41976 表示调用子程序"O1976"4 次。

4. 子程序嵌套

为进一步简化程序,可以让子程序调用另一个子程序,这一功能称为子程序的嵌套。系统不同,其子程序的嵌套级数也不相同,最多可以实现 99 级嵌套。其执行过程如图 4-31 所示。

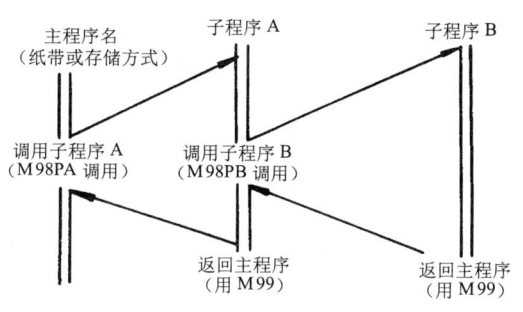

图4-31 子程序的嵌套

二、子程序的应用

1. 实现零件的分层切削

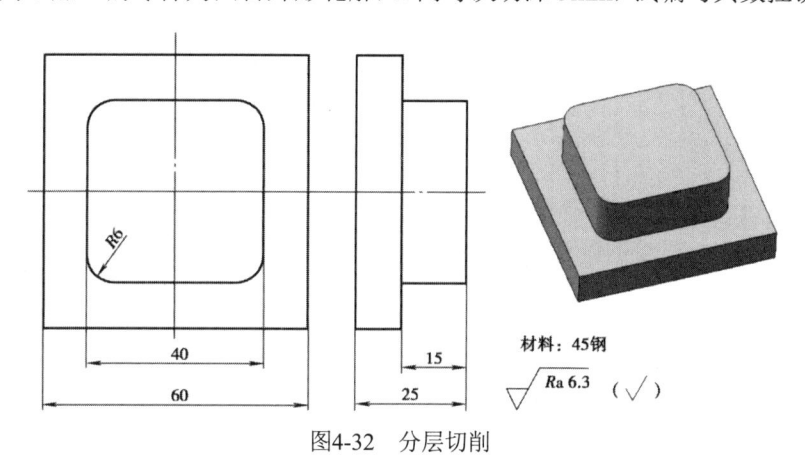

当零件在 Z 方向上的总铣削深度比较大时,需采用分层切削方式进行加工。实际编程时先编写该轮廓加工的刀具轨迹子程序,然后通过子程序调用方式来实现分层切削。如图 4-32 所示,加工的零件为凸台外形轮廓,Z 向每次切深 5mm,试编写其数控铣加工程序。

图4-32 分层切削

O0080;(主程序)
G90 G94 G21 G40 G17 G54;
G91 G28 Z0;
M03 S600 ;
G90 G00 X－40.0 Y－40.0;
Z20.0 M08;
G01 Z0 F100;(刀具 Z 向定位)
M98 P10 L3;(调用子程序三次)
G90 G00 Z50.0 M09;
M30;
O10;(子程序)

G91 G01 Z‐5.0；（增量进给5mm）

G90 G41 G01 X‐20.0 D01；（注意模式的转换）

Y14.0；

G02 X‐14.0 Y20.0 R6.0；

G01 X14.0；

G02 X20.0 Y14.0 R6.0；

G01Y‐14.0；

G02 X14.0 Y‐20.0 R6.0；

G01 X‐14.0；

G02 X‐20.0 Y‐14.0 R6.0；

G40 G01 X‐40.0 Y‐40.0；

M99；

2. 同平面内多个相同轮廓工件的加工

在数控编程时，只编写其中一个轮廓的加工程序，然后用主程序调用。如图4-33所示，加工六个相同外形轮廓，试采用子程序编程方式编写其数控铣加工程序。

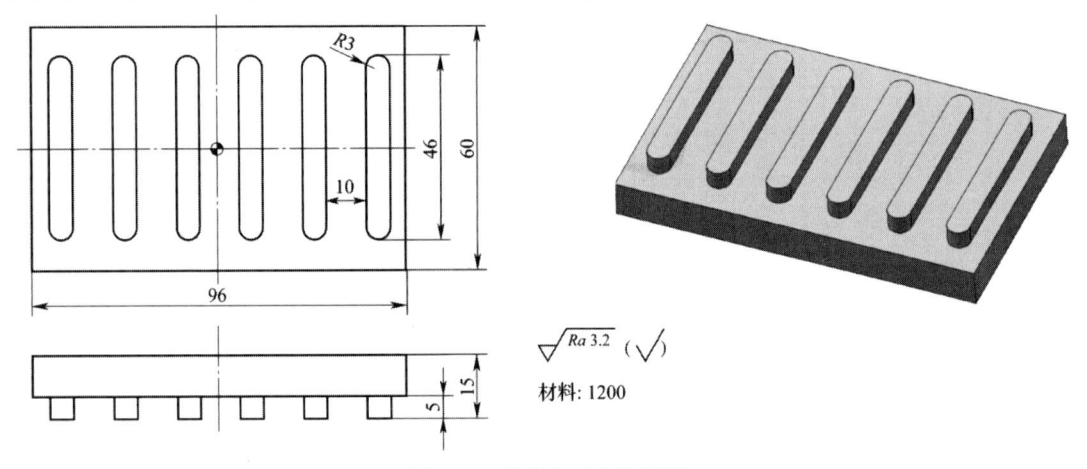

图4-33 子程序的多次调用

O0020；（主程序）

G90 G94 G21 G40 G17 G54；

G91 G28 Z0；

M03 S800 ；

G90 G00 X‐48.0 Y‐40.0；

Z10.0 M08 ；

G01 Z‐5.0 F100；

M98 P201 L6；（调用子程序6次）

G00 Z50.0；

M05 M09；

M30；

O0201；(子程序)

G91 G41 G01 X5.0 D01；(在子程序中编写刀具半径补偿)

Y60.0；

G02 X6.0 R3.0；

G01 Y‐40.0；

G02 X‐6.0 R3.0；

G40 G01 X‐5.0 Y‐20.0；(刀具半径补偿不能被分支)

G01 X16.0；(移动到下一个轮廓起点)

M99；

三、使用子程序注意事项

1. 注意主程序与子程序间模式代码的变换

子程序采用 G91 模式，返回主程序时应注意及时进行 G90 与 G91 模式的变换。如下所示：

O1234；(主程序)	O1111；(子程序)
G90 G54； (G90 模式)	G91……；
M98 P1111；(G91 模式)	……；
……	M99；
G90……；(G90 模式)	
M30；	

2. 在半径补偿模式中的程序不能被分支

即在主程序中加刀补，必须在主程序中取消刀补，在子程序中加刀补就必须在子程序中取消刀补，否则系统会出现程序报警。如下所示：

程序一：O1234；(主程序)	O1111；(子程序)
G90 G54；	G91……；
G41……；	……；
M98 P1111；	M99；
……	
G90……；	
G40……；	
M30；	

程序二：O1234；(主程序)

　　　　G90 G54；

　　　　……；

　　　　M98 P1111；

```
          G90……；
          M30；
O1111；(子程序)
          G91……；
          G41……；
          ……；
          G40……；
          M99；
```

任务实施

1. 读图确定零件特征

(1) 对图样要有全面的认识，尺寸与各种公差符号要清楚。

(2) 分析毛坯材料为硬铝，规格为项目四任务二完成的零件，如图4-34所示。

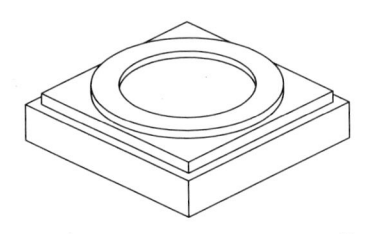

图4-34 上一个任务完成的零件

2. 零件分析与尺寸计算

1) 结构分析

对该零件的加工要求是铣削零件的内轮廓，并保证工件轮廓尺寸公差为$30_{0}^{+0.06}$，内四方深度为$8_{-0.1}^{0}$，应考虑加工工艺的顺序、编程指令、切削用量等问题。

2) 工艺分析

经过以上分析，可用$\phi 10$高速钢键槽铣刀分粗、精加工直接铣出工件轮廓，粗加工留余量0.2 mm。

3) 定位及装夹分析

考虑到工件只是简单的内四方加工，可将方料直接装夹在平口钳上，一次装夹完成所有加工内容。在工件装夹的夹紧过程中，既要防止工件的转动、变形和夹伤，又要防止工件在加工中松动。

3. 工艺卡片

有关加工顺序、工步内容、夹具、刀具、量具检具、切削用量、冷却润滑液等工艺问题，详见表4-9和表4-10所示的工艺卡片。

表4-9　内四方加工刀具调整卡

刀具调整卡								
零件名称	内四方槽加工件 || 零件图号						
设备名称	数控铣床		设备型号	VMC850		程序号		
材料名称及牌号	LY12	硬度	25	工序名称		内四方铣削	工序号	7
序号	刀具编号	刀具名称		刀具材料及牌号		刀具参数		刀补地址	
^	^	^		^		直径	长度	直径	长度
1	T1	寻边器		高速钢		$\phi10$			
2	T2	键槽铣刀		高速钢		$\phi10$	20	D02	

表4-10　内四方加工数控加工工序卡

数控加工工序卡						
零件名称	内四方槽加工件		零件图号		夹具名称	平口钳
设备名称及型号	数控铣VMC850					
材料名称及牌号	LY12		工序名称	内四方铣削		工序号	7

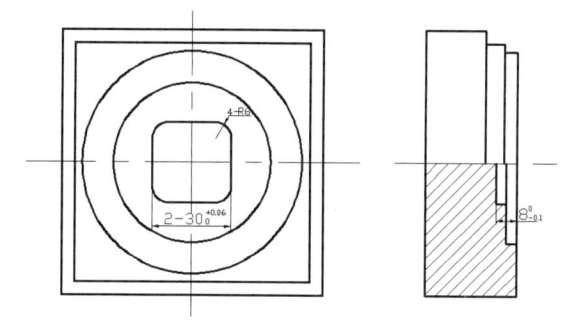

工步号	工步内容	切削用量			刀具		量具名称
^	^	V_f	n	F	A_p	编号	名称	^
1	粗加工内四方槽		1000	100		T2	立铣刀	带表游标卡尺
2	精加工内四方槽		2000	150		T2	立铣刀	带表游标卡尺

4. 参考程序

工件坐标系原点选在工件上表面的中心位置，其加工程序见表4-11。

表4-11 编制内四方加工程序

程序段号	加工程序	程序说明
	%	程序传输开始代码
	O1000;	程序名
N10	G94 G90 G54 G40 G21 G17;	机床初始参数设置：每分钟进给、绝对编程、工件坐标、刀补取消、毫米单位、XY平面
N20	G00 Z200.0;	刀具快速抬到安全高度
N30	X0 Y0;	刀具移动到工件坐标原点(判断刀具X、Y位置是否正确)
N40	M03 S1000;	主轴正转1000r/min
N50	Z30.0 M08;	刀具快速进刀到内四方槽轮廓切削起点
N60	G01 Z0 F100;	刀具移动到内四方槽轮廓加工上表面，进给速度为100mm/min
N70	M98 P41010;	调用子程序
N80	G00 Z200.0;	刀具快速退刀到安全高度
N90	M05;	主轴停转
N100	M30;	程序结束，程序运行光标回到程序开始处
N110	%	程序传输结束代码
	O1010;	内四方槽子程序
N10	G91 G01 Z-2.0 F50;	刀具切削到内四方槽轮廓加工深度，进给速度为50mm/min
N20	G90 X-5.0;	走内四方槽轮廓多余材料整圆轮廓起点
N30	G03 I5.0 F150;	走内四方槽轮廓多余材料整圆加工指令，进给速度为150mm/min
N40	G41G01 Y10.0 D02;	建立刀具半径左补偿功能
N50	G03 X-15.0 Y0 R10.0;	刀具沿圆弧切入轮廓
N60	G01 Y-9.0;	走内四方槽轮廓直线
N70	G03 X-9.0 Y-15.0 R6.0;	走内四方槽轮廓圆弧
N80	G01 X9.0;	走内四方槽轮廓直线
N90	G03 X15.0 Y-9.0 R6.0;	走内四方槽轮廓圆弧
N100	G01 Y9.0;	走内四方槽轮廓直线
N110	G03 X9.0 Y15.0 R6.0;	走内四方槽轮廓圆弧
N120	G01 X-9.0;	走内四方槽轮廓直线
N130	G03 X-15.0 Y9.0 R6.0;	走内四方槽轮廓圆弧
N140	G01 Y0;	走内四方槽轮廓直线的终点坐标
N150	G03 X-5.0 Y-10.0 R10.0;	刀具沿圆弧切出轮廓
N160	G40 G01 Y0;	取消刀具半径左补偿功能
N170	X0;	刀具回到切削起点
N180	M99;	子程序结束

任务评价

本任务评价表见表 4-12。

表4-12 子程序加工实例任务评价表

序号	考核项目	考核内容	分值	评分标准	学生自评	教师评分
1	安全文明生产	符合安全文明生产和数控实训车间安全操作的有关规定	20	违反安全操作的有关规定不得分		
2	任务实施计划	任务实施过程中,有计划地进行	5	完成计划得 5 分,计划不完整得 0~4 分		
3	工艺规划	合理的工艺路线、合理区分粗精加工	10	工艺合理得 5~10 分;不合理或部分不合理得 0~4 分		
4	程序编制	完整和合理的程序逻辑	15	程序完整、合理得 10~15 分;不完整或不合理得 0~9 分		
5	工件质量评分	内四方槽精度	50	满足得 50 分,不满足得 0 分		

任务四 轮廓铣削综合实例

知识目标

1. 掌握加工中心自动换刀指令;
2. 掌握综合轮廓的数控编程与加工方法;
3. 掌握零件加工精度和加工表面质量下降的原因。

能力目标

1. 能够正确完成自动换刀的编程与操作;
2. 能够正确编写中等复杂轮廓零件程序;
3. 能够判断零件加工精度和加工表面质量下降的原因。

素养目标

1. 具有团队合作意识;

2. 具有严谨认真和精益求精的职业素养。

任务分析

加工如图 4-35 所示的工件，毛坯为 80mm×80mm×30mm 的硬铝，试编写其数控铣床加工程序并进行加工。

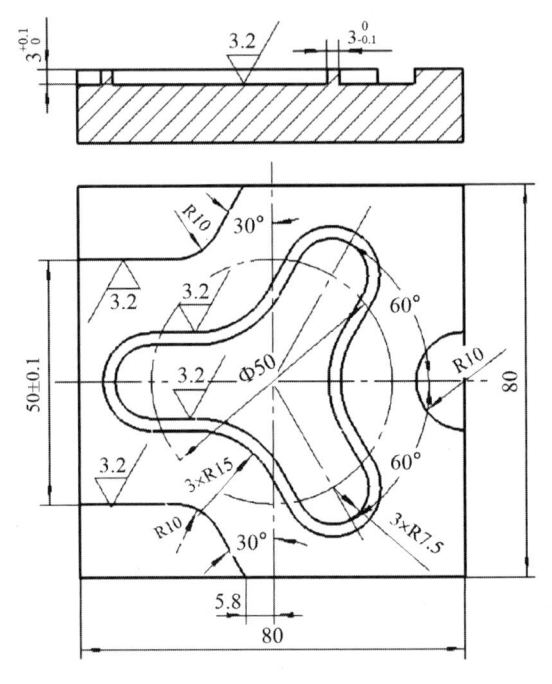

图4-35　轮廓铣削综合实例零件图

知识链接

一、加工中心的自动换刀指令

在零件的加工过程中，有时需要使用几种不同的刀具加工同一种零件。这时，如果为单件生产或较少批量(通常指少于 10 件)生产，则采用手动换刀较为合适；而如果是批量较大的生产，则采用加工中心自动换刀的方式较为合适。

1. 刀具的选择——T××

刀具的选择是指把刀库上指令有刀号的刀具转到换刀的位置，为下次换刀做准备。这一动作的实现，是通过选刀指令——T 功能指令实现的。T 指令后跟的两位数字，是将要更换的刀具地址号。

2. 自动换刀指令——M06

不同的数控系统，其换刀程序不同，通常选刀和换刀分开进行，换刀动作必须在主轴停转条件下进行。换刀完毕启动主轴后，方可执行下面程序段的加工动作，选刀动作可与机床的加工动作重合起来，即利用切削时间进行选刀。因此，换刀 M06 指令必须安排在用新刀具进行加工的程序段之前，而下一个选刀指令 T×× 常紧接安排在这次换刀指令之后。

多数加工中心都规定了"换刀点"位置，即定距换刀，主轴只有走到这个位置，机械手才能执行换刀动作。一般立式加工中心规定换刀点的位置在 Z0 处(即机床 Z 轴零点)，当控制机接到选刀 T 指令后，自动选刀，被选中的刀具处于刀库最下方；接到换刀 M06 指令后，机械手执行换刀动作。因此换刀程序可采用两种方法设计。

方法一：N010 G00 Z0 T02；
　　　　N011 M06；

返回 Z 轴换刀点的同时，刀库将 T02 号刀具选出，然后进行刀具交换，换到主轴上的刀具为 T02，若 Z 轴回零时间小于 T 功能执行时间(即选刀时间)，则 M06 指令等刀库将 T02 号刀具转到最下方位置后才能执行。因此这种方法占用机动时间较长。

方法二：N010 G01 Z……T02
　　　　　?
　　　　N017 G00 Z0 M06
　　　　N018 G01 Z……T03
　　　　　?

N017 程序段换上 N010 程序段选出的 T02 号刀具；在换刀后，紧接着选出下次要用的 T03 号刀具，在 N010 程序段和 N018 程序段执行选刀时，不占用机动时间，所以这种方式较好。

3. 子程序换刀

在加工中心，换刀是不可避免的。但机床出厂时都有一个固定的换刀点，不在换刀位置，便不能够换刀，而且换刀前，刀补和循环都必须取消掉，主轴停止，冷却液关闭。条件繁多，如果每次手动换刀前，都要保证这些条件，不但易出错而且效率低，因此 FANUC 系统中常自带有换刀子程序，子程序号通常为 O8999，其程序内容为：

　　O8999；　　　　(立式加工中心换刀子程序)
　　M05 M09；　　　(主轴停转，切削液关)
　　G80；　　　　　(取消固定循环)
　　G91 G28 Z0；　　(Z 轴返回机床原点)
　　G49 M06；　　　(取消刀具长度补偿，刀具交换)
　　M99；　　　　　(返回主程序)

SIEMENS 系统换刀子程序号通常为 L6，其内容与上述子程序相类似。

采用子程序换刀时，其主程序调用格式为：

　　T06 M98 P8999；

二、加工阶段的划分

为了保证零件的加工质量、生产效率和经济性，通常在安排工艺路线时，将其划分成几个阶段。对于一般精度零件，可划分成粗加工、半精加工和精加工三个阶段。对精度要求高和特别高的零件，还需安排精密加工(含光整加工)和超精密加工阶段。各阶段的主要任务是：

1. 加工阶段的性质

(1) 粗加工阶段主要去除各加工表面的大部分余量，并加工出精基准。

(2) 半精加工阶段减少粗加工阶段留下的误差，使加工面达到一定的精度，为精加工做好准备，并完成一些精度要求不高表面的加工。

(3) 精加工阶段主要是保证零件的尺寸、形状、位置精度及表面粗糙度，这是相当关键的加工阶段。大多数表面至此加工完毕，也为少数需要进行精密加工或光整加工的表面做好准备。

(4) 精密和超精密加工阶段精密和超精密加工采用一些高精度的加工方法，如精密磨削、珩磨、研磨、金刚石车削等，进一步提高表面的尺寸、形状精度，降低表面粗糙度，最终达到图纸的精度要求。

2. 划分加工阶段的原因

(1) 保证加工质量。粗加工时，由于加工余量大，所受的切削力、夹紧力也大，将引起较大的变形，如果不划分阶段连续进行粗精加工，上述变形来不及恢复，将影响加工精度。所以，需要划分加工阶段，使粗加工产生的误差和变形，通过半精加工和精加工予以纠正，并逐步提高零件的精度和表面质量。

(2) 合理使用设备。粗加工要求采用刚性好、效率高而精度较低的机床，精加工则要求机床精度高。划分加工阶段后，可避免以精干粗，可以充分发挥机床的性能，延长使用寿命。

(3) 便于安排热处理工序，使冷热加工工序配合得更好。粗加工后，一般要安排去应力的时效处理，以消除内应力。精加工前要安排淬火等最终热处理，其变形可以通过精加工予以消除。

(4) 有利于及早发现毛坯的缺陷(如铸件的砂眼气孔等)。粗加工时去除了加工表面的大部分余量，若发现毛坯缺陷，应及时予以报废，以免继续加工造成工时的浪费。

三、加工工序的安排

1. 加工工序的安排原则

在安排加工顺序时一般应遵循以下原则：

(1) 先基准面后其他。指应首先安排被选作精基准的表面的加工，再以加工出的精基准为定位基准，安排其他表面的加工。该原则还有另外一层意思，即精加工前应先修一下精基准。例如，精度要求高的轴类零件，第一道加工工序就是以外圆面为粗基准加工两端面及顶尖孔，再以顶尖孔定位完成各表面的粗加工；精加工开始前首先要修整顶尖孔，以提高轴在精加工时的定位精度,然后再安排各外圆面的精加工。

(2) 先粗后精。指先安排各表面粗加工,后安排精加工。

(3) 先主后次表面。一般指零件上的设计基准面和重要工作面。这些表面是决定零件质量的主要因素,对其进行加工是工艺过程的主要内容,因而在确定加工顺序时,要首先考虑加工主要表面的工序安排,以保证主要表面的加工精度。在安排好主要表面加工顺序后,常常从加工的方便与经济角度出发,安排次要表面的加工。此外,次要表面和主要表面之间往往有相互位置要求,常常要求在主要表面加工后,以主要表面定位进行加工。

(4) 先面后孔。主要是指箱体和支架类零件的加工而言。一般这类零件上既有平面,又有孔或孔系,这时应先将平面(通常是装配基准)加工出来,再以平面为基准加工孔或孔系。此外,在毛坯面上钻孔或镗孔,容易使钻头引偏或打刀。此时也应先加工面,再加工孔,以避免上述情况的发生。

2. 热处理和表面处理工序的安排

(1) 为改善材料切削性能而进行的热处理工序(如退火、正火等),应安排在切削加工之前进行。

(2) 为消除内应力而进行的热处理工序(如退火、人工时效等),最好安排在粗加工之后,精加工之前;有时也可安排在切削加工之前进行。

(3) 为改善工件材料的力学物理性质而进行的热处理工序(如调质、淬火等)通常安排在粗加工后、精加工前进行。其中渗碳淬火一般安排在切削加工后,磨削加工前进行。而表面淬火和渗氮等变形小的热处理工序,允许安排在精加工后进行。

(4) 为了提高零件表面耐磨性或耐蚀性而进行的热处理工序以及以装饰为目的的热处理工序或表面处理工序(如镀铬、镀锌、氧化、煮黑等)一般放在工艺过程的最后。

3. 检验工序的安排

在工艺规程中,应在下列情况下安排常规检验工序:

(1) 重要工序的加工前后;

(2) 不同加工阶段的前后,如粗加工结束、精加工前;精加工后、精密加工前;

(3) 工件从一个车间转到另一个车间的前后;

(4) 零件的全部加工结束以后。

4. 工序的划分

在数控机床上加工零件,工序可以比较集中,在一次装夹中尽可能完成大部分或全部工序。一般工序划分有以下几种方式:

1) 按零件装卡定位方式划分工序

由于每个零件结构形状不同,各加工表面的技术要求也有所不同,故加工时,其定位方式各有差异。一般加工外形时,以内形定位;加工内形时又以外形定位。因而可根据定位方式的不同来划分工序。

2) 按粗、精加工划分工序

根据零件的加工精度、刚度和变形等因素来划分工序时,可按粗、精加工分开的原则来

划分工序,即先粗加工再精加工。此时可用不同的机床或不同的刀具进行加工。通常在一次安装中,不允许将零件某一部分表面加工完毕后,再加工零件的其他表面。

3) 按所用刀具划分工序

为了减少换刀次数,压缩空程时间,减少不必要的定位误差,可按刀具集中工序的方法加工零件,即在一次装夹中,尽可能用同一把刀具加工出可能加工的所有部位,然后再换另一把刀加工其他部位。在专用数控机床和加工中心中常采用这种方法。

5. 工步的划分

工步的划分主要从加工精度和效率两方面考虑。在一个工序内往往需要采用不同的刀具和切削用量,对不同的表面进行加工。为了便于分析和描述较复杂的工序,在工序内又细分为工步。下面以加工中心为例来说明工步划分的原则:

(1) 同一表面按粗加工、半精加工、精加工依次完成,或全部加工表面按先粗后精加工分开进行。

(2) 对于既有铣面又有镗孔的零件,可先铣面后镗孔,使其有一段时间恢复,可减少由变形引起的对孔的精度的影响。

(3) 按刀具划分工步。某些机床工作台回转时间比换刀时间短,可采用按刀具划分工步,以减少换刀次数,提高加工生产率。

总之,工序与工步的划分要根据具体零件的结构特点、技术要求等情况综合考虑。

§ 职业素养 §

数控加工工艺的合理性将影响零件的加工精度,尤其是最后的精加工工艺,加工余量少,并且加工材料通常都经过淬火处理,材料硬度高又存在各种应力与变形。因此,加工零件从测量、安装、对刀、数控程序的编制、加工参数的调控等无不是无微不至的付出。甚至在一些特殊的场合必须依靠专业人员的经验与感觉,这些工作既烦琐又必须付出大量的精力,作为学生必须养成刻苦钻研和吃苦耐劳的精神。

四、轮廓加工表面质量与加工精度分析

轮廓铣削精度主要包括尺寸精度、形状和位置精度及表面粗糙度值。轮廓铣削加工过程中产生精度降低的原因是多方面的,在实际加工过程中,造成尺寸精度降低的常见原因见表4-13,造成形状和位置精度降低的常见原因见表4-14,造成表面粗糙度值升高的常见原因见表4-15。

表4-13 数控铣削尺寸精度降低的常见原因

影响因素	序号	产生原因
装夹与校正	1	工件装夹不牢固,加工过程中产生松动与振动
	2	工件校正不正确

(续表)

影响因素	序号	产生原因
刀具	3	刀具尺寸不正确或产生磨损
	4	对刀不正确，工件的位置尺寸产生误差
	5	刀具刚度差，刀具加工过程中产生振动
加工	6	铣削深度过大，导致刀具发生弹性变形，加工面呈锥形
	7	刀具补偿参数设置不正确
	8	精加工余量选择过大或过小
	9	切削用量选择不当，导致切削力、切削热过大，从而产生热变形和内应力
工艺系统	10	机床原理误差
	11	机床几何误差
	12	工件定位不正确或夹具与定位元件制造误差

表4-14 数控铣削形状和位置精度降低的常见原因

影响因素	序号	产生原因
装夹与校正	1	工件装夹不牢固，加工过程中产生松动与振动
	2	夹紧力过大，产生弹性变形，切削完成后变形恢复
	3	工件校正不正确，造成加工面与基准面不平行或不垂直
刀具	4	刀具刚度差，刀具加工过程中产生振动
	5	对刀不正确，产生位置精度误差
加工	6	铣削深度过大，导致刀具发生弹性变形，加工面呈锥形
	7	切削用量选择不当，导致切削力过大，产生工件变形
工艺系统	8	夹具装夹、找正不正确
	9	机床几何误差
	10	工件定位不正确或夹具与定位元件制造误差

表4-15 表面粗糙度值升高的常见原因

影响因素	序号	产生原因
装夹与校正	1	工件装夹不牢固，加工过程中产生振动
	2	刀具磨损后没有及时修磨
刀具	3	刀具刚度差，刀具加工过程中产生振动
	4	主偏角、副偏角及刀尖圆弧半径选择不当
	5	进给量选择过大，残留面积高度增高

(续表)

影响因素	序号	产生原因
加工	6	切削速度选择不合理，产生积屑瘤
	7	被吃刀量(精加工余量)选择过大或过小
	8	Z向分层切深后没有进行精加工，留有接刀痕迹
	9	切削液选择不当或使用不当
加工工艺	10	加工过程中刀具停顿
	11	工件材料热处理不当或热处理工艺安排不合理
	12	采用不适当的进给路线，精加工采用逆铣

注：轮廓加工过程中，工艺系统所产生的精度降低可通过对机床和夹具的调整来解决。

刀具、加工工艺及加工零件对加工精度的影响是由于操作者对刀具角度参数、切削用量、加工工艺等加工要素选择不当造成的。对于操作者来说，提高数控机床的操作技能是提高加工质量的关键。

任务实施

1. 加工中心 MDI 方式换刀

以转盘式刀库、不带机械手的加工中心为例，其 MDI 方式下换刀的操作步骤如下：

(1) 按下模式选择按钮 MDI。

(2) 按下 MDI 面板上的功能按钮[PROG]。

(3) 输入字符"M06T01"后，按下按键[INSERT]。

(4) 按下循环启动按钮[CYCLE START]，主轴中的刀具即与刀库中 1 号刀位上的刀具进行交换。

【操作提示】上述换刀方式采用了刀座编码方式，因此刀库中刀具的安装顺序必须与加工程序中刀具的编写顺序一一对应。

2. 零件分析与尺寸计算

1) 结构分析

该零件由内外轮廓组成，内外轮廓具有相同的形状，零件的外轮廓为方形，加工部位表面粗糙度为 3.2μm。内轮廓最小圆弧半径为 10；上、下凸台与中间轮廓最小间距为 15，右侧半圆台与中间轮廓最小间距为 15。

2) 工艺分析

刀具直径选择需要考虑内轮廓最小圆弧轮廓半径和两轮廓最小间距，故加工中间内轮廓时可选用直径为 $\phi16$ 的铣刀；加工外轮廓及上、下凸台，右侧半圆台铣刀直径则不能大于 $\phi16$，此处选 $\phi12$ 的铣刀。为减少刀具数量，统一用 $\phi12$ 铣刀。粗铣铣削深度除留 0.3mm 精铣余量，其余一刀切完。

3) 定位及装夹分析

考虑到工件只是简单的轮廓加工,可将方料直接装夹在平口钳上,一次装夹完成所有加工内容。在工件装夹的夹紧过程中,既要防止工件的转动、变形和夹伤,又要防止工件在加工中松动。

4) 基点坐标计算

刀具的运动轨迹如图4-36所示,各基点坐标如表4-16所示。

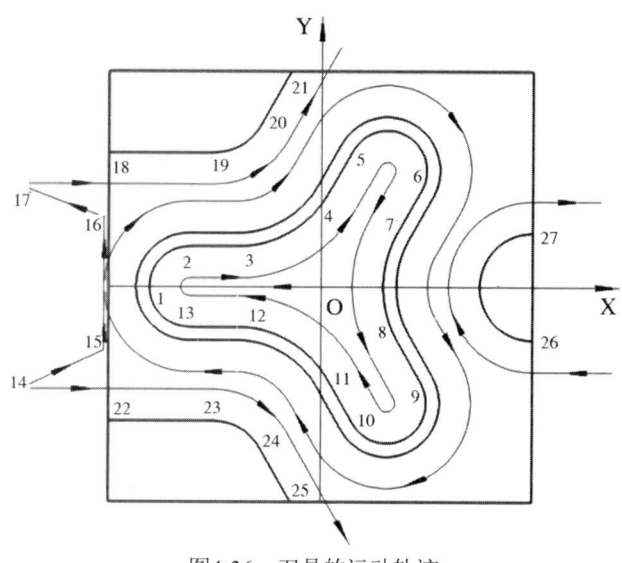

图4-36 刀具的运动轨迹

表4-16 基点坐标

基点	坐标(X, Y)	基点	坐标(X, Y)
1	(-32.5, 0)	13	(-25, -7.5)
2	(-25, 7.5)	18	(-40, 25)
3	(-15.877, 7.5)	19	(-20.207, 25)
4	(1.443, 17.5)	20	(-11.547, 30)
5	(6.005, 25.401)	21	(-5.774, 40)
6	(18.995, 17.901)	22	(-40, -25)
7	(14.434, 10)	23	(-20.207, -25)
8	(14.434, -10)	24	(-11.547, -30)
9	(18.995, -17.901)	25	(-5.774, -40)
10	(6.005, -25.401)	26	(40, -10)
11	(1.443, -17.5)	27	(40, 10)
12	(-15.877, -7.5)		

3. 工艺卡片

有关加工顺序、工步内容、夹具、刀具、量具检具、切削用量、冷却润滑液等工艺问题，详见表 4-17 和表 4-18 所示的工艺卡片。

表4-17 综合轮廓铣削加工刀具调整卡

刀具调整卡							
零件名称	综合轮廓铣削加工工件 || 零件图号					
设备名称	数控铣床	设备型号	VMC850	程序号			
材料名称及牌号	LY12		工序名称	综合轮廓铣削加工	工序号	5	
序号	刀具编号	刀具名称	刀具材料及牌号	刀具参数		刀补地址	
					直径	长度	直径	长度
1	T1	键槽铣刀	高速钢	$\phi 12$		D01	H1
2	T2	立铣刀	高速钢	$\phi 12$		D02	H2

表4-18 零件外轮廓加工数控加工工序卡

数控加工工序卡				
零件名称	综合轮廓铣削加工工件	零件图号		夹具名称	平口钳
设备名称及型号	数控铣VMC850			
材料名称及牌号	LY12	工序名称	综合轮廓铣削加工	工序号	5

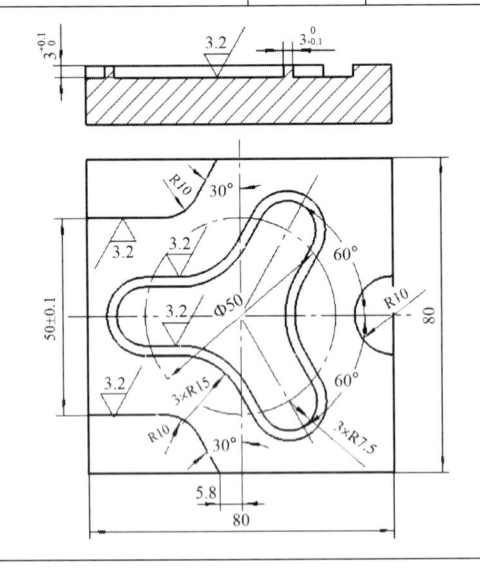

(续表)

工步号	工步内容	切削用量				刀具		量具
		V_f	n	F	Ap	编号	名称	名称
1	粗铣内轮廓留0.3mm精加工余量		1000	100		T1	键槽铣刀	千分尺、深度游标卡尺、万能角度尺
2	粗铣外轮廓留0.3mm精加工余量		1000	100		T1	键槽铣刀	千分尺、深度游标卡尺、万能角度尺
3	精铣内轮廓		1200	150		T2	立铣刀	千分尺、深度游标卡尺、万能角度尺
4	精铣外轮廓		1200	150		T2	立铣刀	千分尺、深度游标卡尺、万能角度尺

4. 参考程序

工件坐标系原点选定在工件上表面的中心位置，其加工程序见表4-19。

表4-19 综合轮廓铣削加工程序

程序段号	粗加工程序	程序说明
	%	程序传输开始代码
	O1000;	程序名
N10	G94 G90 G54 G40 G21 G17;	机床初始参数设置：每分钟进给、绝对编程、工件坐标、刀补取消、毫米单位、XY平面
N20	G00 Z200.0;	刀具快速抬到安全高度
N30	X0 Y0;	刀具移动到工件坐标原点(判断刀具X、Y位置是否正确)
N40	M03 S1000;	主轴正转 1000 r/min
N50	Z5.0;	刀具快速下刀到轮廓加工深度的安全高度
N60	G01 Z-2.7 F100;	刀具切削到内轮廓加工深度
N70	G42 X-32.5 Y0 D01;	建立刀具半径右补偿
N80	M98 P0010;	调用子程序粗加工内轮廓
N90	G40 G01 X0 Y0;	取消刀具半径补偿
N100	G00 Z5.0;	刀具抬刀至安全高度
N110	X-55.0 Y-16.0;	刀具移动至 14 点
N120	G01 Z-2.7 F100;	刀具切削到外轮廓加工深度
N130	G41 X-32.5 Y-10.0 D03;	D3 值为-9.3 变为外轮廓
N140	G01 Y0;	延长线切入加工至 1 点
N150	M98 P0010;	调用子程序加工外轮廓

(续表)

程序段号	粗加工程序	程序说明
N160	G01 X-32.5 Y7.5;	切线方向切出至 16 点
N170	G40 X-60.0 Y16.0;	取消刀具半径补偿
N180	G42 X-40.0 Y25.0 D1 F100;	建立刀具半径补偿至 18 点
N190	G01 X-20.207 Y25.0;	直线加工至 19 点
N200	G03 X-11.547 Y30.0 R10;	圆弧加工至 20 点
N210	G01 X-5.774 Y40.0;	直线加工至 21 点
N220	G40 X2.0 Y46.0;	取消刀具半径补偿
N230	G00 Z5.0;	刀具抬刀至安全高度
N240	X-55.0 Y-16.0;	刀具空间移动至 14 点
N250	G01 Z-2.7 F50;	刀具下刀
N260	G41 X-45.0 Y-25.0 D1 F100;	建立刀具半径补偿至 22 点
N270	X-20.207 Y-25.0;	直线加工至 23 点
N280	G03 X-11.547 Y-30.0 R10;	圆弧加工至 24 点
N290	G01 X-5.774 Y-40.0;	直线加工至 25 点
N300	G40 X2.0 Y46.0;	取消刀具半径补偿
N310	G00 Z5.0;	刀具抬刀至安全高度
N320	G41 X50.0 Y-10.0 D01;	加工右侧半圆凸台
N330	G01 Z-2.7 F100;	
N340	X40.0 Y-10.0;	
N350	G02 X40.0 Y10.0 R10;	
N360	G01 Y15.0;	
N370	G00 Z200.0;	刀具快速退刀到安全高度
N380	G40 X0 Y0;	取消刀具半径补偿功能
N390	M05;	主轴停转
N400	M30;	程序结束,程序运行光标回到程序开始处
N410	%	程序传输结束代码
	O0010;	环形轮廓子程序
N10	G02 X-25.0 Y7.5 R7.5 F100;	圆弧加工至 2 点
N20	G01 X-15.877;	直线加工至 3 点
N30	G03 X1.443 Y17.5 R15;	圆弧加工至 4 点
N40	G01 X6.005 Y25.401;	直线加工至 5 点
N50	G02 X18.995 Y17.901 R7.5;	圆弧加工至 6 点
N60	G01 X14.434 Y10.0;	直线加工至 7 点
N70	G03 X14.434 Y-10.0 R15;	圆弧加工至 8 点

(续表)

程序段号	粗加工程序	程序说明
N80	G01 X18.995 Y-17.901;	直线加工至 9 点
N90	G02 X6.005 Y-25.401 R7.5;	圆弧加工至 10 点
N100	G01 X1.443 Y-17.5;	直线加工至 11 点
N110	G03 X-15.877 Y-7.5 R15;	圆弧加工至 12 点
N120	G01 X-25.0 Y-7.5;	直线加工至 13 点
N130	G02 X-32.5 Y0 R7.5;	圆弧加工至 1 点
N140	M99;	子程序结束

注：加工环形内、外轮廓可通过调用不同刀具半径补偿号实现，粗加工刀具半径补偿值为 D1=6.3，D3=-9.3，精加工刀具半径补偿值为 D2=6，D4=-9。

任务评价

本任务评价表见表 4-20。

表4-20 轮廓铣削综合实例任务评价表

序号	考核项目	考核内容	分值	评分标准	学生自评	教师评分
1	安全文明生产	符合安全文明生产和数控实训车间安全操作的有关规定	20	违反安全操作的有关规定不得分		
2	任务实施计划	任务实施过程中，有计划地进行	5	完成计划得 5 分，计划不完整得 0~4 分		
3	工艺规划	合理的工艺路线、合理区分粗精加工	10	工艺合理得 5~10 分；不合理或部分不合理得 0~4 分		
4	程序编制	完整和合理的程序逻辑	15	程序完整、合理得 10~15 分；不完整或不合理得 0~9 分		
5	工件质量评分	尺寸精度和表面粗糙度	50	满足要求得 50 分，一处不合格扣 5 分		

项目五

孔系零件编程与加工

任务一　钻孔、扩孔与锪孔

知识目标

1. 掌握孔的常用加工方法；
2. 掌握孔加工路线的确定方法；
3. 掌握孔加工固定循环指令的基本指令格式；
4. 掌握钻、锪孔固定循环指令的指令格式。

能力目标

1. 能够合理确定孔的加工方法；
2. 能够正确选择孔加工固定循环指令；
3. 能够运用钻、锪孔固定循环指令解决实际编程问题。

素养目标

1. 具有安全文明生产和环境保护意识；
2. 具有严谨认真和精益求精的职业素养。

任务分析

如图 5-1 所示零件，毛坯为 80mm×80mm×15mm 的 45 钢，毛坯六面已加工，试编写其孔的加工程序。

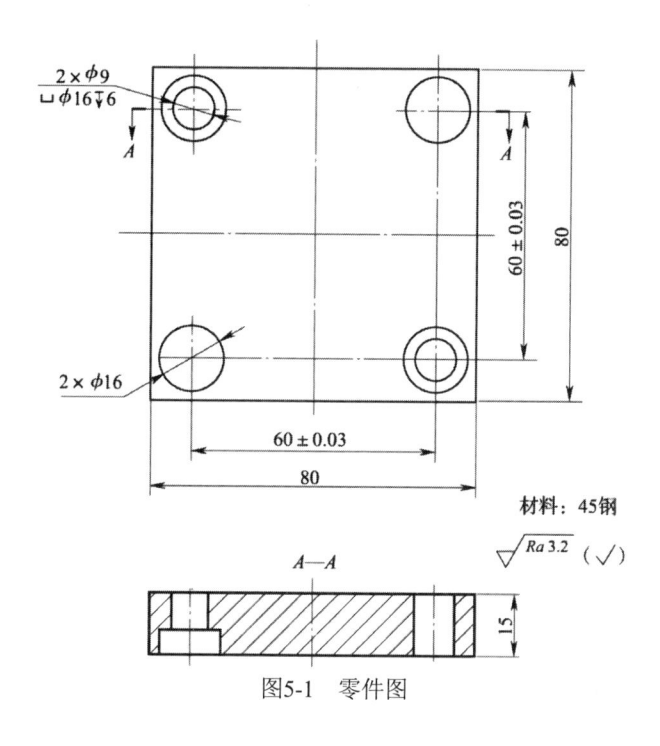

图5-1 零件图

知识链接

一、孔加工的方法

1. 点孔

点孔用于钻孔加工之前，由中心钻来完成，如图 5-2 所示。由于麻花钻的横刃具有一定的长度，引钻时不易定心，加工时钻头旋转轴线不稳定，因此利用中心钻在平面上先预钻一个凹坑，便于钻头钻入时定心。由于中心钻的直径较小，加工时主轴转速应不低于 1000r/min。

孔加工工艺视频

2. 钻孔

钻孔是用钻头在工件实体材料上加工孔的方法。麻花钻是钻孔最常用的刀具，如图 5-3 所示，一般用高速钢制造。钻孔精度一般可达到 IT10~IT11 级，表面粗糙度为 50~12.5μm，钻孔直径范围为 0.1~100mm。钻孔深度变化范围也很大，广泛应用于孔的粗加工，也可作为不重要孔的最终加工。

图5-2 中心钻

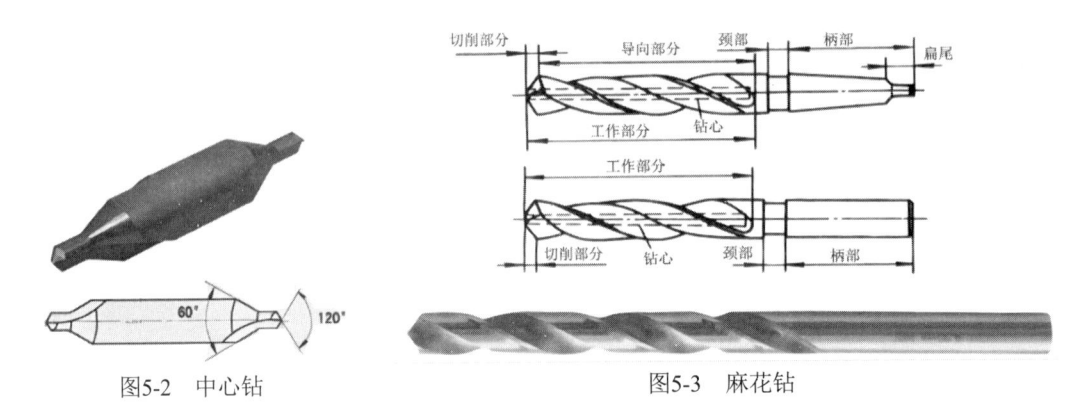

图5-3 麻花钻

3. 扩孔

扩孔加工精度一般可达到 IT9~IT10 级，表面粗糙度为 6.3~3.2μm。扩孔常用于已铸出、锻出或钻出孔的扩大，可作为要求不高孔的最终加工或铰孔、磨孔前的预加工。常用于直径 10~100mm 范围内的孔加工。一般工件的扩孔是用麻花钻，对于精度要求较高或生产批量较大时应用扩孔钻，如图 5-4 所示，扩孔加工余量为 0.4~0.5mm。

4. 铰孔

铰孔是利用铰刀从工件孔壁上切除微量金属层，以提高其尺寸精度、降低表面粗糙度值的方法。铰孔精度等级可达到 IT7~IT8 级，表面粗糙度为 1.6~0.8μm，适用于孔的半精加工及精加工。铰刀是定尺寸刀具，如图 5-5 所示，有 6~12 个切削刃，刚性和导向性比扩孔钻更好，适合加工中小直径孔。

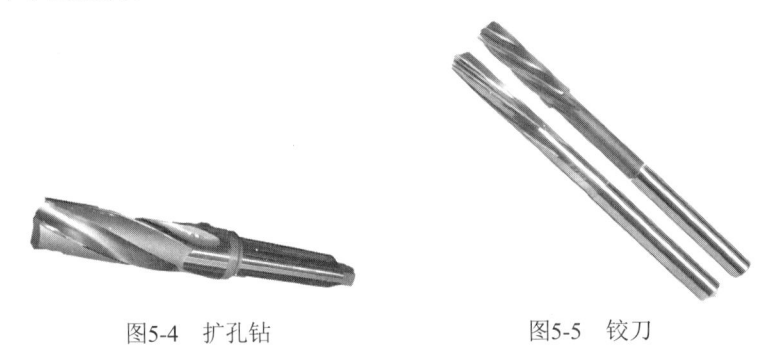

图5-4 扩孔钻

图5-5 铰刀

5. 镗孔

镗孔是利用镗刀对工件上已有尺寸较大孔的加工，特别适合加工分布在同一或不同表面上的孔距和位置精度要求较高的孔系。镗孔加工精度等级可达到 IT7 级，表面粗糙度为 1.6~0.8μm，应用于高精度加工场合。镗孔时，要求镗刀和镗杆必须具有足够的刚性；镗刀加紧牢固，装卸和调整方便，如图 5-6 所示；具有可靠的断屑和排屑措施，确保切削顺利折断和排除，精镗孔的余量一般单边小于 0.4mm。

图5-6 镗刀

6. 铣孔

在加工单件产品或模具上某些不常用的孔径的孔时,为节约定型刀具成本,利用铣刀进行铣削加工。铣孔也适合加工尺寸较大的孔,对于高精度机床,铣孔可以代替铣削或镗削。

注意:对于位置精度要求较高的孔系加工,特别要注意孔加工顺序的安排,安排不当时,就可能将沿坐标轴的反向间隙带入,直接影响位置精度。

7. 锪孔

锪钻用来加工各种沉头孔和锪平端面,如图5-7所示。

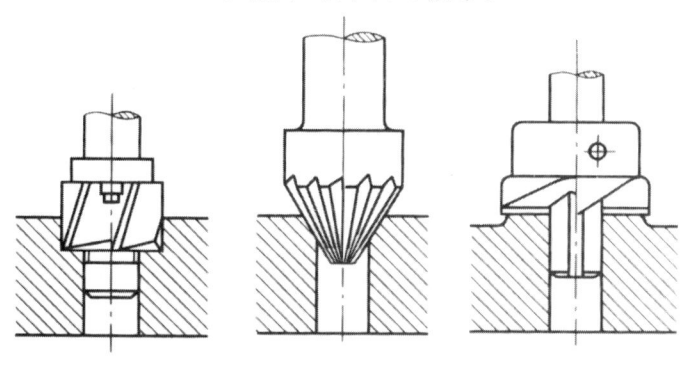

图5-7 锪钻

二、孔加工方法的选择

在数控铣床及加工中心上,常用孔加工的方法有钻孔、扩孔、铰孔、粗/精镗孔及攻螺纹等。通常情况下,在数控铣床及加工中心上能较方便地加工出 IT7~IT9 级精度的孔,对于这些孔的推荐加工方法见表 5-1。

表5-1 孔的加工方法推荐选择表

孔的精度	有无预孔	孔尺寸				
		0~12	12~20	20~30	30~60	60~80
IT9~IT11	无	钻—铰	钻—扩		钻—扩—镗(或铰)	
	有	粗扩—精扩;或粗镗—精镗(余量少可,一次性扩孔或镗孔)				
IT8	无	钻—扩—铰	钻—扩—精镗(或铰)		钻—扩—粗镗—精镗	
	有	粗镗—半精镗—精镗(或精铰)				

175

(续表)

孔的精度	有无预孔	孔尺寸			
		0～12	12～20	20～30	30～60	60～80
IT7	无	钻—粗铰—精铰	钻—扩—粗铰—精铰；或钻—扩—粗镗—半精镗—精镗		
	有	粗镗—半精镗—精镗(如仍达不到精度要求，还可进一步采用精细镗)				

说明：

(1) 钻头直径 D 应满足 $L/D=5$(L 为钻孔深度)的条件。对钻孔深度与直径比大于 5 倍以上的深孔，采用固定循环程序，多次自动进退，以利冷却和排屑。

(2) 钻孔前先用中心钻钻中心孔或用直径较大的短钻头划窝引正，然后钻孔。这样，既可解决钻孔引正问题，还可以代替孔口倒角。

(3) 镗孔时应尽量选用对称的多刃镗刀头进行切削，以平衡径向力，减少镗削振动。

三、孔加工路线的确定

1. XY平面内进给路线的确定

(1) 定位要迅速。对于圆周均布孔系的加工路线，要求定位精度高，定位过程尽可能快，则需在刀具不与工件、夹具和机床碰撞的前提下，应使进给路线最短，减少刀具空行程时间或切削进给时间，提高加工效率，如图 5-8(b)所示进给路线比图 5-8(a)所示进给路线进给节省定位时间。

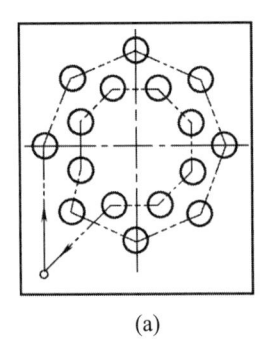

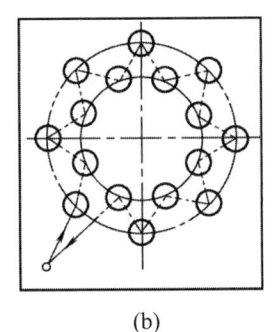

图5-8 孔加工进给路线

(2) 定位要准确。对于位置精度要求高的孔系加工的零件，安排进给路线时，一定要注意孔的加工顺序的安排和定位方向要一致，即采用单向趋近定位点的方法，要避免机械进给系统反向间隙对孔位精度的影响。如图 5-9 所示，要在零件上加工六个尺寸相同的孔，有两种加工路线。当按图 5-9(a)所示路线加工时，由于 5、6 孔与 1、2、3、4 孔定位方向相反，Y 方向反向间隙会使定位误差增加，而影响 5、6 孔与其他孔的位置精度。按图 5-9(b)所示路线，加工完 4 孔后，往上移动一段距离到 P 点，然后再折回来加工 5、6 孔，这样方向一致，可避免反向间隙的引入，提高 5、6 孔与其他孔的位置精度。

对点位控制机床，只要求定位精度高，定位过程尽可能快，而刀具相对于工件的运动路线无关紧要。因此，这类机床应按空行程最短来安排加工路线。但对位置精度要求较高的孔系加工，在安排孔加工顺序时，还应注意各孔定位方向的一致，即采用单向趋近定位的方法，以避免将机床进给机构的反向间隙带入而影响孔的位置精度。

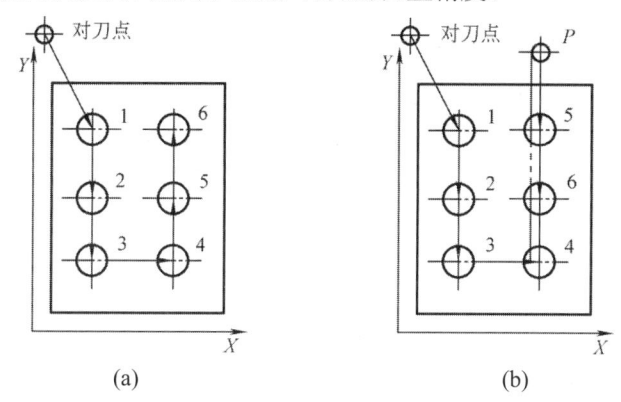

图5-9 孔加工路线安排

定位迅速和定位准确有时两者难以同时满足。这时应抓主要矛盾，若按最短路线进给能保证定位精度，则取最短路线；反之，应取能保证定位准确的路线。

2. 确定 Z 向(轴向)的进给路线

刀具在 Z 向的进给路线分为快速移动进给路线和工作进给路线。刀具先从初始平面快速运动到距工件加工表面一定距离的 R 平面上，然后按工件进给速度运动进行加工，如图 5-10 所示。

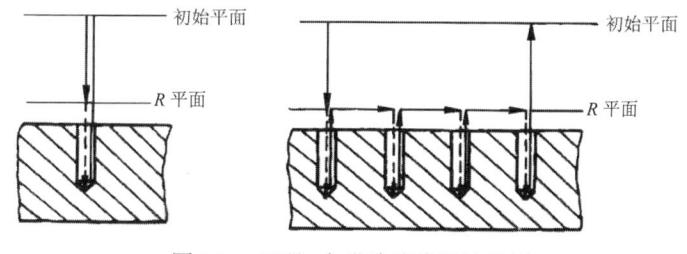

图5-10 刀具Z向进给路线设计示例

在工件进给路线中，工件进给距离 Z_F 包括被加工孔的深度 H、刀具的切入距离 Z_a 和切出距离 Z_o(加工通孔)，如图 5-11 所示。

加工不通孔时，工件进给距离为 $Z_F = Z_a + H + T_t$

加工通孔时，工件进给距离为 $Z_F = Z_a + H + T_t + Z_0$

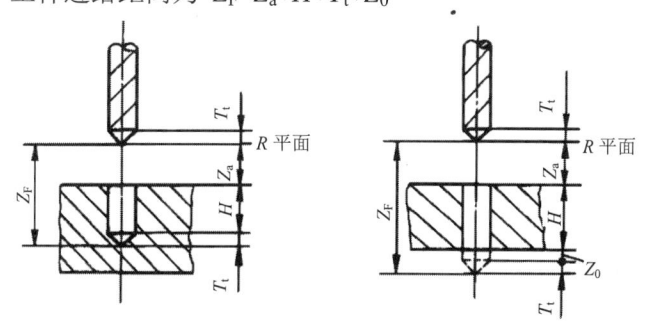

(a) 加工不通孔时的工件进给距离 (b) 加工通孔时的工件进给距离

图5-11 加工不通孔与通孔的工件进给距离

四、孔加工固定循环指令

孔加工是数控加工中最常见的加工工序，数控铣床和加工中心通常都具有能完成钻孔、镗孔、铰孔和攻螺纹等加工的固定循环功能。该类指令为模态指令，可以在一个程序段内完成某个孔加工的全部动作(孔加工、退刀、孔底暂停等)，从而大大减少编程的工作量。FANUC 0i 系统数控铣床(加工中心)的固定循环指令见表 5-2。

表5-2　孔加工固定循环指令及其动作一览表

G代码	加工动作	孔底动作	退刀动作	功能
G73	间歇进给	—	快速进给	钻深孔
G74	切削进给	暂停、主轴正转	切削进给	攻左螺纹
G76	切削进给	主轴准停	快速进给	精镗孔
G80	—	—	—	取消固定循环
G81	切削进给	—	快速进给	钻孔
G82	切削进给	暂停	快速进给	钻孔与锪孔
G83	间歇进给	—	快速进给	钻深孔
G84	切削进给	暂停、主轴反转	切削进给	攻右螺纹
G85	切削进给	—	切削进给	铰孔
G86	切削进给	主轴停	快速进给	镗孔
G87	切削进给	主轴正转	快速进给	反镗孔
G88	切削进给	暂停、主轴停	手动	镗孔
G89	切削进给	暂停	切削进给	镗孔

1. 孔加工固定循环指令简介

1) 固定循环指令的基本动作

如图 5-12 所示，孔加工固定循环一般由下述六个动作组成(图中用虚线表示的是快速进给，用实线表示的是切削进给)：

动作 1：X 轴和 Y 轴定位：使刀具快速定位到孔加工的位置。

动作 2：快进到 R 点，即刀具自初始点快速进给到 R 点(reference point)。

动作 3：孔加工，即以切削进给的方式执行孔加工的动作。

动作 4：孔底动作，包括暂停、主轴准停、刀具移位等动作。

动作 5：返回到 R 点，继续加工其他孔且可以安全移动刀具时选择返回 R 点。

动作 6：返回到起始点，孔加工完成后一般应选择返回起始点。

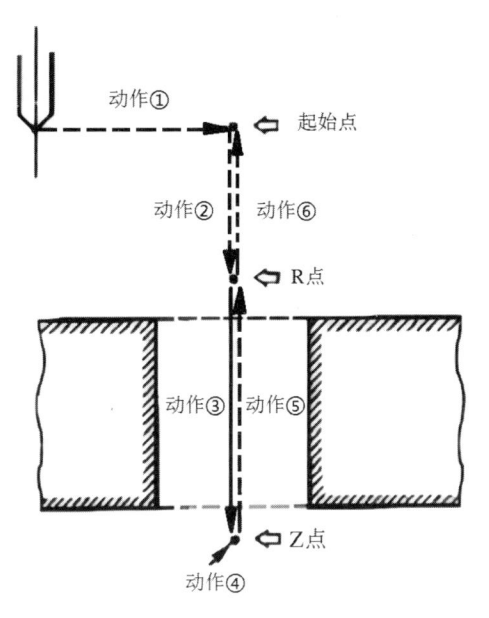

图5-12　固定循环动作组成

2) 固定循环指令格式

指令格式

　　　　G90 /G91 G98/G99 G73～G89 X___Y___Z___R___Q___P___F___L___;

指令说明

(1) G___是孔加工固定循环指令，指 G73～G89。

(2) X___，Y___指定孔在 XY 平面的坐标位置(增量或绝对值)。

(3) Z 指定孔底坐标值。在增量方式时，是 R 点到孔底的距离；在绝对值方式时，是孔底的 Z 坐标值。

(4) R 在增量方式中是起始点到 R 点的距离；而在绝对值方式中是 R 点的 Z 坐标值。

(5) Q 在 G73、G83 中，用来指定每次进给的深度；在 G76、G87 中指定刀具位移量。

(6) P 指定暂停的时间，最小单位为 1ms。

(7) F 为切削进给的进给量。

(8) L 指定固定循环的重复次数。只循环一次时，L 可不指定。

(9) G73～G89 是模态指令。一旦指定将一直有效，直到出现其他孔加工固定循环指令，或固定循环取消指令(G80)，或 G00、G01、G02、G03 等插补指令才失效。因此，多孔加工时该指令只需指定一次，以后的程序段只给孔的位置即可。

(10) 固定循环中的参数(Z，R，Q，P，F)是模态的，当变更固定循环方式时，可用的参数可以继续使用，不需重设。但中间如果隔有 G80 或 G01、G02、G03 指令，不受固定循环的影响。

(11) 在使用固定循环编程时一定要在前面程序段中指定 M03(或 M04),使主轴启动。

(12) 若在固定循环指令程序段中同时指定一个指令 M 代码(如 M05、M09),则该 M 代码并不是在循环指令执行完成后才被执行,而是执行完循环指令的第一个动作(X、Y 轴向定位)后,即被执行。因此,固定循环指令不能和后指令 M 代码同时出现在同一程序段。

(13) 当用 G80 指令取消孔加工固定循环后,那些在固定循环之前的插补模式(如 G01、G02、G03)恢复,M05 指令也自动生效(G80 指令可使主轴停转)。

(14) 在固定循环中,刀具半径尺寸补偿(G41、G42)无效。刀具长度补偿(G43、G44)有效。

指令说明

(1) 固定循环指令中地址 R 与地址 Z 的数据指定与 G90 或 G91 的方式选择有关。选择 G90 方式时 R 与 Z 一律取其终点坐标值;选择 G91 方式时 R 则指自起始点到 R 点间的距离,Z 指自 R 点到孔底平面上 Z 点的距离,如图 5-13 所示。

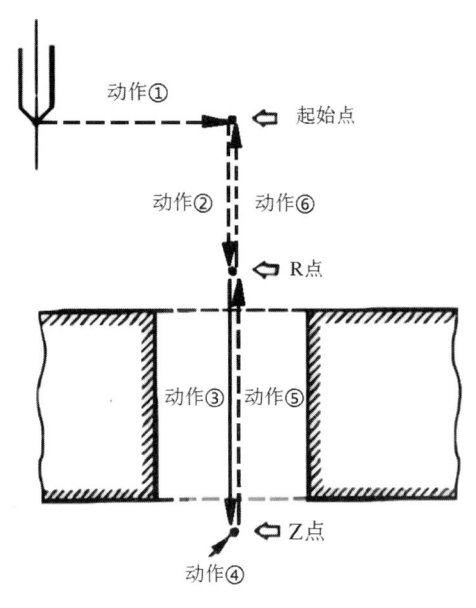

图 5-13 R 点与 Z 点指令

(2) 起始点是为安全下刀而规定的点。该点到零件表面的距离可以任意设定在一个安全的高度上。当使用同一把刀具加工若干孔时,只有孔间存在障碍需要跳跃或全部孔加工完毕时,才使用 G98 功能使刀具返回到起始点,如图 5-14(a)所示。

(3) R 点又叫参考点,是刀具下刀时自快进转为工进的转换起点。距工件表面的距离主要考虑工件表面尺寸的变化,一般可取 2～5mm。使用 G99 时,刀具将返回到该点,如图 5-14(b) 所示。

(a) G98功能   (b) G99功能

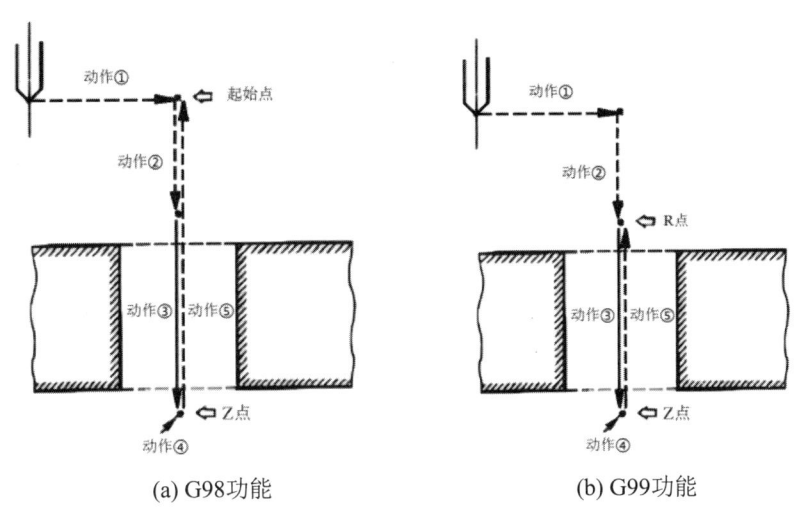

图5-14 刀具返回指令

(4) 加工盲孔时孔底平面就是孔底的 Z 轴高度；加工通孔时一般刀具还要伸出工件底平面一段距离，这主要是保证全部孔深都加工到规定尺寸。钻削加工时还应考虑钻头钻尖对 L 深的影响。

(5) 孔加工循环与平面选择指令(G17、G18 或 G19)无关，即不管选择了哪个平面，孔加工都是在 XY 平面上定位并在 Z 轴方向上加工孔。

2. 钻孔和锪孔固定循环指令

1) 钻孔固定循环指令 G81

指令格式

　　G81 X__ Y__ Z__ R__ F__；

指令说明

孔加工动作如图 5-15 所示。本指令属于一般孔钻削加工固定循环指令。

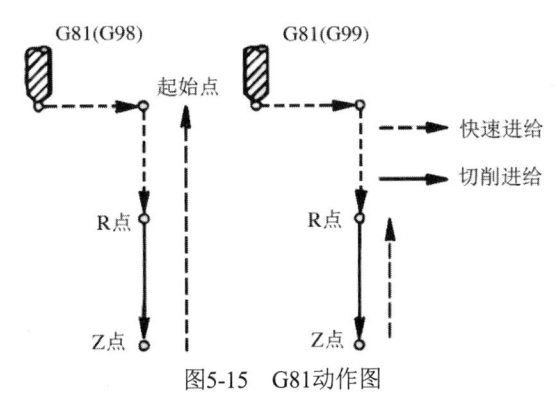

图5-15 G81动作图

2) 锪孔钻孔循环指令 G82

指令格式

　　G82 X__ Y__ Z__ R__ P__ F__；

指令说明

与 G81 动作轨迹一样，仅在孔底增加了"暂停"时间，因而可以得到准确的孔深尺寸，表面更光滑，适用于锪孔或镗阶梯孔，如图 5-16 所示。

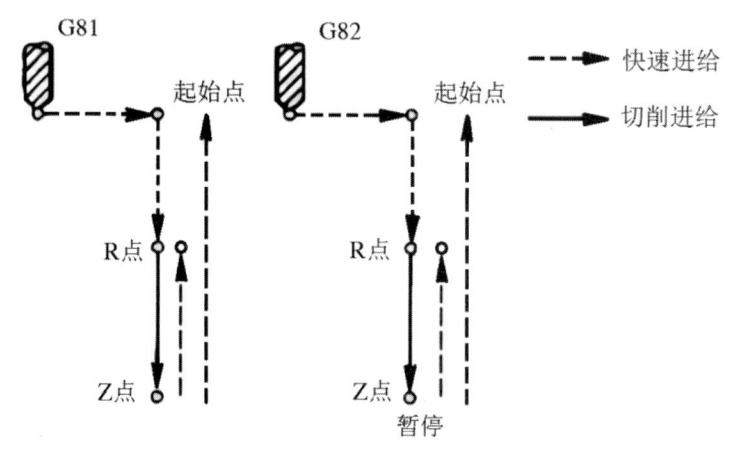

图5-16　G81与G82动作区别

【例题】试用 G81 指令编写如图 5-17 所示孔的加工程序。

G81 编程(绝对方式)如下：

O0001；

N10 G90 G94 G40 G80 G21 G54；

N20 G91 G28 Z0；

N30 M03 S200 M08；

N40 G90 G00 Z100.0；　　　　　　　　　　　(刀具快速移动到初始平面 Z100.0)

N50 G99 G81 X20.0 Y30.0 Z-25.0 R5.0 F150；　(G81 钻孔循环加工孔 1，返回 R 点)

N60 X40.0 Y40.0；　　　　　　　　　　　　(钻孔 2)

N70 X60.0 Y50.0；　　　　　　　　　　　　(钻孔 3)

N80 G98 X80.0 Y60.0；　　　　　　　　　　(钻孔 4，返回初始平面)

N90 G80 M09；　　　　　　　　　　　　　　(取消循环)

N100 M05；　　　　　　　　　　　　　　　(主轴停转)

N110 M30；　　　　　　　　　　　　　　　(程序结束)

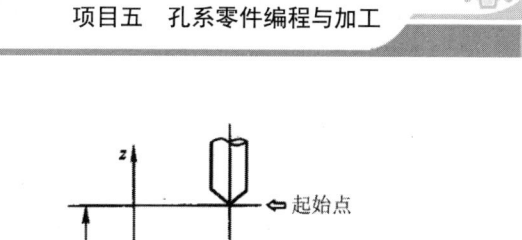

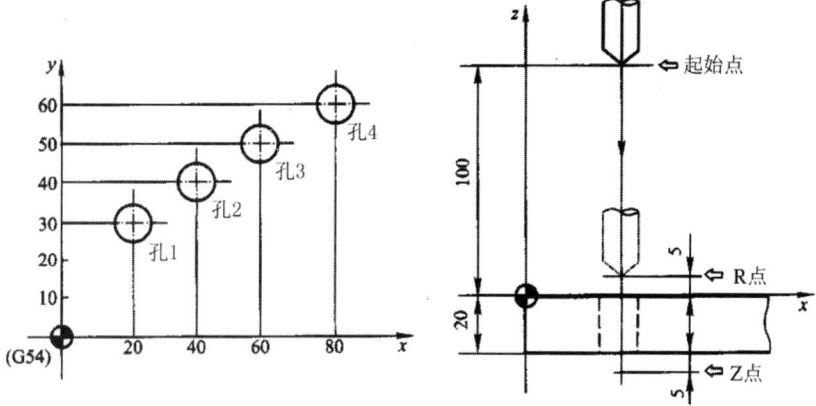

图5-17 用G81指令加工孔

3) 高速深孔钻循环指令 G73

指令格式

    G73　X__Y__Z__R__Q__F__；

深孔钻削循环指令 G73 动画

指令说明

孔加工动作如图 5-18 所示。分多次工作进给，每次进给的深度由 Q 指定（一般为 2~3mm），且每次工作进给后都快速退回一段距离 d，d 值由参数设定(通常为 0.1mm)。这种加工方法，通过 Z 轴的间断进给可以比较容易地实现断屑与排屑。

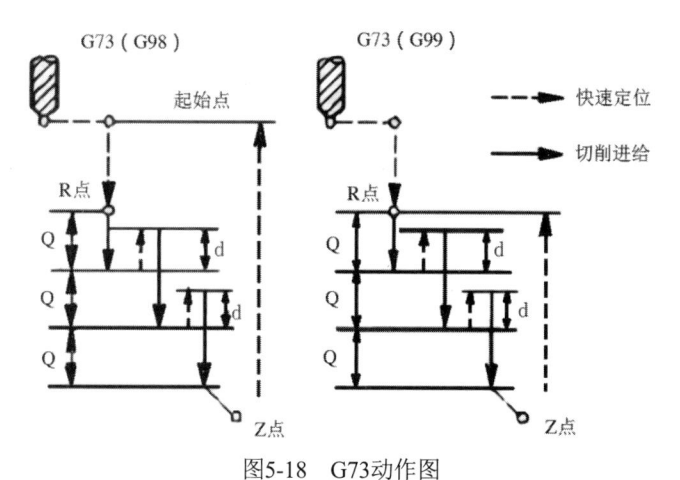

图5-18 G73动作图

4) 深孔钻循环指令 G83

指令格式

    G83　X__Y__Z__R__Q__F__；

指令说明

孔加工动作如图 5-19 所示，本指令适用于加工较深的孔，与 G73 不同的是每次刀具间

歇进给后退至 R 点，可把切屑带出孔外，以免切屑将钻槽塞满而增加钻削阻力及切削液无法到达切削区。图 5-19 中的 d 值由参数设定，当重复进给时，刀具快速下降，到 d 规定的距离时转为切削进给，Q 为每次进给的深度。

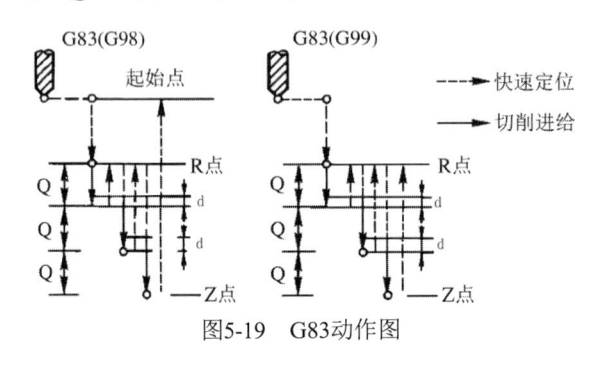

图5-19 G83动作图

【例题】试用 G83 指令编写如图 5-17 所示孔的加工程序。

O0001；
N10 G90 G94 G40 G80 G21 G54；
N20 G91 G28 Z0；
N30 M03 S200 M08；
N40 G90 G00 Z100.0；   (刀具快速移动到初始平面 Z100.0)
N50 G99 G83 X20.0 Y30.0 Z-25.0 R5.0 Q5.0 F150；   (G83 钻孔循环加工孔 1，返回 R 点)
N60 X40.0 Y40.0；   (钻孔 2)
N70 X60.0 Y50.0；   (钻孔 3)
N80 G98 X80.0 Y60.0；   (钻孔 4，返回初始平面)
N90 G80 M09；   (取消循环)
N100 M05；   (主轴停转)
N110 M30；   (程序结束)

5) 取消固定循环指令 G80

指令格式

  G80；

指令说明

  当不再使用固定循环指令时，应用 G80 指令取消固定循环，而恢复到一般基本指令状态(如 G00、G01、G02、G03 等)，此时固定循环指令中的孔加工数据(如 Z 点、R 点值等)也被取消。

3. 固定循环的重复使用

  在固定循环指令最后，用 L 地址指定重复次数。在增量方式 G91 时，如果有间距相同的若干个相同的孔，采用重复次数来编程是很方便的。

采用重复次数编程时，要采用 G91、G99 方式。

【例题】加工如图 5-17 所示的孔，用 G81 编程。

O0001；
N10 G90 G94 G40 G80 G21 G54；
N20 G91 G28 Z0；
N30 M03 S200 M08；
N40 G90 G00 Z100.0；　　（刀具快速移动到初始平面 Z100.0）
N50 X0 Y20.0；　　（XY 平面定位到增量编程的起点）
N50 G91 G99 G81 X20.0 Y10.0 Z-30.0 R-95.0 F150 L4；
　　　　　　　　　　（G81 循环加工孔 1、2、3、4，返回 R 点）
N90 G80 M09；　　（取消循环）
N100 M05；　　　　（主轴停转）
N110 M30；　　　　（程序结束）

应用固定循环时的注意事项如下：

(1) 指定固定循环之前，必须用辅助功能 M03 使主轴正转，使用主轴停止转动指令 M05 之后，一定要重新使主轴旋转后，再指定固定循环。

(2) 指定固定循环状态时，必须给出 X、Y、Z、R 中的每一个数据，固定循环才能执行。

(3) 操作时，若利用复位或急停按钮使数控装置停止，固定循环加工和加工数据仍然存在，所以再次加工时，应该使固定循环剩余动作进行到结束。

(4) 若程序中出现代码 G00、G01、G02、G03 时，循环方式及其加工数据也全部取消。

§ 职业素养 §

孔加工循环指令可以简化孔加工编程，学生在学习过程中需要有持续学习精神，在解决复杂问题的时候要学会化繁为简，分步解决，在学习生活中，要勤于思考，做到"广度"学习和"深度"学习。

五、孔径的测量及孔加工精度误差分析

1. 孔径的测量

孔径的尺寸精度要求较低时，可采用游标卡尺或内卡钳进行测量。当孔的精度要求较高时，可以用以下几种测量方法。

1）塞规测量

塞规如图 5-20 所示，是一种专用量具，一端为通端，另一端为止端。使用塞规检测孔径时，当通端能进入孔内、而止端不能进入孔内时，说明孔径合格，否则为孔径不合格。

(a) 片形塞规　　　　　(b) 球端杆规

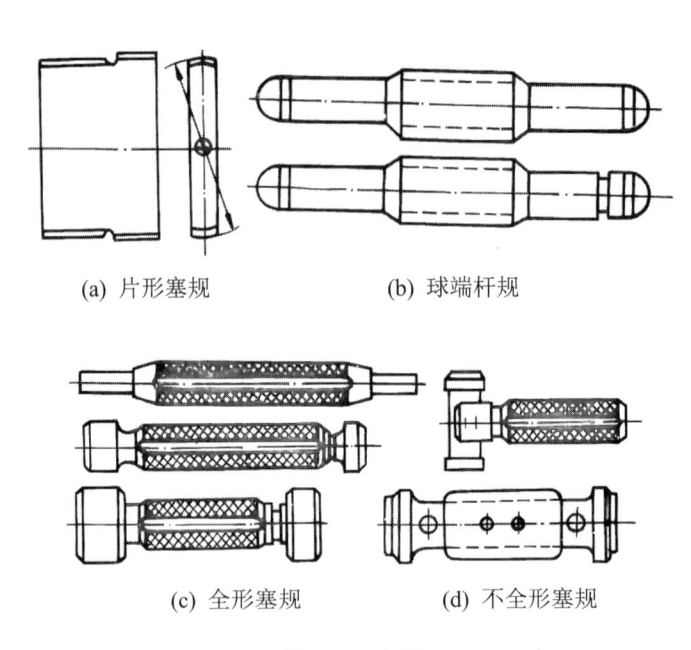

(c) 全形塞规　　　　　(d) 不全形塞规

图5-20　塞规

2) 内卡钳测量

当孔口试切削或位置狭小时，可使用内卡钳测量。

3) 内径百分表测量

内径百分表如图5-21所示，测量内孔时，图中左端触头在孔内摆动，读出直径方向的最大读数即为内孔尺寸。内径百分表适用于深度较大的内孔测量。

4) 内径千分尺测量

内径千分尺如图5-22所示，其测量方法和千分尺的测量方法相同，但其刻线方向和千分尺相反，测量时的旋转方向也相反。内径千分尺不适合深度较大孔的测量。

图5-21　内径百分表　　　　　图5-22　内径千分尺

2．孔距测量

测量孔距时，通常采用游标卡尺测量。精度较高的孔距可采用内径千分尺和千分尺配合圆柱测量芯棒进行测量。

3．孔的其他精度测量

除了要进行孔径和孔距测量外，有时还要进行圆度、圆柱度等形状精度的测量以及端面圆跳动、径向圆跳动、端面与孔轴线的垂直度等位置精度的测量。

4. 钻孔精度及误差分析

钻孔精度及误差分析见表5-3。

表5-3 钻孔精度及误差分析表

出现问题	产生原因
孔大于规定尺寸	钻头两切前刃不对称，长度不一致
	钻头本身的质量问题
	工件装夹不牢固，加工过程中工件松动或振动
孔壁粗糙	钻头不锋利
	进给量过大
	切削液选用不当或供应不足
	钻孔加工过程中排屑不畅通
孔歪斜	工件装夹后校正不正确，基准面与主轴不垂直
	进给量过大使钻头弯曲变形
钻孔呈多边形或孔位偏移	对刀不正确
	钻头角度不对
	钻头两切削刃不对称，长度不一致

任务实施

1. 零件分析与尺寸计算

1) 结构分析

该零件基准面已加工，需要加工 2 个 $\phi16$、2 个 $\phi9mm$ 的通孔和 2 个 $\phi16$ 的沉孔，孔的表面粗糙度为 3.2。

2) 工艺分析

加工方法：采用"钻中心孔—钻 $4\times\phi9mm$ 孔—扩 $2\times\phi16$ 孔—锪 $2\times\phi16$ 的沉孔"。

扩孔时，也可用标准麻花钻代替扩孔钻；锪平底孔时，也可用立铣刀代替锪孔钻。刀具选择：A2.5 中心钻(高速钢)、$\phi9mm$ 麻花钻(高速钢)、$\phi16mm$ 扩孔钻(高速钢)、$\phi16mm$ 立铣刀(高速钢)。

3) 定位及装夹分析

将 80mm×80mm 毛坯直接装夹在平口钳上，夹持长度不小于 10mm。底面垫铁垫实，工件中间有通孔，垫铁放置要合适，以免钻削到垫铁。

2. 工艺卡片

有关加工顺序、工步内容、夹具、刀具、量具检具、切削用量等工艺问题，详见表 5-4 和表 5-5 所示的工艺卡片。

表5-4 钻孔、扩孔与锪孔加工刀具调整卡

刀具调整卡

零件名称	孔加工工件		零件图号			
设备名称	加工中心	设备型号	XH714D	程序号		
材料名称及牌号		45钢	工序名称	孔加工	工序号	5
序号	刀具编号	刀具名称	刀具材料及牌号	刀具参数		刀补地址	
				直径	长度	直径	长度
1	T1	A2.5 中心钻	高速钢				H1
2	T2	麻花钻	高速钢	ϕ9mm			H2
3	T3	扩孔钻	高速钢	ϕ16mm			H3
4	T4	立铣刀	高速钢	ϕ16mm			H4

表5-5 钻孔、扩孔与锪孔数控加工工序卡

数控加工工序卡

零件名称	孔加工工件	零件图号		夹具名称	平口钳
设备名称及型号		加工中心XH714D			
材料名称及牌号	45钢	工序名称	孔加工	工序号	5

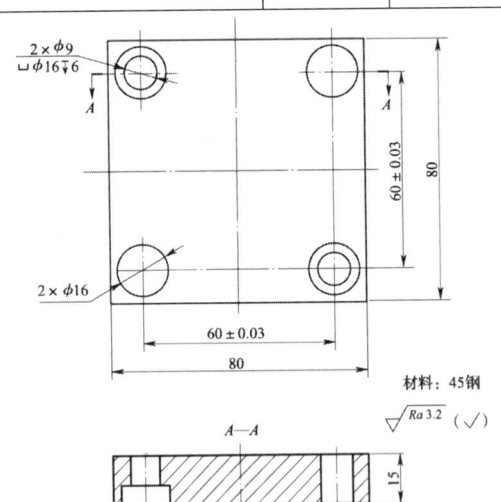

工步号	工步内容	切削用量				刀具		量具名称
		V_f	n	F	Ap	编号	名称	
1	钻中心孔		2000	50		T1	A2.5 中心钻	
2	4×ϕ9mm 孔加工		800	80		T2	ϕ9mm 钻头	

(续表)

工步号	工步内容	切削用量				刀具		量具名称
		V_f	n	F	A_p	编号	名称	
3	2×φ16 孔加工		600	200		T3	φ16mm 钻头	
4	φ16mm 深 6mm 的孔加工		600	50		T4	φ16 立铣刀	

3. 参考程序

工件坐标系原点选定在工件上表面的中心位置,钻孔、扩孔与锪孔加工程序如表 5-6 所示。

表5-6 钻孔、扩孔与锪孔加工程序

程序段号	加工程序	程序说明
	%	程序传输开始代码
	O1000;	程序名
N10	G94 G90 G54 G80 G21 G17;	机床初始参数设置:每分钟进给、绝对编程、工件坐标、取消固定循环、毫米单位、XY 平面
N20	G91 G28 Z0;	回参考点
N30	T1 M06;	换中心钻
N40	G90 G43 G00 Z30.0 H01;	刀具定位至初始平面
N50	M03 S2000;	主轴正转 2000 r/min
N60	G99 G81 X30.0 Y30.0 Z-7.5 R5.0 F50 M08;	中心孔定位
N70	X-30.0;	
N80	Y-30.0;	
N90	X30.0;	
N100	G80 G49 M09 M05;	取消固定循环
N110	G91 G28 Z0 ;	换 φ9mm 钻头
N120	T2 M06;	
N130	G90 G43 G00 Z30.0 H02;	刀具定位,换转速
N140	M03 S800 ;	
N150	G99 G81 X30.0 Y30.0 Z-20.0 R5.0 F80 M08;	钻四个孔
N160	X-30.0;	
N170	Y-30.0;	
N180	X30.0;	
N190	G80 G49 M09 M05;	取消固定循环
N200	G91 G28 Z0;	换 φ16mm 扩孔钻
N210	M06 T03;	

(续表)

程序段号	加工程序	程序说明
N220	G90 G43 G00 Z30.0 H03;	刀具定位，换转速
N230	M03 S600;	
N240	G81 X30.0 Y30.0 Z-20.0 R5.0 F200 M08;	扩孔加工
N250	X-30.0 -Y30.0;	
N260	G80 G49 M09 M05;	取消固定循环
N270	G91 G28 Z0;	换锪孔钻(用立铣刀代替)
N280	M06 T04;	
N290	G90 G43 G00 Z30.0 H04;	刀具定位，换转速
N300	M03 S600;	
N310	G82 X30.0 Y-30.0 Z-6.0 R5.0 P1000 F50 M08;	锪加工锥孔，在孔底暂停 1s
N320	X-30.0 Y30.0;	
N330	G80 G49 M09 M05;	取消固定循环
N340	G91 G28 Z0;	回参考点
N350	M30;	程序结束，程序运行光标并回到程序开始处
N360	%	程序传输结束代码

任务评价

本任务评价表见表 5-7。

表5-7　钻孔、扩孔与锪孔任务评价表

序号	考核项目	考核内容	分值	评分标准	学生自评	教师评分
1	安全文明生产	符合安全文明生产和数控实训车间安全操作的有关规定	20	违反安全操作的有关规定不得分		
2	任务实施计划	任务实施过程中，有计划地进行	5	完成计划得 5 分，计划不完整得 0~4 分		
3	工艺规划	合理的工艺路线、合理区分粗精加工	10	工艺合理得 5~10 分；不合理或部分不合理得 0~4 分		
4	程序编制	完整和合理的程序逻辑	15	程序完整、合理得 10~15 分；不完整或不合理得 0~9 分		
5	工件质量评分	尺寸精度和表面粗糙度	50	满足要求得 50 分，一处不合格扣 5 分		

任务二　铰孔和镗孔加工

知识目标

1. 掌握铰孔加工固定循环指令格式；
2. 掌握镗孔加工固定循环指令格式；
3. 了解产生铰孔和镗孔加工误差的原因。

能力目标

1. 能够正确使用铰孔加工固定循环指令编写零件加工程序；
2. 能够正确选择镗孔加工固定循环指令；
3. 能够运用镗孔固定循环指令解决实际编程问题。

素养目标

1. 具有安全文明生产和环境保护意识；
2. 具有严谨认真和精益求精的职业素养。

任务分析

如图 5-23 所示零件，已知毛坯为 80 mm×80mm×30mm 的 45 钢，毛坯六面已加工，要求编写固定板的零件孔加工程序并完成零件的加工。

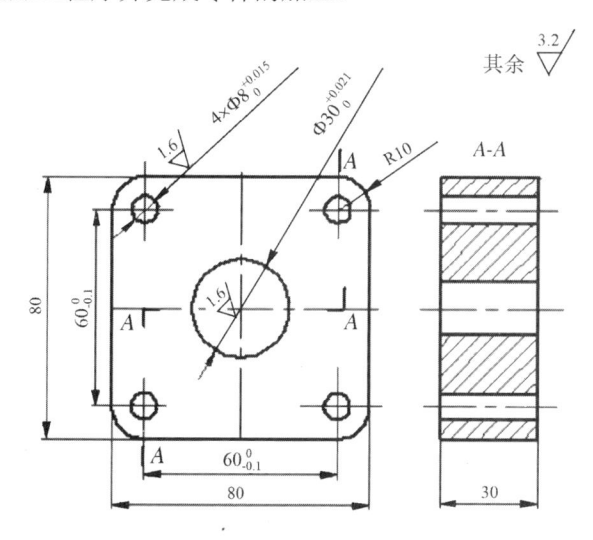

图5-23　固定板零件图

知识链接

一、铰孔循环指令 G85

指令格式

G85 X__ Y__ Z__ R__ F__;

指令说明

孔加工动作与 G81 类似，但返回行程中，从 Z~R 点为切削进给，以保证孔壁光滑，其循环动作如图 5-24 所示。此指令常用于铰孔和扩孔加工，也可用于粗镗孔加工。

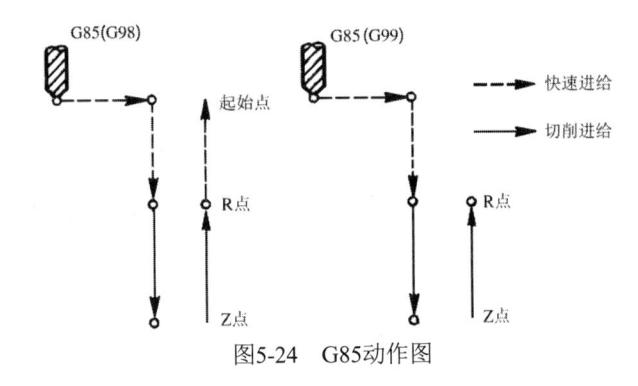

图 5-24 G85 动作图

【例题】如图 5-25 所示零件，试用铰孔循环指令 G85 编写 ϕ8H7 孔的加工程序。

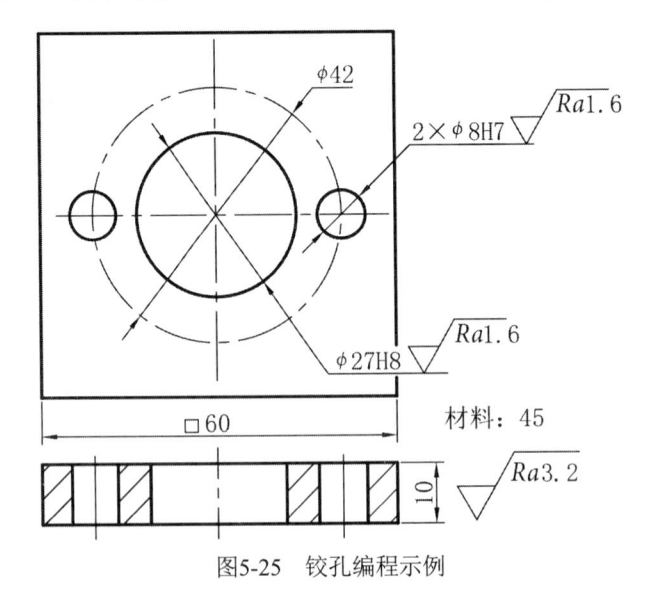

图 5-25 铰孔编程示例

O0003;
G90 G94 G80 G21 G17 G54;

G91 G28 Z0；
M03 S200 M08；
G90 G00 X0 Y0；
　　Z20.0；
G85 X21.0 Y0 Z-15.0 R5.0 F60；
　　X-21.0；
G80 M09；
G91 G28 Z0；
M30；

二、粗镗孔循环指令

1. 粗镗孔循环指令 G86

指令格式

　　G86　X__Y__Z__R__PF__；

指令说明

指令的格式与 G81 完全类似，但进给到孔底后，主轴停止，返回到 R 点(G99)或起始点(G98)后主轴再重新启动，其循环动作如图 5-26 所示。采用这种方式加工，如果连续加工的孔间距较小，则可能出现刀具已经定位到下一个孔加工的位置而主轴尚未到达规定的转速的情况，为此可以在各孔动作之间加入暂停指令 G04，以便主轴获得规定的转速。

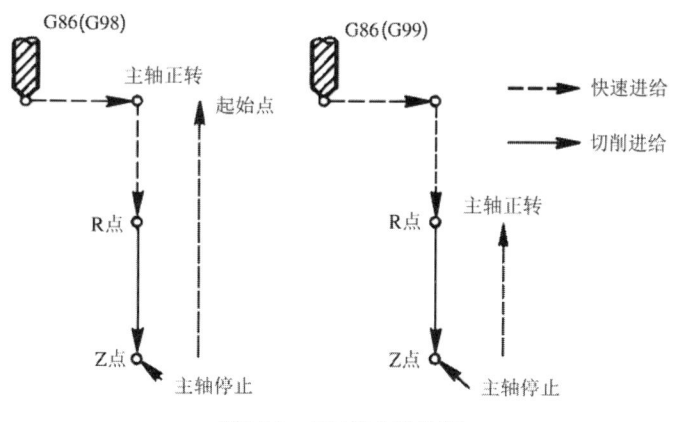

图5-26　G86指令动作图

2. 粗镗孔循环指令 G88

指令格式

　　G88　X__Y__Z__R__PF__；

指令说明

刀具以切削进给方式加工到孔底，然后刀具在孔底暂停后主轴停转，这时可通过手动方

式从孔中安全退出刀具。其循环动作如图 5-27 所示。这种加工方式虽能提高孔的加工精度，但加工效率较低。因此，该指令常被用在单件加工中。

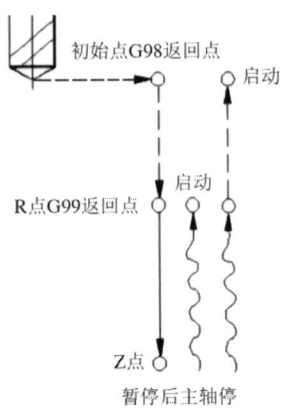

图5-27　G88指令动作图

3. 粗镗孔循环指令 G89

指令格式

G89 X__Y__Z__R__PF__;

指令说明

G89 指令动作与前节介绍的 G85 指令动作类似，不同的是 G89 指令动作在孔底增加了暂停，因此该指令常用于阶梯孔的加工。其循环动作如图 5-28 所示。

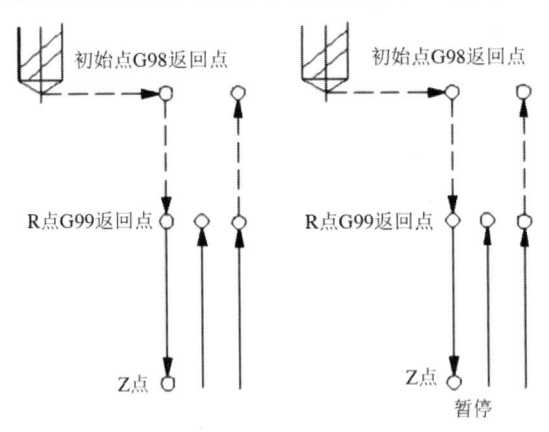

图5-28　G89指令动作图

三、精镗孔与反镗孔循环指令

1. 精镗孔循环指令 G76

指令格式

G76　X__Y__Z__R__QPF__;

精镗孔循环指令
G76 动画

指令说明

孔加工动作如图 5-29 所示。图中 P 表示在孔底有暂停，OSS 表示主轴准停，Q 表示刀具移动量。采用这种方式镗孔可以保证提刀时不至于划伤内孔表面。执行 G76 指令时，镗刀先快速定位至 X、Y 坐标点，再快速定位到 R 点，接着以 F 指定的进给速度镗孔至 Z 指定的深度后，主轴定向停止，使刀尖指向一固定的方向后，镗刀中心偏移使刀尖离开加工孔面(图 5-30)，这样镗刀以快速定位退出孔外时，才不至于刮伤孔面。当镗刀退回到 R 点或起始点时，刀具中心即恢复原来的位置，且主轴恢复转动。

应注意偏移量 Q 值一定是正值，且 Q 不可用小数点方式表示数值，如欲偏移 1.0mm，应写成 Q1000。偏移方向可用参数设定选择+X、+Y、-X 及-Y 的任何一个方向，一般设定为+X 方向。指定 Q 值时不能太大，以避免碰撞工件。

这里要特别指出的是，镗刀在装到主轴上后，一定要在 CRT/MDI 方式下执行 M19 指令使主轴准停后，检查刀尖所处的方向，如图 5-30 所示，若与图中位置相反(相差 180°)时，须重新安装刀具使其按图中的定位方向定位。

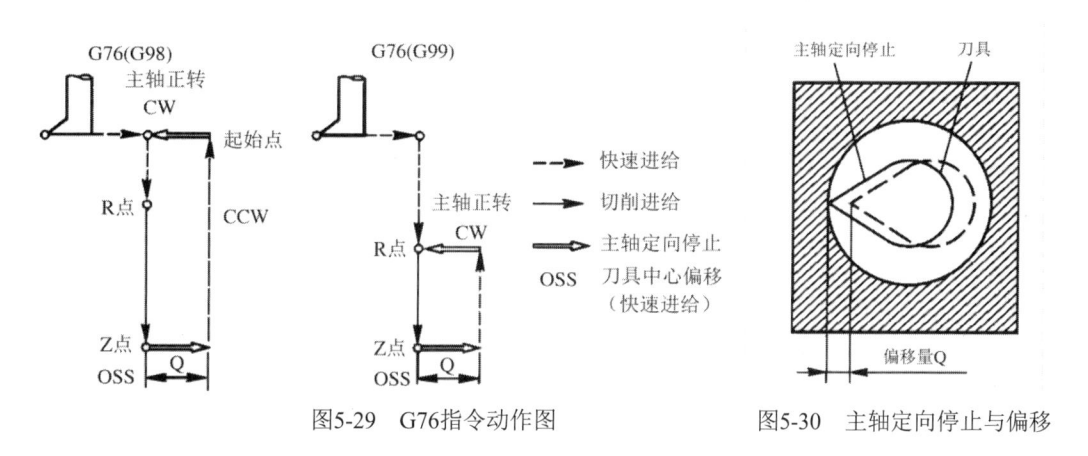

图5-29 G76指令动作图

图5-30 主轴定向停止与偏移

【例题】

如图 5-31 所示零件，试用精镗孔循环指令 G76 编写加工程序。

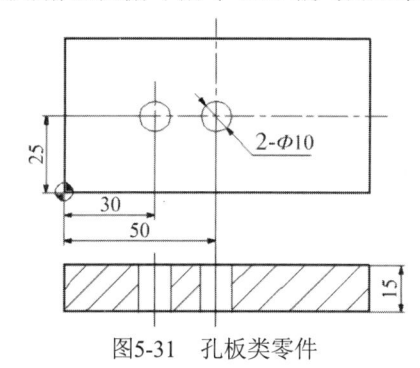

图5-31 孔板类零件

加工程序：
O0001；
……

M03S600M08；

G98 G76 X30.0Y25.0Z-15. R5.Q1000 P1000 F60；

X50.0；

G80M09；

G91 G28 Z0；

M30；

2. 反镗孔循环指令 G87

指令格式

  G87 X__ Y__ Z__ R__ Q__ F__

指令说明

  反镗孔动作指令如图 5-32 所示。执行 G87 循环指令时，刀具在 G17 平面内快速定位后，主轴准停，刀具向刀尖相反方向偏移 Q，然后快速移动到孔底（R 点），在这个位置刀具按原偏移量反向移动相同的 Q 值，主轴正转并以切削进给方式加工到 Z 平面，主轴再次准停，并沿刀尖相反方向偏移 Q，快速提刀至初始平面并按原偏移量返回到 G17 平面的定位点，主轴开始正转，循环结束。由于执行 G87 循环指令时，刀尖无须在孔中经工件表面退出，故加工表面质量较好，所以该循环指令常用于精密孔的镗削加工。

反镗孔循环指令 G87 动画

图5-32 G87指令动作图

  【例题】如图 5-25 所示零件，试分别用 G87 或 G76 指令编写 ϕ27mm 孔的精镗孔加工程序。

程序如下：

O0004；

…

M03 S600 M08；

G87 X0 Y0 Z5.0 R-15.0 Q1000 F60；

(或 G76 X0 Y0 Z-15.0 R5.0 Q1000 F60；)

G80 M09；

M30；

注意：

采用 G87 和 G76 指令精镗孔时，一定要在加工前验证刀具退刀方向的正确性，以保证刀具沿刀尖的反方向退刀。

四、铰孔和镗孔误差分析

铰孔和镗孔误差分析见表 5-8 和表 5-9。

表5-8　铰孔的精度及误差分析

出现问题	产生原因
孔径扩大	铰孔中心与底孔中心不一致
	进给量或铰削余量过大
	切削速度太高，铰刀热膨胀
	切削液选用不当或没加切削液
孔径缩小	铰刀磨损或铰刀已钝
	铰铸铁时
孔呈多边形	铰削余量太大，铰刀振动
	铰孔前钻孔不圆
表面粗糙度不符合要求	铰孔余量太大或太小
	铰刀切削刃不锋利
	切削液选用不当或没加切削液
	切削速度过大，产生积屑瘤
	孔加工固定循环选择不合理，进、退刀方式不合理
	容屑槽内切屑堵塞

表5-9　镗孔误差分析表

出现问题	产生原因
表面粗糙度质量差	镗刀刀尖角或刀尖圆弧太小
	进给量过大或切削液使用不当
	工件装夹不牢固，加工过程中工件松动或振动
	镗刀刀杆刚度差，加工过程中产生振动
	精加工时采用不合适的镗孔固定循环，进、退刀时划伤工件表面
孔径超差或孔呈锥形	镗刀回转半径调整不当，与所加工孔直径不符
	测量不正确
	镗刀在加工过程中磨损
	镗刀刚度不足，镗刀偏让
	镗刀刀头锁紧不牢固
孔轴线与基准面不垂直	工件装夹与找正不正确
	工件定位基准选择不当

§ 职业素养 §

"细节决定成败",零件的加工经常会出现误差,作为操作人员要对废品进行分析,并养成对产品质量严格把关的行为习惯,要以严谨、细致的工作态度对待工作任务中的每一个环节,确保最后加工出合格的零件。

任务实施

1. 零件分析与尺寸计算

1) 结构分析

该零件基准面已加工,需要加工 4 个 $\phi 8mm$ 和 1 个 $\phi 30mm$ 的通孔,孔的表面粗糙度为 1.6μm,孔较深且加工精度要求较高。

2) 工艺分析

加工方法:加工孔是 7 级精度。$\phi 30mm$ 通孔采用"钻中心孔—钻底孔—扩孔—镗孔"; $\phi 8$ 孔加工采用"钻中心孔—钻孔—铰孔"。刀具选择:A2.5 中心钻(高速工具钢)、$\phi 7.8mm$ 麻花钻(高速钢)、$\phi 8mm$ 铰刀(硬质合金)、$\phi 16mm$ 扩孔钻(高速钢)、$\phi 30mm$ 精镗刀(硬质合金)。

3) 定位及装夹分析

将 80mm×80mm 毛坯直接装夹在平口钳上,夹持长度不小于 10mm。底面垫铁垫实,工件中间有通孔,垫铁放置合适,以免钻削到垫铁。

2. 工艺卡片

有关加工顺序、工步内容、夹具、刀具、量具检具、切削用量等工艺问题,详见表 5-10 和表 5-11 所示的工艺卡片。

表5-10 铰孔与镗孔加工刀具调整卡

刀具调整卡							
零件名称		固定板		零件图号			
设备名称		加工中心	设备型号	XH714D	程序号		
材料名称及牌号		45钢		工序名称	孔加工	工序号	5
序号	刀具编号	刀具名称		刀具材料及牌号	刀具参数		刀补地址	
^	^	^ || ^	直径	长度	直径	长度
1	T1	A2.5 中心钻 || 高速钢				H1
2	T2	麻花钻 || 高速钢	$\phi 7.8mm$			H2
3	T3	铰刀 || 高速钢	$\phi 8mm$			H3
4	T4	扩孔钻 || 高速钢	$\phi 16mm$			H4
5	T5	精镗刀 || 硬质合金	$\phi 30mm$			H5

表5-11 铰孔与镗孔数控加工工序卡

数控加工工序卡

零件名称	固定板	零件图号		夹具名称	平口钳
设备名称及型号		加工中心XH714D			
材料名称及牌号	45钢	工序名称	孔加工	工序号	5

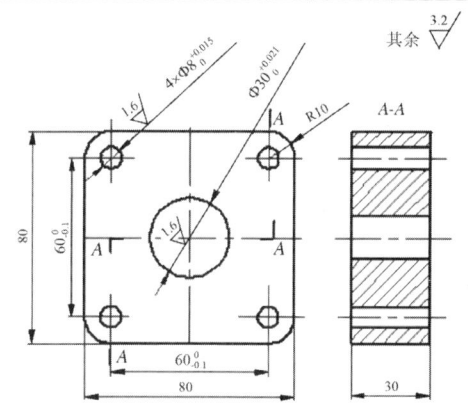

工步号	工步内容	切削用量				刀具		量具名称
		V_f	n	F	Ap	编号	名称	
1	钻中心孔		2000	40		T1	A2.5 中心钻	
2	钻ϕ8mm和ϕ30mm底孔		800	80		T2	ϕ7.8mm 钻头	
3	4×ϕ8mm 铰孔加工		100	30		T3	ϕ8mm 铰刀	
4	ϕ30mm 扩孔加工		400	50		T4	ϕ16mm 扩孔钻	
5	ϕ30mm 精镗孔加工		1000	80		T5	ϕ30mm 精镗刀	

3. 参考程序

工件坐标系原点选定在工件上表面的中心位置，铰工与镗工加工程序如表5-12所示。

表5-12 铰孔与镗孔加工程序

程序段号	加工程序	程序说明
	%	程序传输开始代码
	O1000;	程序名
N10	G94 G90 G54 G80 G21 G17;	机床初始参数设置：每分钟进给、绝对编程、工件坐标、取消固定循环、毫米单位、XY平面
N20	G91 G28 Z0;	回参考点
N30	T1 M06;	换中心钻
N40	G90 G43 G00 Z30.0 H01;	刀具定位至初始平面

(续表)

程序段号	加工程序	程序说明
N50	M03 S2000；	主轴正转 2000 r/min
N60	G99 G81 X0 Y0 Z-3.0 R5.0 F40 M08；	中心孔定位
N70	X-30.0 Y30.0；	
N80	X30.0；	
N90	X-30.0 Y-30.0；	
N100	X30.0；	
N110	G80 G49 M09 M05；	取消固定循环
N120	G91 G28 Z0；	换 ϕ7.8mm 钻头
N130	T2 M06；	
N140	G90 G43 G00 Z30.0 H02；	刀具定位，换转速
N150	M03 S800；	
N160	G99 G83 X0 Y0 Z-35.0 R5.0 Q80 F80 M08；	钻底孔
N170	X-30.0 Y30.0；	
N180	X30.0；	
N190	X-30.0 Y-30.0；	
N200	X30.0；	
N210	G80 G49 M09 M05；	取消固定循环
N220	G91 G28 Z0；	换 ϕ8mm 铰刀
N230	M06 T03；	
N240	G90 G43 G00 Z30.0 H03；	刀具定位，换转速
N250	M03 S100；	
N260	G85 X-30.0 Y30.0 Z-35.0 R5.0 F30 M08；	铰孔加工
N270	X30.0；	
N280	X-30.0 Y-30.0；	
N290	X30.0；	
N300	G80 G49 M09 M05；	取消固定循环
N310	G91 G28 Z0；	换 ϕ16mm 扩孔钻
N330	M06 T04；	
N340	G90 G43 G00 Z30.0 H04；	刀具定位，换转速
N350	M03 S400；	
N360	G81 X0 Y0 Z-35.0 R5.0 F50 M08；	ϕ30mm 扩孔加工
N370	G80 G49 M09 M05；	取消固定循环
N380	G91 G28 Z0；	换 ϕ30mm 精镗刀
N390	M06 T05；	

(续表)

程序段号	加工程序	程序说明
N400	G90 G43 G00 Z30.0 H05;	刀具定位，换转速
N410	M03 S1000;	
N420	G99 G76 X0 Y0 Z-35.0 R5.0 Q0.5 F80;	ϕ30mm 精镗加工
N430	G80 G49 M09 M05;	取消固定循环
N440	G91 G28 Z0;	回参考点
N450	M30;	程序结束，程序运行光标回到程序开始处
	%	程序传输结束代码

任务评价

本任务评价表见表5-13。

表5-13 铰孔与镗孔任务评价表

序号	考核项目	考核内容	分值	评分标准	学生自评	教师评分
1	安全文明生产	符合安全文明生产和数控实训车间安全操作的有关规定	20	违反安全操作的有关规定不得分		
2	任务实施计划	任务实施过程中，有计划地进行	5	完成计划得 5 分，计划不完整得 0~4 分		
3	工艺规划	合理的工艺路线、合理区分粗精加工	10	工艺合理得 5~10 分；不合理或部分不合理得 0~4 分		
4	程序编制	完整和合理的程序逻辑	15	程序完整、合理得 10~15 分；不完整或不合理得 0~9 分		
5	工件质量评分	尺寸精度和表面粗糙度	50	满足要求得 50 分，一处不合格扣 5 分		

任务三 攻螺纹加工

知识目标

1. 了解攻螺纹的加工工艺；

2. 了解攻螺纹加工用刀具；
3. 掌握攻螺纹加工固定循环编程的方法；
4. 了解产生攻螺纹误差的原因。

能力目标

1. 能够正确使用攻螺纹加工固定循环指令编写零件加工程序；
2. 能够正确选择攻螺纹加工固定循环指令；
3. 能够运用攻螺纹固定循环指令完成零件的加工并达到要求。

素养目标

1. 具有安全文明生产和环境保护意识；
2. 具有严谨认真和精益求精的职业素养。

任务分析

如图 5-33 所示零件，已知毛坯外形各基准面已加工完毕，材料为 45 钢，要求编制支撑板的零件孔加工程序并完成零件的加工。

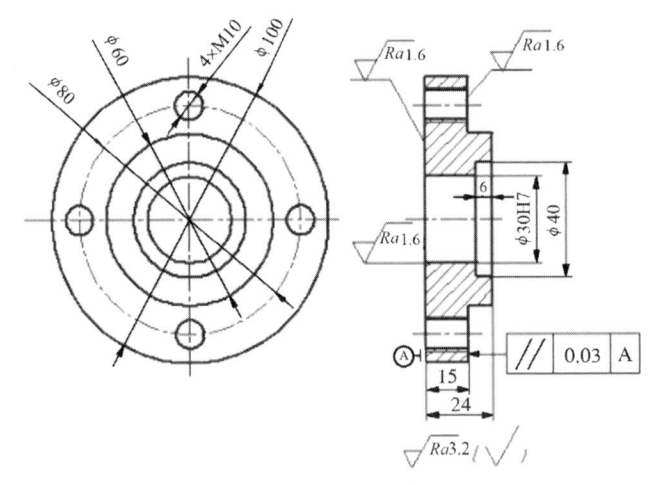

图5-33　支撑板零件图

知识链接

一、螺纹孔加工工艺

1. 螺纹加工方法及刀具选择

由于数控机床加工小直径螺纹时，比较容易折断丝锥，因此 M6 以下的内螺纹，可在数控机床上完成底孔加工，再通过其他手段攻螺纹；对于 M6~M20 的内螺纹，数控加工时一般采用丝锥进行攻螺纹；对于外螺纹或 M20 以上的内螺纹一般采用螺纹铣刀进行铣削加工。

2. 攻螺纹

1) 丝锥的选择

丝锥是加工内螺纹的一种常用刀具，一般分为手用和机用丝锥两种，数控机床常用机用丝锥进行攻螺纹，丝锥有直槽机用丝锥、螺旋槽机用丝锥、挤压机用丝锥等，如图 5-34 所示。图 5-35 为直槽机用丝锥基本结构，螺纹部分可分为切削锥部分和校准部分，切削锥磨出锥角，以便逐渐切去全部余量，校准部分有完整齿形，起修光、校准和导向作用；工具尾部通过夹头和标准锥柄与机床主轴锥孔联接。

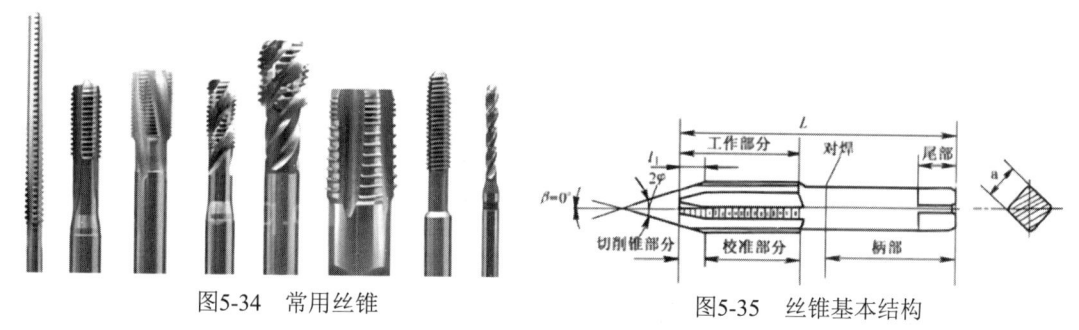

图5-34　常用丝锥　　　图5-35　丝锥基本结构

攻螺纹加工的实质是用丝锥进行成型加工，丝锥的牙型、螺距、螺旋槽形状、倒角类型、丝锥的材料、切削的材料和刀套等因素，都影响内螺纹孔的加工质量。

2) 普通内螺纹的基本尺寸

牙型角为 60°的公制螺纹，也叫普通螺纹，其基本尺寸如下。

(1) 螺纹大径：D (螺纹大径的基本尺寸与公称直径相同)
(2) 螺纹中径：$D2 = D - 0.6495P$（P 为螺纹螺距）
(3) 牙型高度：$H = 0.5413P$
(4) 螺纹小径：$D1 = D - 1.0825P$

3) 工艺参数的确定

● 底孔直径

丝锥攻内螺纹前，首先要有螺纹底孔，理论上，底孔直径就是螺纹的小径，实际加工时底孔直径的确定，需考虑工件材料的塑性及钻孔扩张量等因素。

底孔直径大小，要根据工件材料塑性大小及钻孔扩张量考虑，一般采用下列经验公式：
在加工钢和塑性较大的材料及扩张量中等的条件下：

$$D_{钻} = D - P$$

式中，$D_{钻}$——攻螺纹钻螺纹底孔用钻头直径，mm；
　　　D——螺纹大径，mm；
　　　P——螺距，mm。

在加工铸铁和塑性较小的材料及扩张量较小的条件下：

$$D_{钻} = D - (1.05 \sim 1.1)P$$

- 底孔深度

攻不通孔螺纹时，还要考虑底孔深度，预钻孔的深度 Z 一般为：

$$Z=螺纹有效长度+0.7D$$

二、螺纹加工固定循环指令

1. 攻左旋螺纹循环指令 G74

指令格式

  G74 X__Y__Z__R___PF___；

指令说明

加工动作如图 5-36 所示。图中 CW 表示主轴正转，CCW 表示主轴反转。此指令用于攻左旋螺纹，故需先使主轴反转，再执行 G74 指令，刀具先快速定位至 X、Y 所指定的坐标位置，再快速定位到 R 点，接着以 F 所指定的进给速度攻螺纹至 Z 所指定的坐标位置后，主轴转换为正转且同时向 Z 轴正方向退回至 R，退至 R 点后主轴恢复原来的反转。

攻螺纹的进给速度为：$V_F(\mathrm{mm \cdot min^{-1}})=$螺纹导程 $P(\mathrm{mm}) \times$主轴转速 $n(\mathrm{r \cdot mm^{-1}})$。

2. 攻右旋螺纹循环指令 G84

指令格式

  G84 X__Y__Z__R___PF___；

指令说明

与 G74 类似，但主轴旋转方向相反，用于攻右旋螺纹，其循环动作如图 5-37 所示。在 G74、G84 攻螺纹循环指令执行过程中，操作面板上的进给率调整旋钮无效，另外即使按下进给暂停键，循环在回复动作结束之前也不会停止。

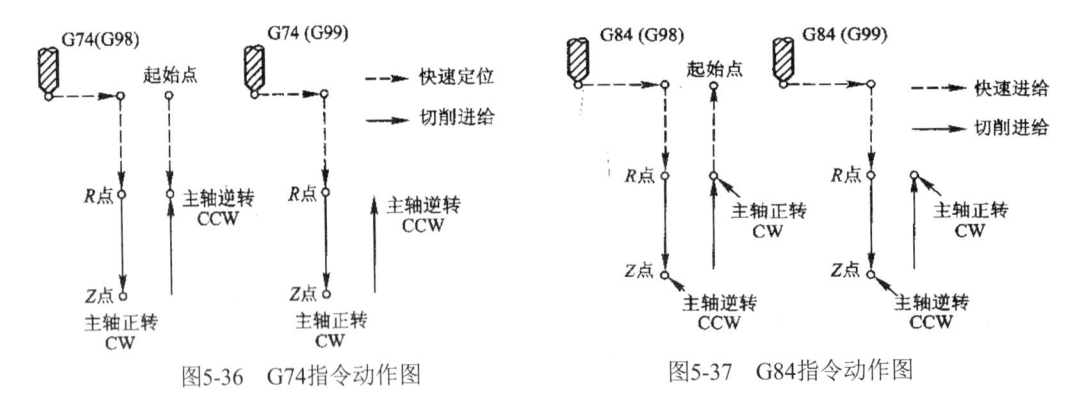

图5-36 G74指令动作图   图5-37 G84指令动作图

【例题】如图 5-38 所示，试用攻螺纹循环指令编写 2×M12 螺纹通孔的加工程序。

O0006；

……

G90 G00 X0 Y0；

G99 G84 Y25.0 Z-15.0 R3.0 F1.75;
Y-25.0;
G80 G94 G49 M09;
G91 G28 Z0;
M30;

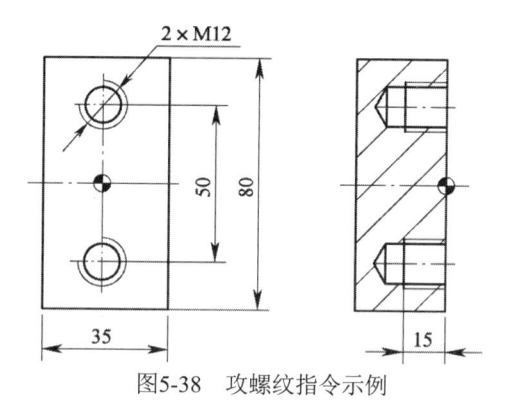

图5-38 攻螺纹指令示例

三、螺纹的测量与攻螺纹误差分析

螺纹的主要测量参数有螺距、大径、小径和中径尺寸。

1) 大、小径的测量

外螺纹大径和内螺纹小径的公差一般较大，可用游标卡尺或千分尺测量。

2) 螺距的测量

螺距一般可用钢直尺或螺距规测量。由于普通螺纹的螺距一般较小，所以采用钢直尺测量时，最好测量10个螺距的长度，然后除以10，就得出一个较正确的螺距尺寸。

3) 中径的测量

对精度较高的普通螺纹，可用外螺纹千分尺直接测量，如图5-39所示，所测得的千分尺的读数就是该螺纹中径的实际尺寸。

4) 综合测量

综合测量是指用螺纹塞规或螺纹环规(见图5-40)综合检查内、外普通螺纹是否合格。使用螺纹塞规和螺纹环规对，应按其对应的公差等级进行选择。

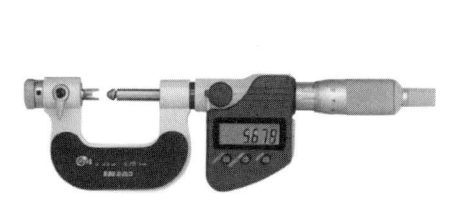

图5-39 外螺纹千分尺   图5-40 螺纹塞规与螺纹环规

接下来介绍攻螺纹误差分析

攻螺纹误差分析见表 5-14。

表5-14 攻螺纹误差分析表

出现问题	产生原因
螺纹乱牙或滑牙	丝锥夹紧不牢固,造成乱牙
	攻不通孔螺纹时,固定循环中的孔底平面选择过深
	切屑堵塞,没有及时清理
	固定循环程序选择不合理
丝锥折断	底孔直径太小
	底孔中心与攻螺纹主轴中心不重合
	攻螺纹夹头选择不合理,没有选择浮动夹头
尺寸不正确或螺纹不完整	丝锥磨损
	底孔直径太大,造成螺纹不完整
表面粗糙度不符合要求	转速太快,导致进给速度太快
	切削液选择不当或使用不合理
	切屑堵塞,没有及时清理
	丝锥磨损

任务实施

1. 零件分析与尺寸计算

1) 结构分析

该零件基准面已加工,需要加工 4 个 M10 螺纹孔、1 个 ϕ30H7mm 的光孔和 ϕ40mm 的沉孔,孔的加工精度要求较高。

2) 工艺分析

加工方法:M10 螺纹孔为粗牙螺纹,螺距为 1.5mm,采用"钻中心孔—钻底孔—孔口倒角—攻螺纹";ϕ30H7mm 的光孔是 7 级精度,采用"钻中心孔—钻底孔—扩孔—镗孔"。刀具选择:A2.5 中心钻(高速工具钢)、ϕ28mm 麻花钻(高速工具钢)、ϕ29.5mm 扩孔钻(高速工具钢)、ϕ40mm 双刃镗刀(硬质合金)、ϕ8.5mm 麻花钻(高速工具钢)、倒角刀(硬质合金)、M10 丝锥(硬质合金)、ϕ30mm 精镗刀(硬质合金)。

3) 定位及装夹分析

工件用三爪自定心卡盘装夹,工件应放在虎口钳中间,底面垫铁垫实,上面至少露出 10mm,以免钳口干涉。工件中间有一通孔,垫铁放置要合适,以免钻削到垫铁。

2. 工艺卡片

有关加工顺序、工步内容、夹具、刀具、量具检具、切削用量等工艺问题,详见表 5-15

和表 5-16 所示的工艺卡片。

表5-15 攻螺纹加工刀具调整卡

刀具调整卡							
零件名称	支撑板 || 零件图号					
设备名称	加工中心		设备型号	XH714D	程序号		
材料名称及牌号	45钢			工序名称	孔加工	工序号		5
序号	刀具编号	刀具名称	刀具材料及牌号	刀具参数		刀补地址	
				直径	长度	直径	长度
1	T1	中心钻	高速钢				H1
2	T2	麻花钻	高速钢	$\phi 28mm$			H2
3	T3	扩孔钻	高速钢	$\phi 29.5mm$			H3
4	T4	双刃镗刀	硬质合金	$\phi 40mm$			H4
5	T5	麻花钻	高速钢	$\phi 8.5mm$			H5
6	T6	倒角刀	硬质合金				H6
7	T7	丝锥	硬质合金	M10			H7
8	T8	精镗刀	硬质合金	$\phi 30mm$			H8

表5-16 攻螺纹数控加工工序卡

数控加工工序卡						
零件名称	支撑板	零件图号		夹具名称	平口钳	
设备名称及型号	加工中心XH714D					
材料名称及牌号	45钢	工序名称	孔加工	工序号	5	

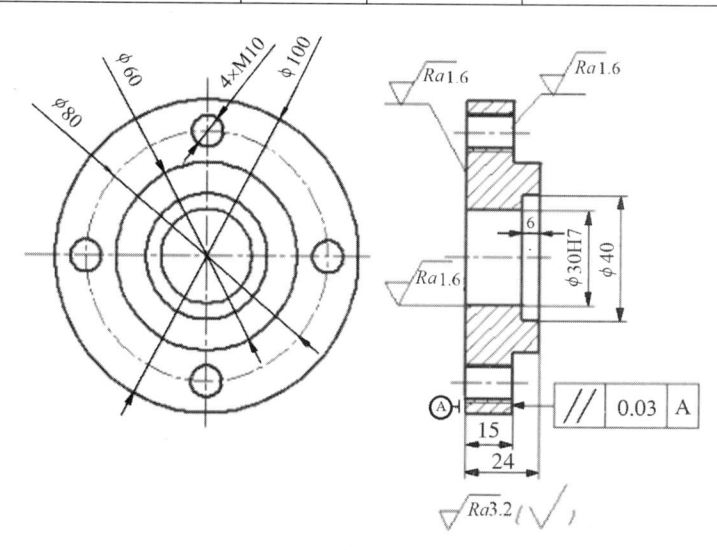

(续表)

工步号	工步内容	切削用量				刀具		量具名称
		V_f	n	F	Ap	编号	名称	
1	钻中心孔		2000	40		T1	A2.5 中心钻	
2	钻孔 ϕ30H7 孔底孔至 ϕ28mm		500	70		T2	ϕ28mm 麻花钻	
3	扩 ϕ30H7 孔至 ϕ29.5mm		400	60		T3	ϕ29.5mm 扩孔钻	
4	镗 ϕ40mm 沉孔		450	40		T4	ϕ40mm 双刃镗刀	
5	钻 M10 螺纹底孔至 8.5		800	80		T5	ϕ8.5mm 麻花钻	
6	M10 螺纹孔口倒角		500	40		T6	倒角刀	
7	攻螺纹 M10		100	150		T7	M10 丝锥	
8	精镗 ϕ30H7 孔		1000	80		T8	ϕ30mm 精镗刀	

3. 参考程序

工件坐标系原点选定在工件上表面的中心位置，攻螺纹孔加工程序见表 5-17。

表5-17 攻螺纹孔加工程序

程序段号	加工程序	程序说明
	%	程序传输开始代码
	O1000;	程序名
N10	G94 G90 G54 G80 G21 G17;	机床初始参数设置：每分钟进给、绝对编程、工件坐标、取消固定循环、毫米单位、XY 平面
N20	G91 G28 Z0;	回参考点
N30	T1 M06;	换中心钻
N40	G90 G43 G00 Z30.0 H01;	刀具定位至初始平面
N50	M03 S2000;	主轴正转 2000 r/min
N60	G98 G81 X0 Y0 Z-12.0 R5.0 F40 M08;	
N70	X40.0 Y0;	
N80	X-40.0;	中心孔定位
N90	X0 Y40.0;	
N100	Y-40.0;	
N110	G80 G49 M09 M05;	取消固定循环
N120	G91 G28 Z0;	换 ϕ28mm 麻花钻
N130	T2 M06;	
N140	G90 G43 G00 Z30.0 H02;	刀具定位，换转速
N150	M03 S500;	

(续表)

程序段号	加工程序	程序说明
N160	G81 X0 Y0 Z-40.0 R5.0 Q80 F70 M08；	钻孔 ϕ30H7 孔底孔至 ϕ28mm
N170	G80 G49 M09 M05；	取消固定循环
N180	G91 G28 Z0；	换 ϕ29.5mm 扩孔钻
N190	M06 T03；	
N200	G90 G43 G00 Z30.0 H03；	刀具定位，换转速
N210	M03 S400；	
N220	G81 X0 Y0 Z-32.0 R5.0 F60 M08；	扩 ϕ30H7 孔至 ϕ29.5mm
N230	G80 G49 M09 M05；	取消固定循环
N240	G91 G28 Z0；	换 ϕ40mm 双刃镗刀
N250	M06 T04；	
N260	G90 G43 G00 Z30.0 H04；	刀具定位，换转速
N270	M03 S450；	
N280	G89 X0 Y0 Z-6.0 R5.0 P2000 F40 M08；	镗 ϕ40 mm 沉孔
N290	G80 G49 M09 M05；	取消固定循环
N300	G91 G28 Z0；	换 ϕ8.5mm 麻花钻
N310	M06 T05；	
N320	G90 G43 G00 Z30.0 H05；	刀具定位，换转速
N330	M03 S800；	
N340	G98 G81 X40.0 Y0 Z-30.0 R5.0 F80；	钻 M10 螺纹底孔 8.5 mm
N350	X-40.0；	
N360	X0 Y40.0；	
N370	Y-40.0；	
N380	G80 G49 M09 M05；	取消固定循环
N390	G91 G28 Z0；	换倒角刀
N400	M06 T06；	
N410	G90 G43 G00 Z30.0 H06；	刀具定位，换转速
N420	M03 S500；	
N430	G98 G81 X40.0 Y0 Z-11.0 R5.0 F40；	M10 螺纹孔口倒角
N440	X-40.0；	
N450	X0 Y40.0；	
N460	Y-40.0；	
N470	G80 G49 M09 M05；	取消固定循环
N480	G91 G28 Z0；	换 M10 丝锥
N490	M06 T07；	

(续表)

程序段号	加工程序	程序说明
N500	G90 G43 G00 Z30.0 H07;	刀具定位，换转速
N510	M03 S100;	
N520	G98 G84 X40.0 Y0 Z-28.0 R5.0 F150;	攻 M10 螺纹孔
N530	X-40.0;	
N540	X0 Y40.0;	
N550	Y-40.0;	
N560	G80 G49 M09 M05;	取消固定循环
N570	G91 G28 Z0;	换 ϕ 30mm 精镗刀
N580	M06 T08;	
N590	G90 G43 G00 Z30.0 H08;	刀具定位，换转速
N600	M03 S1000;	
N610	G99 G76 X0 Y0 Z-32.0 R5.0 Q0.5 F80;	精镗 ϕ30H7 孔
N620	G80 G49 M09 M05;	取消固定循环
N630	G91 G28 Z0;	回参考点
N640	M30;	程序结束，程序运行光标回到程序开始处
	%	程序传输结束代码

任务评价

本任务评价表见表 5-18。

表5-18 攻螺纹孔加工任务评价表

序号	考核项目	考核内容	分值	评分标准	学生自评	教师评分
1	安全文明生产	符合安全文明生产和数控实训车间安全操作的有关规定	20	违反安全操作的有关规定不得分		
2	任务实施计划	任务实施过程中，有计划地进行	5	完成计划得 5 分，计划不完整得 0~4 分		
3	工艺规划	合理的工艺路线、合理区分粗精加工	10	工艺合理得 5~10 分；不合理或部分不合理得 0~4 分		
4	程序编制	完整和合理的程序逻辑	15	程序完整、合理得 10~15 分；不完整或不合理得 0~9 分		
5	工件质量评分	尺寸精度和表面粗糙度	50	满足要求得 50 分，一处不合格扣 5 分		

项目六

特殊零件编程与加工

任务一　坐标平移与极坐标加工

知识目标

1. 掌握极坐标指令的格式；
2. 了解极坐标指令在数控编程中的运用；
3. 了解坐标平移指令的指令格式及编程方法；
4. 掌握极坐标指令的编程方法。

能力目标

1. 能够正确使用坐标平移指令编写零件加工程序；
2. 能够运用极坐标指令解决实际编程问题。

素养目标

1. 具有安全文明生产和环境保护意识；
2. 具有严谨认真和精益求精的职业素养。

任务分析

如图 6-1 所示零件，已知毛坯尺寸为 120mm×100mm×25mm，外形各基准面已加工完毕，材料为 45 钢，要求编制五边形外形轮廓、三个腰形槽及三个 ϕ10mm 孔的数控铣加工程序并

完成零件的加工。

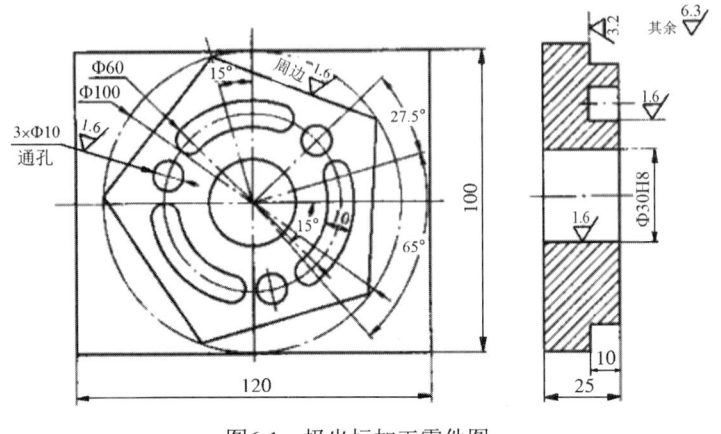

图6-1 极坐标加工零件图

知识链接

一、设定工件坐标系指令

1. 工件坐标系设定指令 G92

指令格式

　　G92　X_ Y_ Z_

X_ Y_ Z_ 为当前刀位点在工件坐标系中的坐标。

指令说明

(1) G92 并不驱使机床刀具或工作台运动，数控系统通过 G92 命令确定刀具当前机床坐标位置相对于加工原点(编程起点)的距离关系，以求建立起工件坐标系。

(2) 一旦建立此坐标系，后序的绝对值指令坐标位置都是此工件坐标系中的坐标值。

【例题】如图 6-2 所示，G92 X X2_ Y Y2_ Z Z2_将工件原点设定到距刀具起始点距离为 X=－X2，Y=－Y2，Z=－Z2 的位置上。

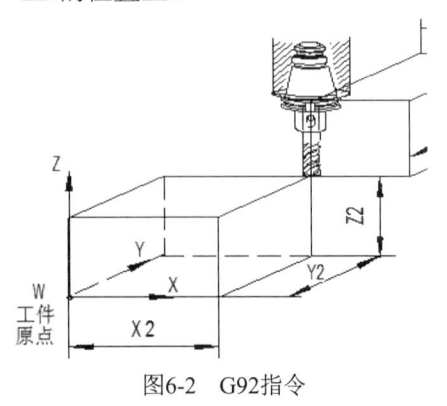

图6-2　G92指令

2. 工件坐标系零点偏移指令 G54～G59

与前面介绍的 G54 指令类似，通过对刀操作及输入不同的零点偏移参数，可以设定 G54～G59 六个不同的工件坐标系。这六个预定工件坐标系的原点在机床坐标系中的值(工件零点偏置值)可用 MDI 方式输入，系统自动记忆。工件坐标系一旦选定，后续程序段中绝对值编程时的指令值均为相对此工件坐标系原点的值。采用 G54～G59 选择工件坐标系的方式如图 6-3 所示。

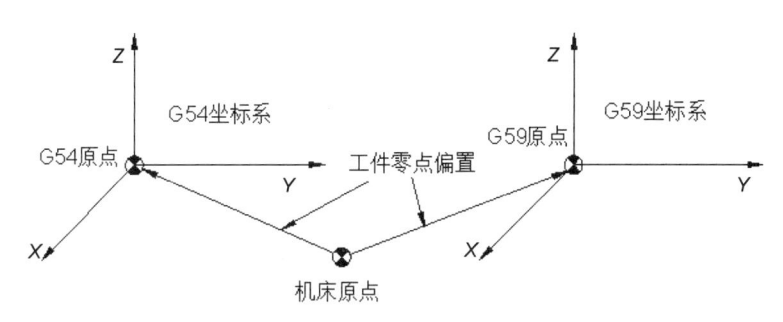

图6-3 选择坐标系指令G54～G59

指令说明

(1) G54～G59 是系统预置的六个坐标系，可根据编程需要选用。

(2) 执行该指令后，所有坐标值指定的坐标尺寸都是选定的工件加工坐标系中的位置。1～6 号工件加工坐标系是通过 CRT/MDI 方式设置的。

(3) G54～G59 预置建立的工件坐标原点在机床坐标系中的坐标值可用 MDI 方式输入，系统自动记忆。

(4) 使用该组指令前，必须先回参考点。

(5) G54～G59 为模态指令，可相互注销。

二、坐标平移指令

在工件坐标系中编程时，可将当前工件坐标系复制并平移到指定的位置，形成新的子坐标系，这个子坐标系又称为局部坐标系。

1. 指令格式

G52 X_Y_Z_;

式中：X、Y、Z 为局部坐标系原点在当前工件坐标系中的坐标值。

G52 X0 Y0 Z0 表示取消局部坐标系。

2. 指令说明

(1) G52 指令能在所有的工件坐标系(G92、G54~G59)内形成子坐标系，即局部坐标系，如图 6-4 所示。含有 G52 指令的程序段中，绝对值编程方式的指令值就是在该局部坐标系中的坐标值。

(2) 设定局部坐标系后工件坐标系和机床坐标系保持不变。

(3) G52 指令为非模态指令。

(4) 在缩放及旋转功能下，不能使用 G52 指令，但在 G52 下能进行缩放及坐标系旋转。

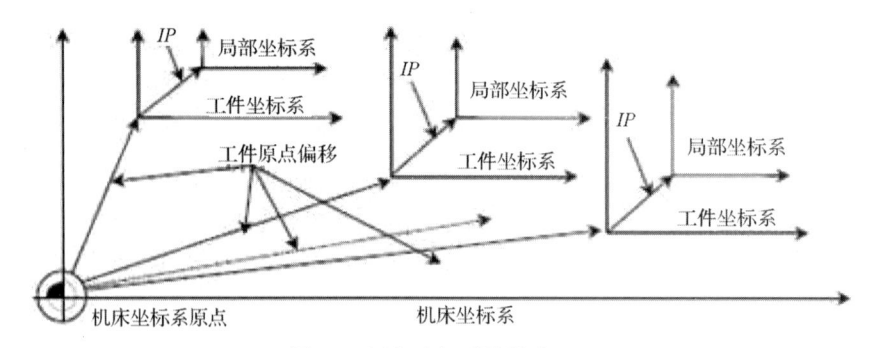

图6-4　局部坐标系的设定G52

【例题】如图 6-5 所示，刀具从 $A \rightarrow B \rightarrow C$ 路线进行，刀具起点在(20，20，0)处，可编程如下：

N02 G92 X20.0 Y20.0 Z0；　　　　　(设定 G92 为当前工作坐标系)
N04 G90 G00 X10.0 Y10.0；　　　　　(快速定位到 G92 工作坐标系中的 A 点)
N06 G54；　　　　　　　　　　　　(将 G54 置为当前坐标系)
N08 G90 G00 X10.0 Y10.0；　　　　　(快速定位到 G54 工作坐标系中的 B 点)
N10 G52 X20.0 Y20.0；　　　　　　　(在当前工作坐标系 G54 中建立局部坐标系 G52)
N12 G90 G00 X10.0 Y10.0；　　　　　(定位到 G52 中的 C 点)

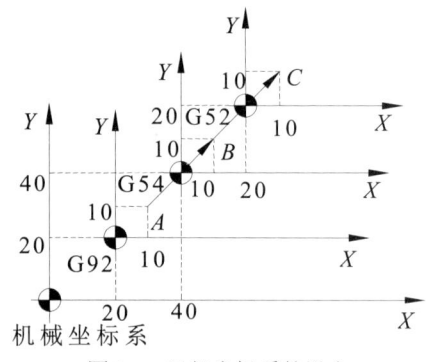

图6-5　局部坐标系的设定

三、极坐标指令

1. 极坐标的含义

如图 6-6 所示，在平面上任取一点 O，作为极点，由 O 点引一条射线 OX，作为极轴，选定一个长度单位和角度的正方向(逆时针为正方向)，对平面内的任一点 P，用 r 表示 OP 的长度，θ 表示从 OX 到 OP 的角度，将 r 叫作点 P 的极半径，θ 叫作点 P 的极角，则(r, θ)就叫作点 P 的极坐标。

图6-6 极坐标含义

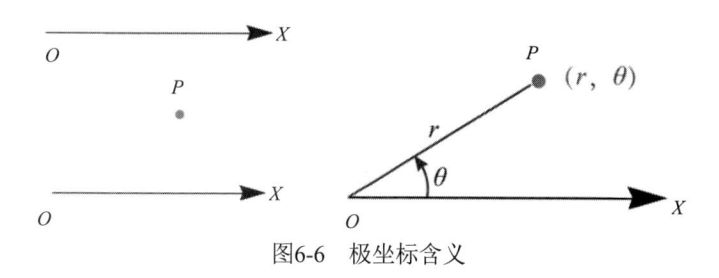

2. 极坐标指令

1) 指令格式

G16；(极坐标系生效)

G15；(极坐标系取消)

2) 指令说明

当使用极坐标指令后，即以极径和极角来确定点的位置。

极坐标半径：用所选平面的第一轴地址来指定(用正值表示)。

极坐标角度：用所选平面的第二坐标地址来指定极坐标角度。

3) 点的极坐标表示

如图6-7所示 A 点与 B 点的坐标，采用极坐标方式：

A 点　X40.0 Y0；(极径为40，极角为0°)

B 点　X40.0 Y60.0；(极径为40，极角为60°)

刀具从 A 点到 B 点采用极坐标系编程如下：

…

G00 X40.0 Y0；　　　(直角坐标系)

G90 G17 G16；　　　(选择 XY 平面，极坐标系生效)

G01 X40.0 Y60.0；　　(终点极径为40，终点极角为60°)

G15；　　　　　　　(取消极坐标)

…

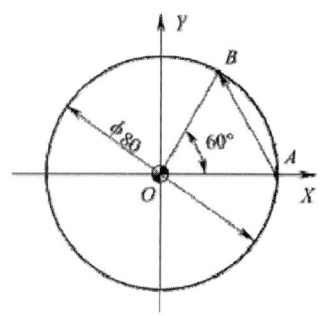

图6-7 点的极坐标表示方法

3. 极坐标系原点

1) 以工件坐标系的零点作为极坐标原点

用绝对值编程，如"G90 G17 G16；"

极径：指程序段终点坐标到工件坐标系原点的距离，如图6-8所示。

极角：指程序段终点坐标与工件坐标系原点的连线与 X 轴的夹角。

2）以刀具当前点作为极坐标系原点

用增量值编程，如

    G91 G17 G16；

极径：程序段终点坐标到刀具当前位置的距离。

极角：前一坐标原点与当前极坐标系原点的连线与当前轨迹的夹角。

如图6-9所示，当刀具刀位点位于 A 点，并以刀具当前点作为极坐标系原点时，极坐标系之前的坐标系为工件坐标系，原点为 O 点。这时，极坐标半径为当前工件坐标系原点到轨迹终点的距离(图中 AB 线段的长度)；极坐标角度为前一坐标原点与当前极坐标系原点的连线与当前轨迹的夹角(图中线段 OA 与线段 AB 的夹角)。图中 BC 段编程时，B 点为当前极坐标系原点，角度与半径的确定与 AB 段类似。

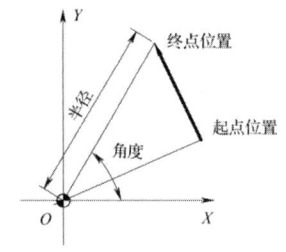

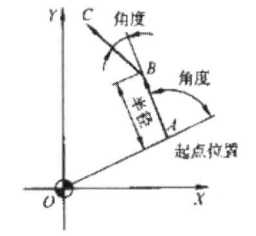

图6-8 以工件坐标系的零点作为极坐标原点　　图6-9 以刀具当前点作为极坐标系原点

【例题】如图6-10所示，试用极坐标系编程方法编写图中孔加工程序(深度为20mm)。

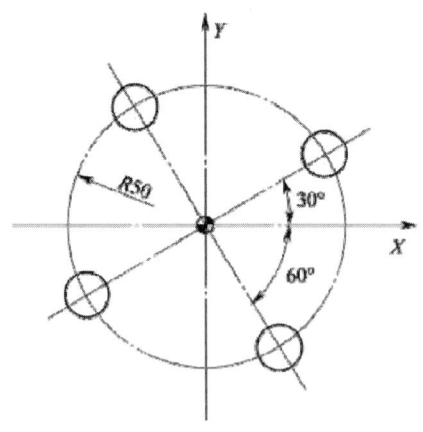

图6-10 极坐标加工孔

O0002；

…

G90 G17 G16；　　　　　　　　(建立极坐标系)

G81 X50.0 Y30.0 Z-20.0 R5.0 F100；

Y120；

Y210；

Y300；

G15 G80；(取消极坐标系)

…

任务实施

1. 零件分析与尺寸计算

1) 结构分析

该零件为轮廓、型腔类和孔类的综合件，零件外轮廓为长方形，零件尺寸精度要求较高。该零件基准面已加工，需要加工五边形外形轮廓、三个腰形槽及三个 ϕ10mm 孔的尺寸，且均以半径和角度进行标注。在编程过程中，如采用直角坐标系进行编程，则基点计算烦琐，容易出错，故采用极坐标系进行编程。

2) 工艺分析

加工方法及刀具的选择：铣外轮廓选用 ϕ16mm 立铣刀；腰形槽采用 ϕ12mm 键铣刀；钻三个 ϕ10 孔采用"钻中心孔—钻孔—铰孔"，刀具选择：A2.5 中心钻(高速钢)、ϕ9.8mm 麻花钻(高速钢)、ϕ10mm 铰刀(硬质合金)。

3) 定位及装夹分析

以已加工过的底面和侧面作为定位基准，在精密平口钳上装夹工件，夹持长度不小于 10mm。底面垫铁垫实，工件有通孔，垫铁放置要合适，以免钻削到垫铁，并要注意垫块的位置，保证在铣外轮廓时不会碰到钳口。

2. 工艺卡片

有关加工顺序、工步内容、夹具、刀具、量具检具、切削用量等工艺问题，详见表 6-1 和表 6-2 所示的工艺卡片。

表6-1 极坐标加工刀具调整卡

刀具调整卡						
零件名称	极坐标加工工件		零件图号			
设备名称	加工中心	设备型号	XH714D	程序号		
材料名称及牌号	45钢		工序名称	孔加工	工序号	5
序号	刀具编号	刀具名称	刀具材料及牌号	刀具参数		刀补地址	
^	^	^	^	直径	长度	直径	长度
1	T1	立铣刀	高速钢	ϕ16mm		D01	H1
2	T2	键槽铣刀	高速钢	ϕ12mm		D02	H2
3	T3	中心钻	高速钢				H3
4	T4	麻花钻	高速钢	ϕ9.8mm			H4
5	T5	铰刀	硬质合金	ϕ10mm			H5

表6-2 极坐标加工工序卡

数控加工工序卡					
零件名称	极坐标加工工件	零件图号		夹具名称	平口钳
设备名称及型号		加工中心XH714D			
材料名称及牌号	45钢	工序名称	孔加工	工序号	5

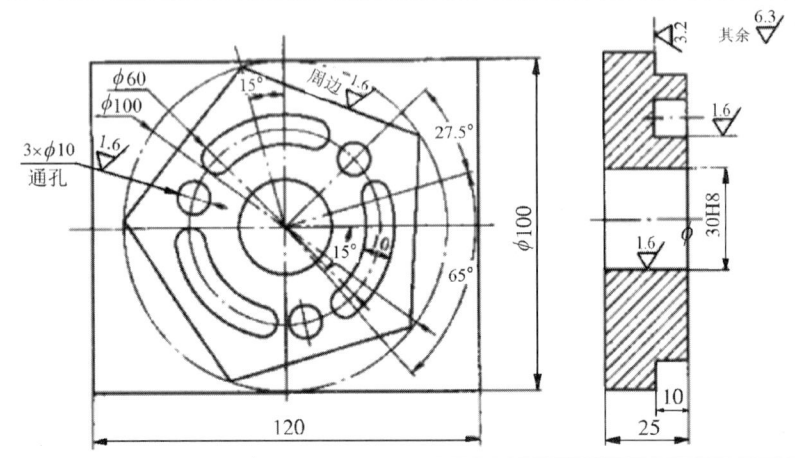

工步号	工步内容	切削用量				刀具		量具名称
		V_f	n	F	A_p	编号	名称	
1	粗铣五边形外形轮廓		1000	100		T1	立铣刀	
2	精铣五边形外形轮廓		1200	150		T1	立铣刀	
3	粗铣腰形槽		1000	100		T2	键槽铣刀	
4	精铣腰形槽		1200	150		T2	键槽铣刀	
5	钻中心孔		2000	40		T3	A2.5中心钻	
6	钻ϕ10mm底孔		800	80		T4	ϕ9.8mm钻头	
7	3×ϕ10mm铰孔加工		100	30		T5	ϕ10mm铰刀	
8								

3. 参考程序

工件坐标系原点选定在工件上表面的中心位置，极坐标加工程序如表6-3所示。

表6-3 极坐标加工程序(精加工)

程序段号	加工程序	程序说明
	%	程序传输开始代码
	O1000;	程序名
N10	G94G90G54G80G21G17;	机床初始参数设置：每分钟进给、绝对编程、工件坐标、取消固定循环、毫米单位、XY平面
N20	G91G28Z0;	回参考点

(续表)

程序段号	加工程序	程序说明
N30	T1 M06；	换立铣刀加工外轮廓
N40	M03 S1200 M08；	主轴正转 1000 r/min
N50	M98 P0110 ；	轮廓精加工子程序
N60	T2 M06；	换键铣刀加工腰形槽
N70	M03 S1200 M08；	
N80	M98 P0120 ；	腰形槽精加工子程序
N90	T5 M06；	换铰刀加工孔
N100	M03 S100 M08；	
N110	M98 P0130 ；	铰孔子程序
N120	G91 G28 Z0；	回参考点
N130	M30；	程序结束，程序运行光标并回到程序开始处
	%	程序传输结束代码
	O0110；	轮廓加工子程序
N10	G90 G00X60.0Y-50.0；	XY 平面快速定位
N20	G43 Z30.0 H01；	刀具长度补偿
N30	G01 Z-10.0 F150；	
N40	G17 G16；	
N50	G41 G01 X50.0 Y249.0 D01；	加工外轮廓
N60	G91 Y-72.0；	角度采用增量值编程
N70	Y-72.0；	
N80	Y-72.0；	
N90	Y-72.0；	
N100	G15；	取消极坐标
N110	G90 G40 G01X60.0 Y-50.0；	
N120	G49 G91 G28 Z0 M09；	
N130	M99；	
	O0120；	腰形槽加工子程序
N10	G90 G43 G00 Z30.0 H02；	刀具长度补偿
N20	G17 G16；	
N30	G00 X30.0 Y-50.0 ；	XY 平面快速定位至槽的起始位置
N40	G01 Z-10.0 F150；	
N50	G03X30.0 Y15.0 R30.0 ；	加工腰形槽
N60	G00 Z5.0；	抬刀并快速定位至下一个槽的起始位置
N70	Y70.0；	

(续表)

程序段号	加工程序	程序说明
…	……	
N150	G03 X30.0 Y-105.0 R30.0;	加工腰形槽
N160	G15;	取消极坐标
N170	G49 G91 G28 Z0 M09;	
N180	M99;	刀具定位，换转速
N10	O0130;	
N20	G90 G43 G00 Z30.0 H05;	
N30	G17 G16;	
N40	G85 X30.0 Y42.5 Z-30.0 R5.0 F30 M08;	采用极坐标铰孔
N50	Y162.5;	
N60	Y282.5;	
N70	G15 G80;	取消极坐标
N80	G49 G91 G28 Z0 M09;	
N90	M99;	

任务评价

本任务评价表见表6-4。

表6-4 攻螺纹孔加工任务评价表

序号	考核项目	考核内容	分值	评分标准	学生自评	教师评分
1	安全文明生产	符合安全文明生产和数控实训车间安全操作的有关规定	20	违反安全操作的有关规定不得分		
2	任务实施计划	任务实施过程中，有计划地进行	5	完成计划得5分，计划不完整得0~4分		
3	工艺规划	合理的工艺路线、合理区分粗精加工	10	工艺合理得 5~10分；不合理或部分不合理得0~4分		
4	程序编制	完整和合理的程序逻辑	15	程序完整、合理得10~15分；不完整或不合理得0~9分		
5	工件质量评分	尺寸精度和表面粗糙度	50	满足要求得50分，一处不合格扣5分		

任务二　坐标旋转加工

知识目标

1. 掌握坐标旋转指令的指令格式；
2. 了解坐标旋转指令的使用注意事项；
3. 掌握采用坐标旋转指令编程的方法；
4. 了解采用宏程序指令和坐标旋转指令加工多个轮廓的方法。

能力目标

1. 能够正确使用坐标旋转指令编写零件加工程序；
2. 能够运用坐标旋转指令解决实际编程问题。

素养目标

1. 具有安全文明生产和环境保护意识；
2. 具有严谨认真和精益求精的职业素养。

任务分析

如图 6-11 所示的零件，其毛坯尺寸为 100mm×100mm×40mm，外形各基准面已加工完毕，材料为 45 钢，要求编制棘轮和四个 ϕ6mm 孔的数控铣加工程序并完成零件的加工。

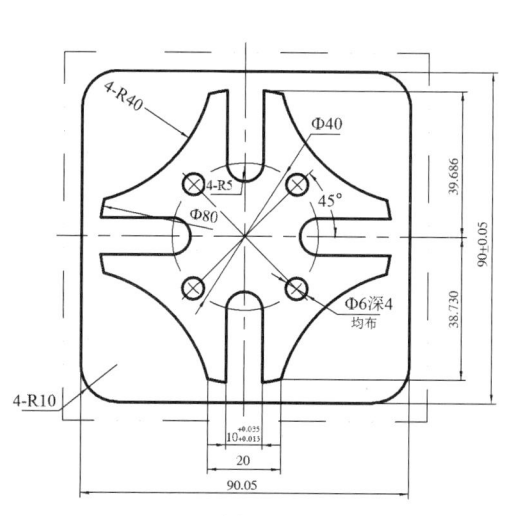

图6-11　坐标旋转加工零件图

知识链接

一、坐标旋转指令

该指令可使编程图形按指定旋转中心及旋转方向旋转一定的角度,如图 6-12 所示。
G68 表示开始坐标旋转,G69 用于撤销旋转功能。

1. 指令格式

G68　X Y R;

……

G69;

式中,X、Y——旋转中心的坐标值(可以是 X、Y、Z 中的任意两个,由当前平面选择指令确定)。当 X、Y 省略时,G68 指令认为当前的位置即为旋转中心。

R——旋转角度,逆时针旋转定义为正向,一般为绝对值。旋转角度范围为 -360.0°~+360.0°,单位为 0.001°。当 R 省略时,按系统参数确定旋转角度。

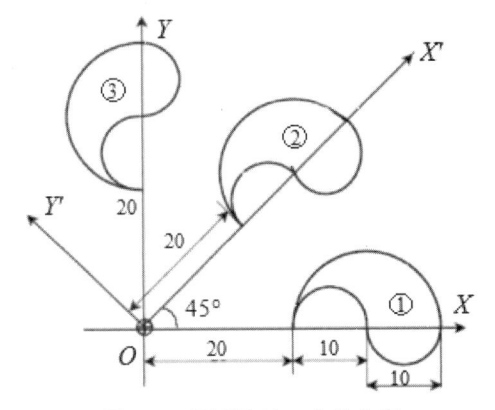

图6-12　图形旋转一定的角度

【例题】如图 6-13 所示,试应用旋转指令编写程序。

O0100;
N10 G54 G00 X-5.0 Y-5.0;
N20 G68 G90 X7.0 Y3.0 R60.0;
N30 G90 G01 X0 Y0 F200;
N40 G91 X10.0;
N50 G02 Y10.0 R10.0;
N60 G03 X-10.0 I-5.0 J-5.0;
N70 G01 Y-10.0;
N80 G69 G90 X-5.0 Y-5.0;
N90 M30

2. 坐标系旋转功能与刀具半径补偿功能的关系

旋转平面一定要与刀具半径补偿平面共面。以图 6-14 为例：

N10 G54 G00 X0 Y0；

N20 G68 R-30.0；

N30 G42 G90 G00 X10.0 Y10.0 F100 D01；

N40 G91 X20.0；

N50 G03 Y10.0 I-10.15

N60 G01 X-20.0；

N70 Y-10.0；

N80 G40 G90 X0 Y0；

N90 G69 M30；

当选用半径为 R5 的立铣刀时，设置刀具半径补偿偏置号 H01 的数值为 5。

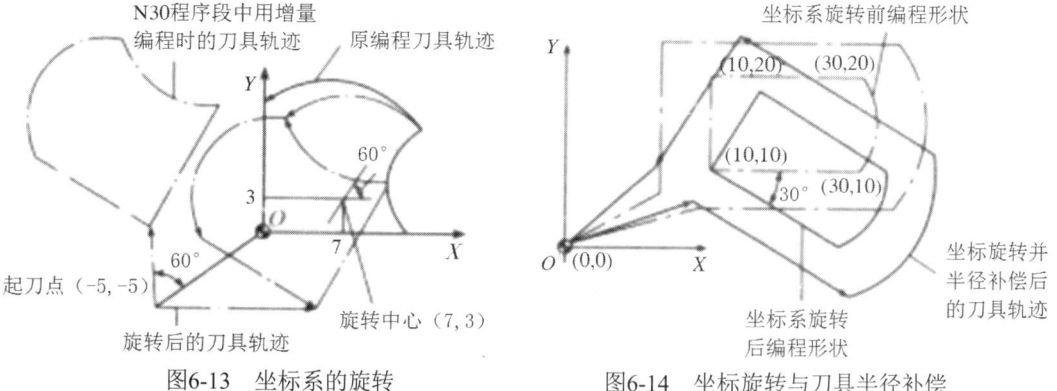

图6-13 坐标系的旋转

图6-14 坐标旋转与刀具半径补偿

3. 与比例编程方式的关系

在比例模式时，再执行坐标旋转指令，旋转中心坐标也执行比例操作，但旋转角度不受影响，这时各指令的排列顺序如下：

G51…

G68…

G41/G42…

G40…

G69…

G50…

4. 重复指令

可储存一个程序作为子程序，用变换角度的方法来调用该子程序。将图形旋转 60°进行加工，如图 6-15 所示，其旋转中心的坐标值为(15, 15)，数控加工程序如下：

O0004；

N0010 G59 T01；

N0020 G00 G90 X0 Y0 M06；

N0030 G68 X15.0 Y15.0 R60；
N0040 M98 P0200；
N0050 G69 G90 X0 Y0；
N0060 M03；
……

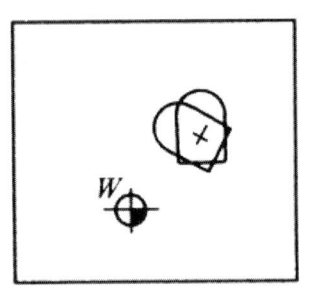

图6-15 以给定点为旋转中心进行编程

二、坐标系旋转指令的注意事项

(1) 坐标系旋转取消指令(G69)以后的第一个移动指令必须用绝对值指定。如果采用增量值指令，则不执行正确的移动。

(2) CNC数据处理的顺序是：程序镜像—比例缩放—坐标系旋转—刀具半径补偿C方式。所以在指定这些指令时，应按顺序指定；取消时，顺序相反。在旋转指令或比例缩放指令中不能指定镜像指令，但在镜像指令中可以指定比例缩放指令或坐标系旋转指令。

(3) 在指定平面内执行镜像指令时，如果在镜像指令中有坐标系旋转指令，则坐标系旋转方向相反。即顺时针变成逆时针，相应地，逆时针变成顺时针。

(4) 如果坐标系旋转指令前有比例缩放指令，则坐标系旋转中心也被缩放，但旋转角度不被比例缩放。

(5) 在坐标系旋转指令中，返回参考点指令(G27，G28，G29，G30)和改变坐标系指令(G54~G59，G92)不能指定。如果要指定其中的某一个，则必须在取消坐标系旋转指令后指定。

三、宏程序指令

1. 变量及运算

1) 变量的表示

变量用符号(#)和后面的变量号指定，如#1、#2。

表达式可以用于指定变量号，此时，表达式必须封闭在括号中，如#[#1+#2-10]。

2) 变量的类型

变量根据变量号不同可以分为四种类型，如表6-5所示。

表6-5 变量类型

变量号	变量类型	功能
#0	空变量	该变量总是空,没有值能赋给该变量
#1~#33	局部变量	只能用于在宏程序中存储数据,断电后初始化为空,可以在程序中赋值
#100~#199 #500~#999	公共变量	在不同的宏程序中意义相同(即公共变量对于主程序和从这些主程序调用的每个宏程序来说是公用的),断电时#100~#199清除为空,#500~#999数据不清除
#1000~	系统变量	用于读和写CNC运行时各种数据的变化,如刀具的当前位置和补偿值等

3) 变量的引用

在地址后指定变量即可引用其变量值,如G01X［#1+#2］F#3;

若#1=10,#2=20,#3=80,则为G01X30F80;

当引用未定义的变量时,变量及地址号都被忽略。如#1=0,#2为空时,G00X#1Y#2;相当于"G00X0Y0;"。

2. 算术和逻辑运算

算术和逻辑运算见表6-6。

表6-6 算术和逻辑运算功能

功能	格式	备注
定义、置换	#i=#j	
加法	#i=#j+#k	
减法	#i=#j-#k	
乘法	#i=#j*#k	
除法	#i=#j/#k	
正弦	#i=SIN[#j]	角度以度指定,90030表示90.30
反正弦	#i=ASIN[#j]	
余弦	#i=COS[#j]	
反余弦	#i=ACOS[#j]	
正切	#i=TAN[#j]	
反正切	#i=ATAN[#j]/[#k]	
平方根	#i=SQRT[#j]	
绝对值	#i=ABS[#j]	
舍入	#i=ROUND[#j]	
上整数	#i=FUP[#j]	
下整数	#i=FIX[#j]	
自然对数	#i=LN[#j]	
指数函数	#i=EXP[#j]	

(续表)

功能	格式	备注
或	#i=#j OR #k	
异或	#i=#j XOR #k	
与	#i=#j AND #k	

3. 转移和循环

1) 无条件转移(GOTO 语句)

格式：

GOTO n；

n 指顺序号(1～9999)。

例：GOTO10；

　　GOTO#10；

2) 条件转移(IF 语句)

格式 1：

IF ［<条件表达式>］ GOTO n；

IF 之后指定条件表达式。

说明：

(1) 如果指定的条件表达式满足时，转移到标有顺序号 *n* 的程序段；如果指定的条件表达式不满足，执行下一个程序段。

(2) 条件表达式中运算符及含义如表 6-7 所示。

表6-7　运算符

运算符	含义	运算符	含义
EQ	等于(=)	GE	大于或等于(≥)
NE	不等于(?)	LT	小于(<)
GT	大于(>)	LE	小于或等于(≤)

例：以下程序表示如果变量#1 的值大于 10，转移到 "N2 G00 G91 X10.；" 程序段。如果指定的条件表达式不满足，执行下一个程序段，如图 6-16 所示。

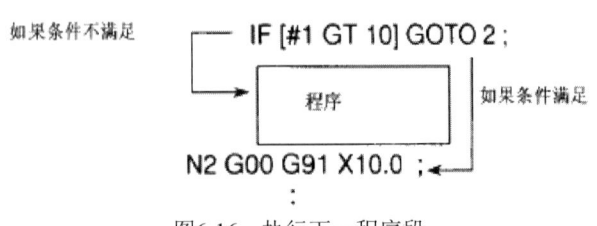

```
如果条件不满足 ┌── IF [#1 GT 10] GOTO 2；
              │    ┌─────────────┐
              └───▶│    程序     │ 如果条件满足
                   └─────────────┘
                   N2 G00 G91 X10.0 ；
                         ⋮
```

图6-16　执行下一程序段

格式 2：IF ［<条件表达式>］ THEN；

IF 之后指定条件表达式。

说明：如果指定的条件表达式满足，则执行预先指定的宏程序语句，而且只执行一个宏程序语句。

例：IF[#1EQ#2] THEN #3=20;

如果#1 和#2 的值相同，20 赋给#3。

3) 循环(WHILE 语句)

格式：WHILE［条件表达式］DO m；(m=1，2，3)

……

END m；

说明：

在 WHILE 后指定一个条件表达式，当条件满足时，执行从 DO 到 END 之间的程序，否则，转到 END 后的程序段。

m 是循环标号，最多嵌套三层。

例：

WHILE［……］DO1

……

WHILE［……］DO2

……

WHILE［……］DO3

……

……

END3

……

END2

……

END1

【例题】编写椭圆圆柱面的宏程序。

如图 6-17 所示，椭圆的方程是 $X^2/15^2+Y^2/10^2=1$，工件毛坯为方料，假设以工件上表面中心作为原点。编制这个椭圆的方法有两种，一是参数法，二是椭圆方程法，现介绍常用的参数法编程。

椭圆的参数方程为：$X=15*COS\theta$

$Y=10*SIN\theta$

以#1 为角度变量，选用直径为 10mm 的平铣刀。

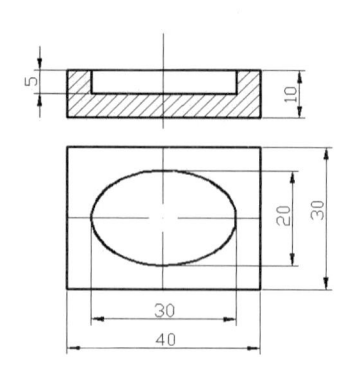

图6-17 椭圆圆柱面

循环中将用下列变量：

#1——Z值起始点；

#2——Z值终点；

#3——椭圆圆弧的终止角度；

#4——椭圆圆弧的起始角度；

#5——椭圆长半轴；

#6——椭圆短半轴；

#7——加工点X值；

#8——加工点Y值。

椭圆圆柱面的程序如表6-8所示。

表6-8 椭圆程序

顺序号	程序	注释
N10	G54 G90 G17；	
N20	M03 S1200；	
N30	G00 Z10.0；	
N40	X0 Y0；	
N50	G01 X10.0 Y0 D2；	建立刀补
N60	X15.0；	
N70	G01 Z0；	
N80	#1=0；	Z值起点
N90	#2=-5；	Z值终点
N100	WHILE [#1 GE #2] DO1；	如#1=#2，循环1继续
N110	G01 Z[#1] F50；	Z向下刀
N120	#3=360；	椭圆终止角度
N130	#4=0；	椭圆起始角度
N140	#5=15；	椭圆长轴半径
N150	#6=10；	椭圆短轴半径

(续表)

顺序号	程序	注释
N160	WHILE [#3 GE #4] DO2;	如#3=#4，循环2继续
N170	#7=#5* COS [#4];	计算X值
N180	#8=#6* SIN [#4];	计算Y值
N190	G01 X[#7] Y[#8] F200;	刀具定位切削
N200	#4=#4+1;	角度计数器递加
N210	END2;	循环2结束
N220	#1=#1-1;	Z轴计数器递减
N230	END1;	循环1结束
N240	G0Z50.0;	
N250	G40 G00 X0Y0;	
N260	M05;	
N270	M30;	

§ 职业素养 §

通过对数控铣床加工零件的学习，不难发现，每一个细节都会影响产品的最终质量。李克强总理曾经说过，中国经济发展已进入换挡升级的中高速增长时期，要支撑经济社会持续、健康发展，实现中华民族伟大复兴的目标，必须推动中国经济向全球产业价值链中高端升级。他说："这种升级的一个重要标志，就是让我们享誉全球的'中国制造'，从'合格制造'变成'优质制造''精品制造'，而且还要补上服务业的短板。要实现这一目标，需要大批的技能人才作支撑。"

任务实施

1. 零件分析与尺寸计算

1) 结构分析

由于该零件属于轮廓、槽、孔综合性零件加工，并保证棘轮圆弧轮廓尺寸为R40mm，槽的尺寸公差为$10^{+0.035}_{+0.013}$mm，应考虑加工工艺的顺序、编程指令、切削用量等问题。

2) 工艺分析

经过以上分析，可用ϕ16mm的立铣刀完成零件棘轮轮廓的凸台、4个直槽用ϕ10mm的立铣刀加工，ϕ6mm钻头完成轮廓上的4个ϕ6mm孔加工。

3) 定位及装夹分析

考虑到工件属于轮廓、槽、孔综合性零件加工，零件加工只需加工一面轮廓形状就可以了，不用翻面加工。可将方料直接装夹在平口钳上，一次装夹完成所有轮廓。

2. 工艺卡片

有关加工顺序、工步内容、夹具、刀具、量具检具、切削用量等工艺问题，详见表 6-9 和表 6-10 所示的工艺卡片。

表6-9　棘轮加工刀具调整卡

刀具调整卡							
零件名称		棘轮		零件图号			
设备名称		加工中心	设备型号	XH714D		程序号	
材料名称及牌号		45钢		工序名称	棘轮加工	工序号	5
序号	刀具编号	刀具名称		刀具材料及牌号	刀具参数		刀补地址	
^	^	^ || ^	直径	长度	直径	长度
1	T1	立铣刀 || 高速钢	ϕ16mm	20mm	D1	
2	T2	立铣刀 || 高速钢	ϕ8mm	20mm	D2	
3	T3	钻头 || 高速钢	ϕ6mm	30mm		

表6-10　棘轮加工工序卡

数控加工工序卡					
零件名称	棘轮	零件图号		夹具名称	平口钳
设备名称及型号		加工中心XH714D			
材料名称及牌号	45钢	工序名称	棘轮加工	工序号	5

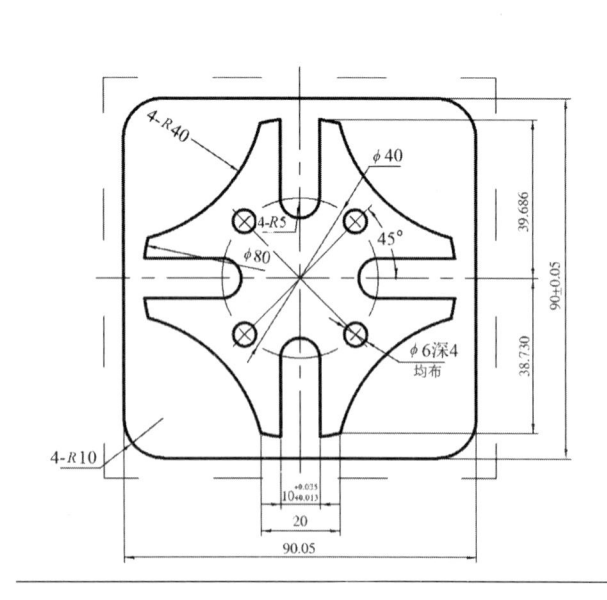

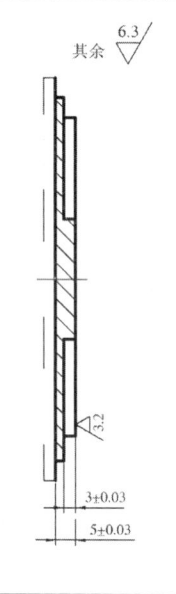

(续表)

工步号	工步内容	切削用量				刀具		量具名称
		V_f	n	F	Ap	编号	名称	
1	粗铣棘轮轮廓		800	300	2.8	T1	立铣刀	游标卡尺
2	精铣棘轮轮廓		1000	100	3	T1	立铣刀	千分尺 75~100
3	粗铣 4 条宽 10 直槽		800	300	2.8	T2	立铣刀	游标卡尺
4	粗铣 4 条宽 10 直槽		1000	100	3	T2	立铣刀	内侧千分尺 5~25
5	钻 4 个 $\phi6mm$ 孔		1000	60		T3	钻头	游标卡尺

3. 参考程序

工件坐标系原点选定在工件上表面的中心位置，其参考程序见表 6-11。

表6-11 棘轮加工程序

程序段号	加工程序	程序说明
棘轮轮廓精加工程序		
	%	程序传输开始代码
	O1000;	程序名
N10	G94 G90 G54 G40 G21 G17;	机床初始参数设置：每分钟进给、绝对编程、工件坐标、刀补取消、毫米单位、XY 平面
N20	G00 Z200.0;	刀具快速抬到安全高度
N30	X0 Y0;	刀具移动到工件坐标原点(判断刀具 X、Y 位置是否正确)
N40	M03 S1000;	主轴正转 1000r/min
N50	X-65.0 Y0;	刀具快速进刀到棘轮轮廓切削起点
N60	Z3.0;	刀具快速下刀到棘轮轮廓加工深度的安全高度
N70	G01 Z-3.0 F100;	刀具切削到棘轮轮廓加工深度，进给速度为 100mm/min
N80	G41 X-50.0 Y-10.0 D1;	建立左刀具半径补偿功能，走圆弧进刀到圆弧轮廓起点
N90	G03 X-40.0 Y0 R10;	棘轮轮廓加工
N100	G02 X-38.730 Y10.0 R40;	
N110	G03 X-10.0 Y38.730 R40;	
N120	G02 X10.0 Y38.730 R40;	
N130	G03 X38.730 Y10.0 R40;	
N140	G02 X38.730 Y-10.0 R40;	
N150	G03 X10.0 Y-38.730 R40;	
N160	G02 X-10.0 Y-38.730 R40;	
N170	G03 X-38.730 Y-10.0 R40;	
N180	G02 X-40.0 Y0 R40;	

(续表)

程序段号	加工程序	程序说明
N190	G00 Z200.0;	刀具快速退刀到安全高度
N200	G40 X0 Y200.0;	取消刀具半径补偿功能
N210	M30;	程序结束，程序运行光标回到程序开始处
	%	程序传输结束代码

铣 4 个直槽主程序

程序段号	加工程序	程序说明
N10	%	程序传输开始代码
N20	O0200;	主程序名
N30	#1=0;	设定工件旋转角度
N40	M98 P5;	调用 O5 子程序，加工第一个直槽轮廓
N50	#1=90;	设定工件旋转角度
N60	M98 P5;	调用 O5 子程序，加工第二个直槽轮廓
N70	#1=180;	设定工件旋转角度
N80	M98 P5;	调用 O5 子程序，加工第三个直槽轮廓
N90	#1=270;	设定工件旋转角度
N100	M98 P5;	调用 O5 子程序，加工第四个直槽轮廓
N110	X0 Y200.0;	工件快速移动到退刀点
N120	M30;	程序结束，程序运行光标回到程序开始处
	%	程序传输结束代码

铣 4 个直槽精加工子程序

程序段号	加工程序	程序说明
	%	程序传输开始代码
N10	O5;	子程序名
N20	G69;	坐标旋转指令取消(在程序中如用到坐标旋转指令，在程序头必须要取消坐标旋转指令)
N30	G94 G90 G54 G40 G21 G17;	机床初始参数设置：每分钟进给、绝对编程、工件坐标、刀补取消、毫米单位、XY 平面
N40	G00 Z200.0;	刀具快速抬到安全高度
N50	G68 X0 Y0 R#1;	工件坐标旋转设定参数
N60	X0 Y0;	刀具移动到工件坐标原点(判断刀具 X、Y 位置是否正确)
N70	S1000 M03;	主轴正转 1000 r/min
N80	X50.0 Y0;	刀具快速进刀到直槽轮廓切削起点
N90	Z3.0;	刀具快速进刀到直槽轮廓深度切削起点
N100	G01 Z-3.0 F100;	刀具切削到直槽轮廓加工深度，进给速度为 100mm/min，在工件外下刀，下刀速度可以加快
N110	G41 Y5.0 D2;	建立左刀具半径补偿功能，走直线进刀到直槽轮廓起点，轮廓加工比较窄，切削进给速度可以与下刀速度一致

(续表)

程序段号	加工程序	程序说明
N120	X20.0;	走直槽轮廓直线
N130	G03 X20.0 Y-5.0 R-5.0;	走直槽轮廓圆弧
N140	G01 X50.0;	走直槽轮廓直线
N150	G00 Z200.0;	刀具快速退刀到安全高度
N160	G69;	坐标旋转指令取消
N170	G40 X0 Y0;	取消刀具半径补偿功能，工件快速移动到坐标原点
N180	M99;	子程序结束
	%	程序传输结束代码
钻孔程序		
	%	程序传输开始代码
N10	O0300;	程序名
N20	G80;	钻孔循环指令取消
N30	G94 G90 G54 G40 G21 G17;	机床初始参数设置：每分钟进给、绝对编程、工件坐标、刀补取消、毫米单位、XY平面
N40	G00 Z200.0;	刀具快速抬到安全高度
N50	X0 Y0;	刀具移动到工件坐标原点(判断刀具X、Y位置是否正确)
N60	S1000 M03;	主轴正转 1000 r/min
N70	X14.142 Y14.142;	刀具快速移动到孔加工的第一个孔位置
N80	Z50.0;	刀具钻完一个孔后抬刀到安全高度
N90	G98 G81 Z-4.0 R3.0 F60;	浅孔钻孔循环加工，钻完孔后抬刀到Z50高度处，去加工一个孔
N100	X-14.142 Y14.142;	加工的第二个孔的位置
N110	X-14.142 Y-14.142;	加工的第三个孔的位置
N120	X14.142 Y-14.142;	加工的第四个孔的位置
N130	G80 G00 Z200.0;	刀具快速退刀到安全高度，并取消钻孔循环指令
N140	X0 Y200.0;	工件快速移动到机床门口(方便拆卸与测量工件)
N150	M30;	程序结束，程序运行光标回到程序开始处
	%	程序传输结束代码

任务评价

本任务评价表见表 6-12。

表6-12　棘轮加工任务评价表

序号	考核项目	考核内容	分值	评分标准	学生自评	教师评分
1	安全文明生产	符合安全文明生产和数控实训车间安全操作的有关规定	20	违反安全操作的有关规定不得分		
2	任务实施计划	任务实施过程中，有计划地进行	5	完成计划得5分，计划不完整得0~4分		
3	工艺规划	合理的工艺路线、合理区分粗精加工	10	工艺合理得5~10分；不合理或部分不合理得0~4分		
4	程序编制	完整和合理的程序逻辑	15	程序完整、合理得10~15分；不完整或不合理得0~9分		
5	工件质量评分	尺寸精度和表面粗糙度	50	满足要求得50分，一处不合格扣5分		

任务三　坐标镜像加工

知识目标

1. 掌握坐标镜像指令的基本格式；
2. 掌握比例缩放指令的基本格式；
3. 了解采用坐标镜像编程的注意事项；
4. 了解比例缩放指令编程的方法。

能力目标

1. 能够正确使用坐标镜像指令和比例缩放指令编写零件加工程序；
2. 能够运用坐标镜像指令和比例缩放指令解决实际编程问题。

素养目标

1. 具有安全文明生产和环境保护意识；
2. 具有严谨认真和精益求精的职业素养。

任务分析

如图 6-18 所示的零件，已知外形各基准面已加工完毕，材料为 45 钢，要求编制零件四个心形轮廓数控加工程序并完成零件的加工。

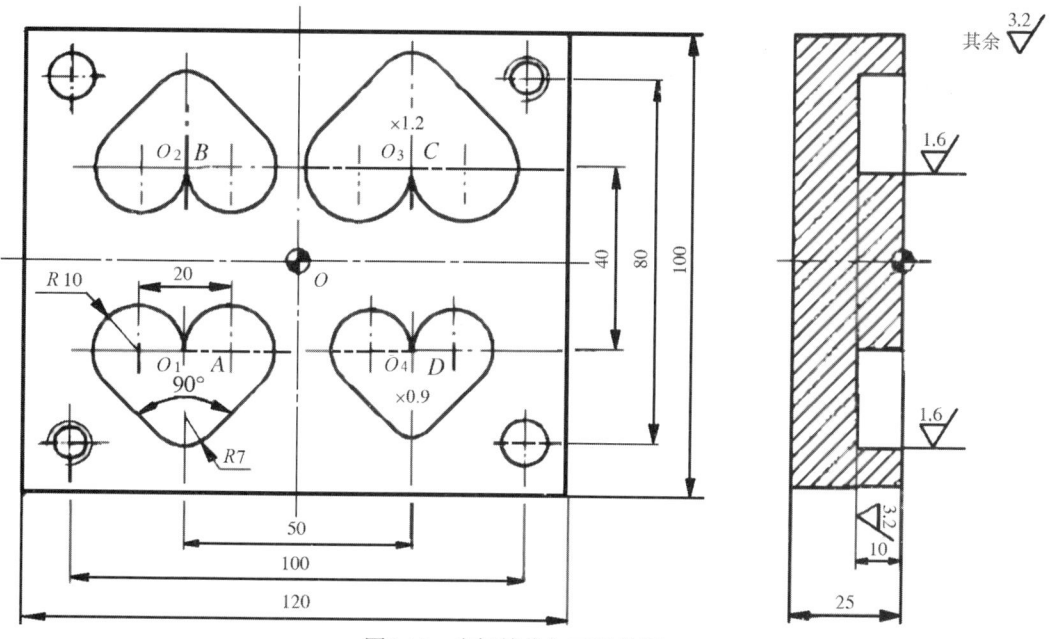

图6-18 坐标镜像加工零件图

知识链接

一、坐标镜像指令

当工件具有相对于某一轴对称的形状时，可以利用镜像功能和子程序的方法，只对工件的一部分进行编程，就加工出工件的整体，这就是镜像功能。

在 FANUC 0i 及更新版本的数控系统中采用 G51 或 G51.1 指令实现镜像加工。

1. 指令格式

1) 指令格式一

G51.1 X_Y_Z_;

…

G50.1

其中，G51.1 为镜像设定，G50.1 为镜像取消。

指令说明：X、Y、Z 用于指定对称轴或对称点。当 G51.1 指令后仅有一个坐标字时，该镜像加工指令是以某一坐标轴为镜像轴。例如程序段"G51.1X0"；表示对称轴为 X=0 的直线，即 Y 轴。程序段"G51.1 X20.0 Y20.0;"表示以点(20，20)作为对称点。

【例题】如图 6-19 所示，试用镜像指令编写程序。
O3234；（主程序）
N10 G90 G94 G17 G21 G54；
N20 G91 G28 Z0；
N30 G90 G00 X0 Y0 Z100；
N40 M03 S1000 ；
N50 M98 P1111；型腔①
N60 G51.1 X0；
N70 M98 P1111；型腔②
N80 G50.1；
N90 G51.1 X0 Y0；
N100 M98 P1111；型腔③
N110 G50.1；
N120 G51.1 Y0；
N130 M98 P1111；型腔④
N140 G50.1；
N150 G00 Z100 M09；
N160 M05；
N170 M30；
O1111；（子程序）
N10 G00 X40.0 Y50.0；
N20 G43 Z5.0 H01 M08；
N30 G01 Z-25.0 F30；
N40 X60 F100；
N50 G41 X45.0 Y40.0 D01；
N60 G03 X60.0 Y25.0 R15.0；
N70 G03 X60.0 Y75.0 R25.0；
N80 G01 X40.0 Y75.0；
N90 G03 X40.0 Y25.0 R25.0；
N100 G01 X60.0 Y25.0；
N110 G03 X75.0 Y40.0 R15.0；
N120 G01 G40 X60.0 Y50.0；
N130 G43 G00 Z10.0；
N140 X0 Y0；
N70 M99；

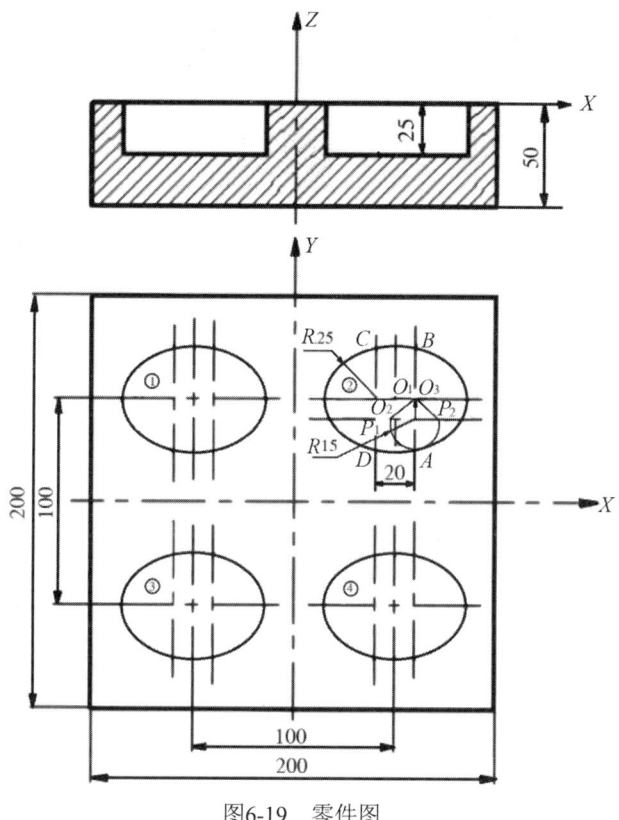

图6-19 零件图

2) 指令格式二

G51 X Y Z I J K；

……

G50；

指令说明：

(1) X、Y、Z 镜像轴的中心坐标。

(2) I 为 X 轴的镜像比例，J 为 Y 轴的镜像比例，K 为 Z 轴的镜像比例。

(3) G50 撤销镜像。

(4) 指令中比例系数一定为负值(-1)，如果其值为正值，则该指令变成缩放指令。

(5) 如果比例系数是负值但不等于-1，则执行指令时，既进行镜像加工，又进行缩放。

【例题】如图 6-20 所示，其中比例系数取为+1000 或-1000。设刀具起始点在 O 点，程序如下：

主程序：

O1000；

N10 G90 G94 G17 G21 G54；

N20 G91 G28 Z0；

N30 G90 G92 X0 Y0；

N40 M98 P9000；
N50 G51 X50.0 Y50.0 I-1000 J1000；
N60 M98 P9000；
N70 G51 X50.0 Y50.0 I-1000 J-1000；
N60 M98 P9000；
N70 G51 X50.0 Y50.0 I1000 J-1000；
N80 M98 P9000；
N90 G50；
N100 M30；
子程序：
O9000；
N10 G00 X60.0 Y60.0；
N20 G01 X100.0 Y60.0 F100；
N30 X100.0 Y100.0；
N40 X60.0 Y60.0；
N50 M99；

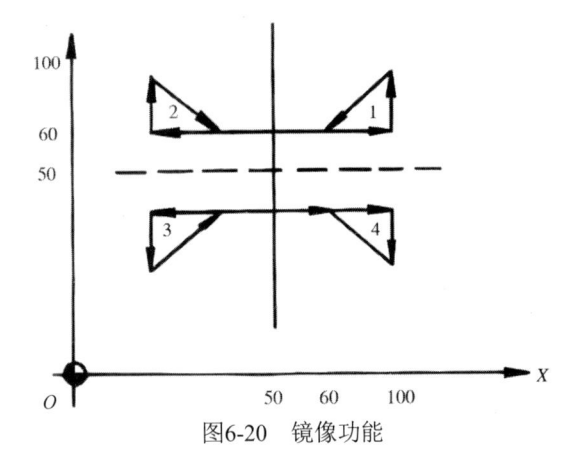

图6-20 镜像功能

2. 镜像加工指令的注意事项

(1) 在指定平面内执行镜像加工指令时，如果程序中有圆弧指令，则圆弧的旋转方向相反，即 G02 变成 G03，相应地，G03 变成 G02。

(2) 在指定平面内执行镜像加工指令时，如果程序中有刀具半径补偿指令，则刀具半径补偿的偏置方向相反，即 G41 变成 G42，相应地，G42 变成 G41。

(3) 在可编程镜像指令中，返回参考点指令(G27，G28，G29，G30)和改变坐标系指令(G54～G59，G92)不能指定。如果要指定其中的某一个，则必须在取消可编程镜像加工指令后指定。

(4) 在使用镜像加工功能时，由于数控镗铣床的 Z 轴一般安装有刀具，所以，Z 轴一般都不进行镜像加工。

二、比例缩放指令

G51 为比例编程指令，G50 为撤销比例编程指令。G50、G51 均为模态 G 代码。这一对 G 代码的使用，可使原编程尺寸按指定比例缩小或放大，也可让图形按指定规律产生镜像变换。

1. 各轴按相同比例编程

指令格式

G51　XYZP；

…

G50；

其中，X、Y、Z——比例中心的坐标(绝对方式)；

P——比例系数，最小输入量为 0.001，比例系数的范围为 0.001～999.999。

该指令以后的移动指令，从比例中心点开始，实际移动量为原数值的 P 倍。P 值对偏移量无影响。

【例题】如图 6-21 所示，将图形放大一倍进行加工，其数控加工程序如下：

O0002；
N10 G90 G94 G17 G21 G54；
N20 G91G28 Z0；
N30 M06 T01；
N40 G00 G90 X0 Y0 ；
N50 G51 X15.0 Y15.0 P2000；
N60 M98 P0200；
N70 G50；
N80 M30；
O0200；
N10 S1500 F100 M03；
N20 G43 G01 Z-10.0 H01；
N30 G00 Y10.0；
N40 G42 D01 G01 X5.0；
N50 G01 X20.0；
N60 Y20.0；
N70 G03 X10.0 R5.0；
N80 G01 Y10.0；
N90 G40 G00 X0 Y0；
N100 G49 G00 Z300.0；
N110 M99；

2. 各轴以不同比例编程

指令格式

G51　XYZIJK；

...

G50；

其中，X、Y、Z——比例中心坐标；

　　　I、J、K——对应 X、Y、Z 轴的比例系数，范围为±0.001～±9.999。有的系统设定 I、J、K 不能带小数点，比例为 1 时，应输入 1000，并在程序中都应输入，不能省略。比例系数与图形的关系如图 6-22 所示。其中，b/a 为 X 轴系数；d/c 为 Y 轴系数；O_1 为比例中心。

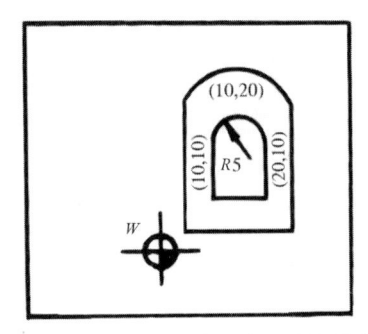

图6-21　以给定点为缩放中心进行编程 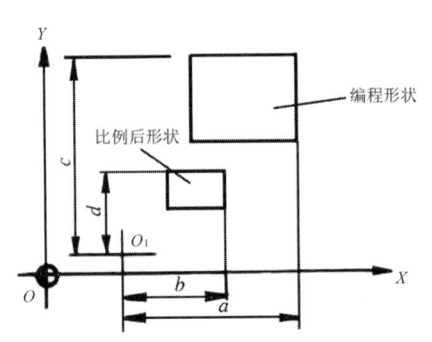　　图6-22　各轴按不同比例编程

3. 比例缩放指令的注意事项

(1) 比例缩放的简化形式。如将比例缩放程序"G51 XYZP；"或"XYZIJK；"简写成"G51；"，则缩放比例由机床系统参数决定，具体值请查阅机床有关参数表。而缩放中心则指刀具刀位点所处的当前位置。

(2) 比例缩放对固定循环中 Q 值与 d 值无效。在比例缩放过程中，有时我们不希望进行 Z 轴方向的比例缩放。这时，可修改系统参数，以禁止在 Z 轴方向上进行比例缩放。

(3) 比例缩放对工件坐标系零点偏移值和刀具补偿值无效。

(4) 在比例缩放状态下，不能指定返回参考点的 G 指令(G27～G30)，也不能指定坐标系设定指令(G52～G59，G92)。若一定要指定这些 G 代码，应在取消缩放功能后指定。

任务实施

1. 零件分析与尺寸计算

1) 结构分析

该零件的四个心形轮廓形状相似，尺寸按比例进行缩小或扩大，而且这四个轮廓沿某条中心线对称分布。因此，如果在编程中灵活运用坐标镜像和比例缩放指令，会使所编程序简单明了。

2) 工艺分析

本零件心形轮廓采用坐标镜像加工及比例缩放指令加工。加工内轮廓 B 时，采用坐标镜像加工编程；加工内轮廓 C 时，采用坐标镜像加工与比例缩放编程，而加工内轮廓 D 时，则采用比例缩放编程。为了编程方便，编程时采用任务一介绍的坐标平移指令，通过 G52 指令分别将工件坐标系原点 O 点平移至 O_1、O_2、O_3 和 O_4 点。由于缩放后内轮廓最小凹圆弧直径为 12.6 mm，所以，本任务内轮廓精加工刀具选择 ϕ12 mm 的立铣刀。

3) 定位及装夹分析

考虑到工件只是简单的轮廓加工，可将方料直接装夹在平口钳上，一次装夹完成所有加工内容。在工件装夹的夹紧过程中，既要防止工件的转动、变形和夹伤，又要防止工件在加工中松动。

2. 工艺卡片

有关加工顺序、工步内容、夹具、刀具、量具检具、切削用量等工艺问题，详见表 6-13 和表 6-14 所示的工艺卡片。

表6-13　坐标镜像加工刀具调整卡

刀具调整卡							
零件名称	坐标镜像加工工件		零件图号				
设备名称	加工中心	设备型号	XH714D		程序号		
材料名称及牌号	45钢		工序名称	坐标镜像加工		工序号	6
序号	刀具编号	刀具名称	刀具材料及牌号	刀具参数		刀补地址	
				直径	长度	直径	长度
1	T1	立铣刀	高速钢	ϕ12mm		D1	H1

表6-14　坐标镜像加工工序卡

数控加工工序卡					
零件名称	坐标镜像加工工件	零件图号		夹具名称	平口钳
设备名称及型号		加工中心XH714D			
材料名称及牌号	45钢	工序名称	坐标镜像加工	工序号	5

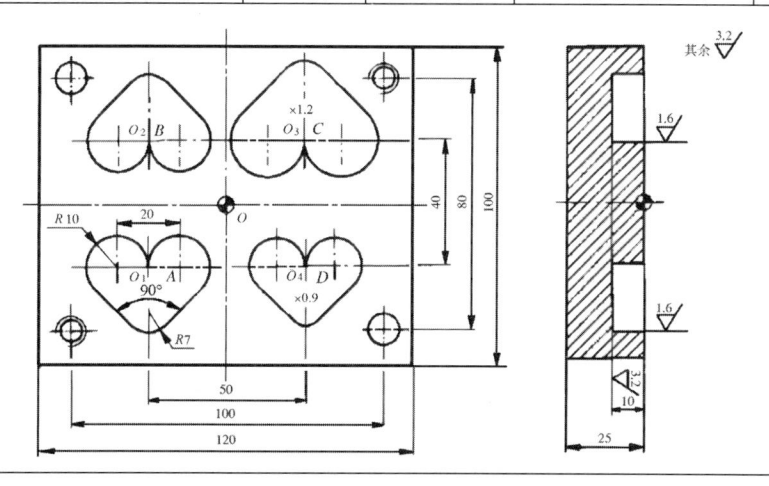

(续表)

工步号	工步内容	切削用量				刀具		量具名称
		V_f	n	F	Ap	编号	名称	
1	粗铣心形内轮廓		800	100		T1	立铣刀	
2	精铣心形内轮廓		1200	150		T1	立铣刀	

3. 参考程序

工件坐标系原点选定在工件上表面的中心位置，其加工程序见表6-15。

表6-15　坐标镜像加工程序(精加工)

程序段号	加工程序	程序说明
	%	程序传输开始代码
	O1000;	程序名
N10	G94 G90 G54 G80 G21 G17;	机床初始参数设置：每分钟进给、绝对编程、工件坐标、取消固定循环、毫米单位、XY平面
N20	G91 G28 Z0;	回参考点
N30	T1 M06;	换立铣刀加工心形轮廓
N40	G90 G43 G00 Z30.0 H01;	刀具定位至初始平面
N50	M03 S1200 M08;	主轴正转 1200 r/min
N60	G52 X-25.0 Y-20.0;	设定局部坐标系原点为 O_1
N70	M98 P0110;	加工内轮廓 A
N80	G52 X-25.0 Y20.0;	设定局部坐标系原点为 O_2
N90	G51 X0 Y0 I1.0 J-1.0;	沿局部坐标系的 Y 轴镜像加工
N100	M98 P0110;	加工内轮廓 B
N110	G50;	取消镜像加工
N120	G52 X25.0 Y20.0;	设定局部坐标系原点为 O_3
N130	G51 X0 Y0 I-1.2 J-1.2;	沿局部坐标系原点进行镜像与缩放加工
N140	M98 P0110;	加工内轮廓 C
N150	G50;	取消镜像与缩放加工
N160	G52 X25.0 Y-20.0;	设定局部坐标系原点为 O_4
N170	G51 X0 Y0 P900;	以局部坐标系原点进行缩放
N180	M98 P0110;	加工内轮廓 D
N190	G50;	取消缩放加工
N200	G52 X0 Y0;	取消局部坐标系

(续表)

程序段号	加工程序	程序说明
N210	G49 G91 G28 Z0 M09;	程序结尾
N220	M30;	
	%	程序传输结束代码
N10	O0110;	轮廓加工子程序
N20	G00 X-10.0 Y0;	XY平面快速定位
N30	G01 Z-10.0 F150;	刀具下刀
N40	G41 G01 X0 Y-10.0 D01;	建立刀具半径补偿
N50	Y0;	
N60	G03 X-17.07 Y-7.07 R-10.0;	
N70	G01 X-4.95 Y19.19;	
N80	G03 X4.95 R7.0;	加工内轮廓
N90	G01 X17.07 Y-7.07;	
N100	G03 X0 Y0 R-10.0;	
N110	G01 Y-10.0;	切线切出
N120	G40 G01 X10.0 Y0;	取消刀具半径补偿
N130	G01 Z20.0;	
N140	M99;	

任务评价

本任务评价表见表6-16。

表6-16 攻螺纹孔加工任务评价表

序号	考核项目	考核内容	分值	评分标准	学生自评	教师评分
1	安全文明生产	符合安全文明生产和数控实训车间安全操作的有关规定	20	违反安全操作的有关规定不得分		
2	任务实施计划	任务实施过程中,有计划地进行	5	完成计划得5分,计划不完整得0~4分		
3	工艺规划	合理的工艺路线、合理地区分粗精加工	10	工艺合理得5~10分;不合理或部分不合理得0~4分		
4	程序编制	完整和合理的程序逻辑	15	程序完整、合理得10~15分;不完整或不合理得0~9分		
5	工件质量评分	尺寸精度和表面粗糙度	50	满足要求得50分,一处不合格扣5分		

项目七

自动编程

任务一　Mastercam 2020 基本操作

知识目标

1. 掌握 Mastercam 2020 编程特点；
2. 掌握 CAM 软件数控编程的一般步骤；
3. 掌握 Mastercam 2020 软件菜单和工具栏的作用。

能力目标

1. 能够正确操作 Mastercam 2020 软件菜单；
2. 能够正确使用 Mastercam 2020 软件工具栏。

素养目标

1. 具有自主学习的意识和能力；
2. 具有严谨的学习态度，养成认真仔细的好习惯。

任务分析

在航空、船舶、兵器、汽车、模具等制造业中，经常会有一些具有复杂形状的零件需要加工，也有的零件形状虽不复杂，但加工程序很长。这些零件的数值计算、程序编写、程序校验相当复杂烦琐，工作量很大，采用手工编程难以完成。此时，应采用装有编程系统软件的计算机或专用编程机来完成这些零件的自动编程工作。本任务重点介绍 Mastercam 2020 软件的基本功能。

一、Mastercam 2020 简介

Mastercam 是由美国 CNC Software NC 公司开发的基于 PC 平台的 CAD/CAM 一体化软件,是一个经济、有效的全方位的软件系统。从 Mastercam 5.0 版本开始,Mastercam 的操作平台变成了 Windows 操作系统风格。作为标准的 Windows 应用程序,Mastercam 的操作符合广大用户的使用习惯。

在不断的改进中,Mastercam 的功能逐步得到加强和完善,在业界赢得了越来越多的用户,并被广泛应用于机械、汽车和航空等领域,特别是在模具制造业中应用最广。随着应用的不断深入,很多高校和培训机构都开设了不同形式的 Mastercam 课程。

目前 Mastercam 的最新版本为 Mastercam 2023。本书将以 Mastercam 2020 为基础,向读者介绍该软件的主要功能和使用方法。Mastercam 2020 在以前 Mastercam 版本的基础上继承了 Mastercam 的一贯风格和绝大多数的传统设置,并辅以新的功能。

利用 Mastercam 系统进行设计工作的主要程序一般分为 3 个基本步骤:CAD(产品模型设计)、CAM(计算机辅助制造生产)、后处理阶段(最终生成加工文件)。

二、Mastercam 2020 的主要功能模块

Mastercam 作为 CAD 和 CAM 的集成开发系统,集平面制图、三维设计、曲面设计、数控编程、刀具处理等多项强大功能于一体。主要包括以下功能模块:

1. Design——CAD 设计模块

CAD 设计模块 Design 主要包括二维和三维几何设计功能。它提供了方便、直观的设计零件外形所需要的理想环境,其造型功能十分强大,可方便地设计出复杂的曲线和曲面零件,并可设计出复杂的二维、三维空间曲线,还能生成方程曲线。采用 NURBS 数学模型,可生成各种复杂曲面。同时,对曲线、曲面进行编辑修改也很方便。Mastercam 还能方便地接受其他各种 CAD 软件生成的图形文件。

2. Mill、Lathe、Wire 和 Router——CAM 模块

CAM 模块主要包括 Mill、Lathe、Wire 和 Router 四大部分,分别对应铣削、车削、线切割和刨削加工。CAM 模块主要是对造型对象编制刀具路线,通过后处理转换成 NC 程序。Mastercam 系统中的刀具路线与被加工零件的模型是一体的,即当修改零件的几何参数后,Mastercam 能迅速而准确地自动更新刀具路径。因此,用户只需要在实际加工之前选取相应的加工方法进行简单修改即可,大大提高了数控程序设计的效率。

Mastercam 具有很强的曲面粗加工以及灵活的曲面精加工功能。在曲面的粗、精加工中,Mastercam 提供了 8 种先进的粗加工方式和 11 种先进的精加工方式,极大地提高了加工效率。

Mastercam 的多轴加工功能为零件的加工提供了更大的灵活性。应用多轴加工功能可以

方便快捷地编制出高质量的多轴加工程序。

CAM 模块还提供了刀具库和材料库管理功能。同时，它还具有很多辅助功能，如模拟加工、计算加工时间等，为提高加工效率和精度提供了帮助。

配合相应的通信接口，Mastercam 还具有和机床进行直接通信的功能。它可以将编制好的程序直接传送到数控系统中。

总之，Mastercam 性能优越、功能强大且稳定、易学易用，是一款具有实际应用和教学价值的 CAD/CAM 集成软件，值得从事机械制造行业的相关人员和在校生学习和掌握。

三、CAM 软件数控编程的一般步骤

1. 获得 CAD 模型

CAD 模型是 CAM 进行 NC 编程的前提和基础，任何 CAM 的程序必须有 CAD 模型作为加工对象才能进行编程。可以由 CAM 软件自带的 CAD 功能直接造型获得或是通过与其他软件进行数控转换获得，目前很多 CAM 软件都具有这两种功能，如 Mastercam、UG、Catia、Cimatron、Pro/Engineer 等。Mastercam 可以直接读取其他 CAD 软件所做的造型，如 PRT、DWG 等格式的文件。通过 Mastercam 的标准转换接口可以转换并读取如 IGES、STEP 等格式的文件。

2. 分析 CAD 模型和确定加工工艺

1) 分析 CAD 模型

对 CAD 模型进行分析是确定加工工艺的首要工作，要做好几何特点、形状与位置公差要求、表面粗糙度要求、毛坯形状、材料性能要求、生产批量大小等分析。其中，进行几何分析时应根据方便编程加工的原则确定好工件坐标系。为了使生成的刀路规范化，对一些特殊的曲面部分确定是否需要进行曲面修补或其他编辑，是否需要做一些辅助线作为加工轨迹用或限定加工边界等。

2) 确定加工工艺

(1) 选择加工设备。根据模型几何特点选择并确定好数控加工的部位及各工序内容，以充分发挥数控设备的功用。并不是所有的部位都可以采用数控铣床或加工中心去完成加工的，如有些方的或细小尖角部位，需使用线切割或电火花才能完成加工。

(2) 选择夹具。选择装夹工具与装夹方法，装夹时应考虑在加工过程中防止工件与夹具发生干涉。

(3) 划分加工区域。针对不同的区域进行规划加工往往可以起到事半功倍的效果。

(4) 确定加工顺序和进给方式。即根据粗、精加工顺序及加工余量的分值确定加工顺序和进给方式，减少空走刀，分清什么时候采用顺铣或逆铣。

(5) 确定刀具参数。选好刀具的种类和大小，设置合理的进度速度、主轴转速和背吃刀量，同时确定冷却方式，以充分发挥刀具的性能。

根据以上内容编好数控加工工序单，该工序单将作为数控编程的技术指导文件。

3. 自动编程

结合加工工艺确定的内容设置相关参数，之后 CAM 系统将根据设置结果进行刀路的生成。

4. 程序检验

编制好的刀具路径必须进行检验，以免因个别程序出错影响加工效果或造成事故，主要检查是否过切、欠切或夹具与工件之间存在干涉。可通过刀具路径重绘功能查看刀路有无明显的不正常现象，如有些圆弧或直线形状不正常，显得杂乱等，也可利用实体模拟加工检验切削效果。

5. 后处理

将生成的刀具路径文件转换为 NC 程序代码并导出，对 NC 文件进行一定的编辑后传输到数控机床进行实际加工。

任务实施

1. Mastercam 2020 的工作界面

Mastercam 2020 有着良好的人机交互界面，符合 Windows 规范的软件工作环境，而且允许用户根据需要定制符合自身习惯的工作环境。Mastercam 2020 的工作界面如图 7-1 所示，主要由标题栏、快速访问工具栏、功能区、图素选择工具栏、操作管理器、状态栏、图形窗口和图形对象等部分组成。

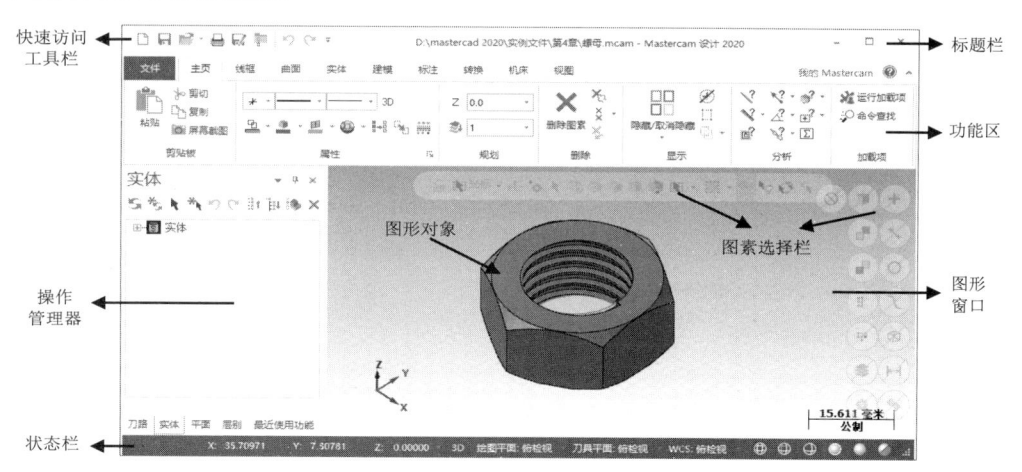

图7-1　Mastercam 2020工作界面

2. 文件操作

文件操作主要包括新建文件、打开文件、保存文件、打印文件等与文档有关的内容，这些命令集中在"文件"菜单中，如图 7-2 所示。

图7-2　文件操作菜单

3. 视图操作

在进行图形设计等操作时，经常需要对屏幕上的图形进行缩放、旋转等操作，以便更细致地观看图形的细节。Mastercam 2020 的"视图"工具栏提供了丰富的视图操作功能，包括视窗缩放、视图的选择、显示以及坐标系的设置等，如图 7-3 所示。也可以通过在绘图区单击右键，选择弹出菜单中的相应命令实现，如图 7-4 所示。

图7-3　视图操作工具栏

图7-4　视图操作菜单

4. 物体选择及属性编辑

1) 选择图素

图素指构成图形的最基本要素，如点、直线、圆弧、曲线和曲面等。

图素选择主要通过如图 7-5 所示的图素选择工具栏进行操作。通过单击图素选择工具栏的"全部"或"单一"按钮，在打开如图 7-6 所示的条件选择对话框中，设置图素的一些属性来筛选符合条件的图素。"全部"是指选择全部元素或者选择具有某种相同属性的全部元素；"单一"是指选择单一类元素只能选择某一类具有相同属性的元素。窗口状态在"普通选项"工作条的下拉列表框中，提供了 5 种窗口选择的类型，依次是"视窗内""视窗外""范围内""范围外"和"相交物"，如图 7-7 所示；选择方式可以选择不同的视窗类型，例如可以是多边形，如图 7-8 所示。

图7-5　图素选择工具栏　　　　　　　图7-6　条件选择对话框

图7-7　窗口选择列表　　　　　　　图7-8　光标选取方式列表

2) 删除图素

在绘制图形时可能会出现错误，或者有些辅助线使用完后可以删除，这时就需要使用删除功能来完成这些操作。选择"主页"→"删除"命令，其中列出了删除以及恢复删除的命令，如图 7-9 所示。

图7-9　删除图素对话框

3) 隐藏/显示图素

在设计过程中，常常要隐藏一些暂时不用的图形，以方便设计。这些功能集中在"主页"选项卡的"显示"面板上，如图7-10所示。

单击"隐藏/取消隐藏"按钮和"消隐"按钮都可以将选定的图素隐藏起来。两个操作的区别是"隐藏/取消隐藏"是将未被选中的图素隐藏，"消隐"是将选中的图素隐藏。在执行"隐藏/取消隐藏"命令后，可单击更多按钮将屏幕上被选中的图素隐藏。

在"主页"选项卡的"显示"面板上，单击"隐藏/取消隐藏""取消部分隐藏"按钮和"恢复消隐"按钮命令，可以恢复显示暂时被隐藏的图素。

图7-10 隐藏/显示图素

4) 设置图素属性

图素属性包括点、直线、曲线、曲面和实体等，这些元素除了自身所必须的几何信息外，还可以有颜色、图层位置、线型、线宽等。通常在绘图之前，先在对话框中设定这些属性，如图7-11所示。

左键单击"3D"栏目，可以进行"3D和2D的切换"切换；"颜色"栏可以设置图形元素的颜色；"线型"栏可以设定某种线型作为直线或者曲线的类型；"线宽"栏可以设置线的宽度。另外，在"属性"对话框中，单击右下角按钮，也可打开"图素属性管理"对话框(图7-12)，可以设置颜色、线型、点类型、图层、线宽等参数。

图7-11 设置图素属性对话框 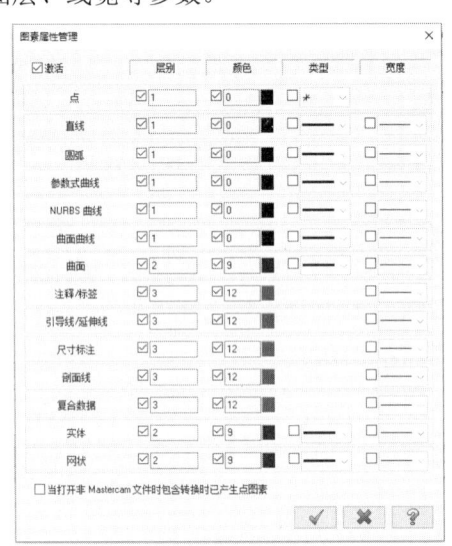　　图7-12 "图素属性管理"对话框

5. 图层设置

Mastercam 的图层概念类似于 AutoCAD 的图层概念，可以用来组织图形。在"操作管理器"中单击"层别"标签，弹出如图 7-13 所示的"层别"面板，图中只有一个图层，也是主图层，用黄色高亮显示，在"高亮"列中带有"X"，表示该层是可见的。

6. 系统设置

在设计过程中，有时需要调整 Mastercam 系统的某些参数，从而更好地满足设计的需求。选择"文件"→"配置"命令，弹出如图 7-14 所示"系统配置"对话框，其左侧列表框中列出了系统配置的主要内容，选择某一项内容，将在右侧显示具体的设置参数。

图7-13　"层别"面板

图7-14　"系统配置"对话框

任务评价

本任务评价表见表 7-1。

表7-1　Mastercam 2020基本操作任务评价表

序号	考核项目	考核内容	分值	评分标准	学生自评	教师评分
1	自动编程软件菜单和工具栏的使用	文件菜单使用	20	操作熟练正确		
		视图菜单使用	20	操作熟练正确		
		物体选择及属性编辑功能使用	20	操作熟练正确		
		图层设置	20	操作熟练正确		
		系统设置	20	操作熟练正确		

任务二　零件的外形铣削、挖槽及钻孔加工

⚙️ 知识目标

1. 掌握二维图形绘制命令；
2. 掌握二维图形编辑命令；
3. 掌握 Mastercam 2020 软件从设计到加工全过程的基本思路和操作步骤。

⚙️ 能力目标

1. 能够利用 Mastercam 2020 软件正确创建二维零件图形；
2. 能够完成零件加工类型选择、属性设置；
3. 能够熟练掌握软件刀路生成、加工仿真及后处理操作。

⚙️ 素养目标

1. 具有独立学习，灵活运用所学知识独立分析问题并解决问题的能力；
2. 具有严谨认真的工作态度和精益求精的工作精神。

⚙️ 任务分析

绘制如图 7-15 所示的二维图形，使用钻孔加工和轮廓铣削加工路径完成零件数控加工。本任务将介绍 Mastercam 软件从设计到加工全过程的基本思路和操作步骤，使用户对 Mastercam 软件有一个整体的认识。

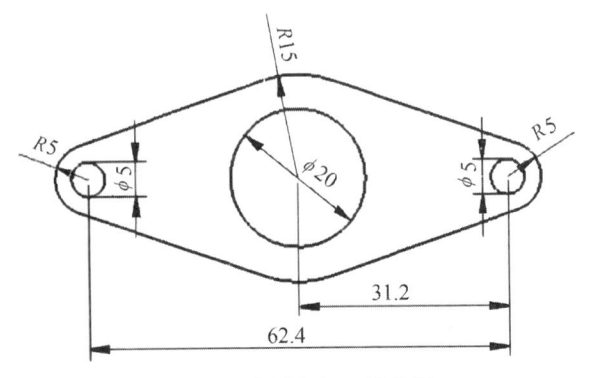

图7-15　内四方加工零件图

项目七 自动编程

🔩 知识链接

一、二维图形的绘制

二维图形绘制功能主要通过如图 7-16 所示的"线框"选项卡中的命令按钮实现。

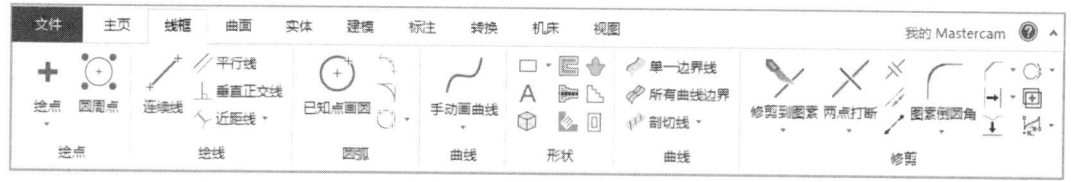

图7-16 "线框"选项卡

1. 点的绘制

点的绘制和抓取是绘制图形的基础。Mastercam 2020 为用户提供了 6 种基本点以及两种线切割刀具路径点的绘制方法。在"绘点"面板上，单击"绘点"下拉按钮，弹出如图 7-17 所示的"绘点"下拉菜单，其中的命令代表了 6 种基本点的绘制方法。单击"绘点"按钮 ✚，系统将在操作管理窗口弹出如图 7-18 所示的"绘点"选项卡，可以选择点的类型并进行绘制。

图7-17 "绘点"下拉菜单　　图7-18 "绘点"选项卡

点的抓取是通过选择"图素选择工具栏"→"选择设置"，此时弹出"自动抓点"工具栏，如图 7-19 所示。进入点的绘制时系统默认是处于任意点创建方式，可以从中任意选择一种，然后按照定义方法在绘图区中创建点图素。

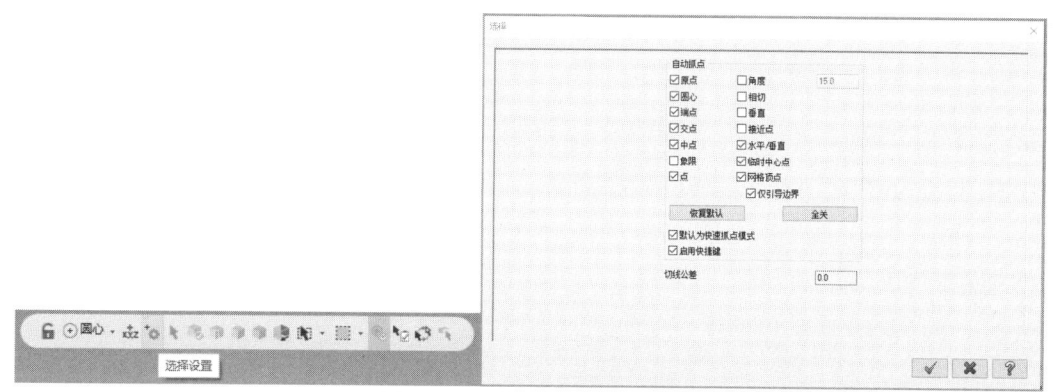

图7-19 "自动抓点"工具栏

253

2. 直线绘制

Mastercam 2020 提供了 7 种绘线的方式，依次是端点绘线、近距线、平分线、垂线、平行线、相切线和法线。操作步骤为：选择菜单"线框"→"绘线"，出现"绘线"面板以及单击"近距线"旁的下拉按钮弹出的下拉菜单，如图 7-20 所示。

(1) "端点绘线"功能，就是通过定义直线的起点和终点所绘制的直线。

(2) "近距线"功能，就是在已知两个几何对象(包括直线、圆弧和曲线等)之间创建最短长度的连接线。

(3) "平分线"功能，即绘制角平分线，它既可以在两条相交直线上创建角平分线，也可在两条平行线的中间创建平行线，但均应指定分角线的长度。

(4) "垂线"功能，就是经过某图形上的一点，与图形在该点的切线相垂直的一条线。

(5) "平行线"功能，就是创建已知参考直线的平行线。在创建平行线时，有 3 种方法创建平行线，即直线补正法、过一点和与圆弧相切。

(6) "相切线"功能，指在已有圆弧和曲线上，过指定点与其相切的直线。

(7) "法线"功能，就是创建已知几何图素(直线、圆弧或曲线)的法线，可以创建过一点的法线，也可以创建与圆弧相切的法线。

3. 圆弧绘制

Mastercam 2020 提供了两种创建圆和 5 种创建圆弧的方法。操作步骤为：选择"线框"→"圆弧"命令，出现"圆弧"子菜单，如图 7-21 所示。

图7-20 直线绘制菜单   图7-21 圆弧绘制菜单

(1) 利用"圆心+点"功能，可以指定圆心和圆上一点，或者圆心和半径来绘制一个圆。在绘制圆时，其相应的对话框如图 7-22 所示。

(2) 利用"三点画圆"功能，可以指定不在同一条直线上的三个点来绘制一个圆，其相应的对话框如图 7-23 所示。

图7-22　"圆心+点"功能对话框　　图7-23　"三点画圆"功能对话框

(3) 利用"极坐标圆弧"功能，可以指定圆弧的圆心点、圆弧大小、起始角度和终止角度创建圆弧，其相应的对话框如图 7-24 所示。

(4) 利用"两点画弧"功能，可以指定圆弧的起点、终点及弧大小来创建一个圆弧。其相应的对话框如图 7-25 所示。

图7-24　"极坐标圆弧"功能对话框　　图7-25　"两点画弧"功能对话框

(5) 利用"三点画弧"功能，可以指定弧上任意三点生成一段弧。其相应的对话框如图 7-26 所示。

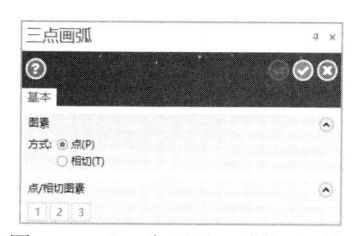

图7-26　"三点画弧"功能对话框

(6) 利用"极坐标点画弧"功能，可以指定圆心点、半径、起点和终点来生成一段弧。其相应的对话框如图 7-27 所示。

图7-27 "极坐标点画弧"功能对话框

(7) 利用"切弧"功能,可以绘制与直线、圆、圆弧等相切的圆弧,但不能绘制与样条曲线相切的圆弧。可以绘制 7 种类型的圆弧,即单一物体切弧、通过点切弧、圆心经过中心线和动态绘弧等。其相应的对话框如图 7-28 所示。

图7-28 "切弧"功能对话框

4. 矩形绘制

1) 绘制标准矩形

利用"矩形"功能,可以绘制指定宽度和高度的直角平行四边形,也可以通过指定对角的位置来创建。选择"线框"→"形状"→"矩形"(Rectangular)命令,系统提示依次确定矩形的两个角点,生成矩形的预览。如图 7-29 所示,在状态栏内对矩形的相关参数进行设置。

图7-29 标准矩形绘制状态栏

2) 绘制变形矩形

利用"矩形形状设置"功能，可以通过对矩形参数的设置，创建出特殊矩形，如圆角矩形、键槽形、D 形和双 D 形等。在"形状"面板上打开"矩形"下拉菜单，单击"圆角矩形"按钮，系统将打开"矩形形状"对话框，然后根据设置不同将绘制不同形状的矩形，如图 7-30 所示。

5. 多边形绘制

"多边形"功能，就是由 3 条或 3 条以上等长度的边组成封闭轮廓图形。在"形状"面板上打开"矩形"下拉菜单，单击"多边形"按钮，将弹出"多边形"对话框，然后根据设置不同可绘制不同的多边形，如图 7-31 所示。

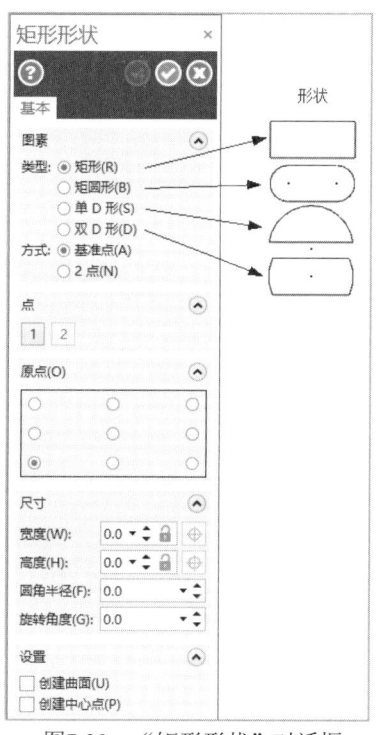

图7-30 "矩形形状"对话框　　图7-31 "多边形"对话框

6. 椭圆绘制

利用"画椭圆"功能，可以通过定义椭圆中心点、X 轴半径和 Y 轴半径创建图形，可以创建正圆、椭圆弧或椭圆曲面等。

在"形状"面板上打开"矩形"下拉菜单，单击"椭圆"按钮，系统将打开"椭圆形选项"对话框，然后根据不同设置即可绘制不同的椭圆，如图 7-32 所示。

图7-32 "椭圆形"对话框

7. 倒角绘制

倒角绘制功能可以在不相交或相交的直线间形成斜角,并自动修剪或延伸直线。

1) 绘制单个倒角

单击"线框"→"修剪"→"倒角",系统显示"倒角"对话框。依次选择需要倒角的曲线,绘图区中按给定的距离显示预览的斜角,在对话框中对倒角的相关参数进行设置,如图 7-33 所示。

2) 绘制串连倒角

单击"线框"→"修剪"→"倒角"→"串连倒角",系统显示"串连倒角"对话框。选择串连曲线,绘图区中按给定的参数显示预览的斜角,在对话框中对串连倒角的相关参数进行设置;因为串连倒角的方式仅有单一距离和线宽两种方式,角度都为 45°,所以串连的路径不区分方向,如图 7-34 所示。

图7-33 "倒角"对话框　　图7-34 "串连倒角"对话框

8. 倒圆角绘制

利用倒圆角命令可以在相邻的两条直线或曲线之间插入圆弧，也可以串连选择多个图素一起进行圆角操作。

1) 绘制单个圆角

单击"线框"→"修剪"→"图素倒圆角"，系统显示"图素倒圆角"对话框。依次选择需要倒圆角的方式，绘图区中按给定的半径显示预览的圆角，如图 7-35 所示。

图7-35　"图素倒圆角"对话框

2) 绘制串连圆角

单击"线框"→"修剪"→"图素倒圆角"→"串连倒圆角"，系统显示"串连倒圆角"对话框(图 7-36)，同时打开"串连选项"对话框(图 7-37)。绘图区中按给定的半径显示预览的圆角，在状态栏中对圆角的相关参数进行设置。

图7-36　"串连倒圆角"对话框　　图7-37　"串连选项"对话框

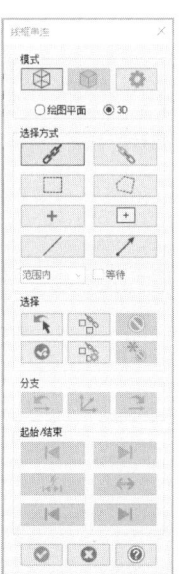

9. 文字的绘制

在 Mastercam 2020 系统中，文字也是按照图形来处理的，并被称为文字几何图形，这与

尺寸标注中的文字不同。单击"线框"→"形状"→"文字",将打开"创建文字"对话框(图 7-38),在该对话框中可以指定文字的内容和格式。

10. 边界框的绘制

边界框是一个正好将所选图素包含在内的"盒子",它可以是矩形也可以是圆柱形。这对于确定工件的加工边界,确定工件中心、工件尺寸和重量都十分有用。

单击"线框"→"形状"→"边界框",打开"边界框"对话框,在其中进行边界框的参数设置,如图 7-39 所示。

图7-38 "创建文字"对话框　　图7-39 "边界框"对话框

11. 曲线的绘制

在 Mastercam 2020 系统中有两种类型的曲线:一是参数式曲线(Parametric 曲线),其形状由节点(node)决定,曲线通过每一个节点;另一种是非均匀有理 B 样条曲线(NURBS 曲线),其形状由控制点(control point)决定,它仅通过样条节点的第一点和最后一点。

Mastercam 一共提供了 5 种曲线的绘制方式。选择"线框"→"形状"→"曲线"命令,出现"曲线(Spline)"子菜单,如图 7-40 所示。

图7-40 曲线命令子菜单

二、二维图形的编辑

在设计过程中,仅仅绘制基本的二维图素是远远不够的,只有通过对图素的各种编辑才能获得真正满意的各种图形。二维图形的编辑操作,集中在"修剪"面板中,如图 7-41 所示。

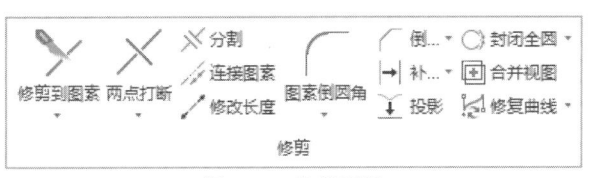

图7-41　修剪面板

1．修整几何对象

1) 修剪(延伸)/打断

单击"线框"→"修剪"→"修剪/打断"命令，进入修剪(延伸)/打断子菜单，如图7-42所示。单击修剪/打断/延伸命令，进入修剪/打断/延伸对话框，用户可以对相关参数进行设置。该命令可以将图形修剪或延伸到另一个图形的位置，是修剪还是延伸取决于两个图形的相对位置。

图7-42　修剪(延伸)/打断子菜单

2) 连接

连接命令用于将选择的图素连接成一个图素。要连接的两个图素必须是同一类型的图素，即都为直线、圆弧或样条曲线才可以进行连接。对于要连接的图素，要求必须满足相容的条件，即对于直线来说，它们必须共线；对于圆弧来说，它们必须具有相同的圆心和半径；对于样条曲线来说，它们必须来源于同一条样条曲线。否则系统会弹出警示框，提示无法进行连接操作。连接后的图素具有第1个选择图素的属性。在"修剪"面板上单击"连接图素"按钮，弹出"连接图素"对话框。系统将提示用户选择需要连接的图形，选择后单击 ◎ 按钮确定即可，如图7-43所示。

图7-43　"连接图素"对话框

3) 转化NUBRS曲线

各种图形都可以看成是一段特殊的曲线，如圆弧和直线。Mastercam允许在NURBS曲线和这些图形之间进行转换。

单击"线框"→"曲线"→"手动画曲线"命令，在"手动画曲线"下拉菜单中选择"转为NURBS曲线"命令，可以将圆弧或直线转换成曲线。

在"修剪"面板的"修复曲线"下拉菜单中选择"简化样条曲线"命令，弹出"简化样条曲线"对话框，如图7-44所示，可以将曲线简化为弧线。

4) 曲线修改

该命令可以改变曲线和曲面的控制点，从而对曲线和曲面的外形进行调整。

单击"线框"→"修剪"→"修复曲线"命令，单击"修复曲线"下拉菜单中的"编辑样条线"按钮，启动曲线修改命令。系统弹出如图 7-45 所示的"编辑样条线"对话框，提示用户选择需要进行操作的曲线，并自动提示出控制点(节点)供用户选择。选择并确定后，可直接利用鼠标拖动来改变控制点的位置，将控制点移到需要的位置，单击"确定"按钮完成操作。

图7-44 "简化样条曲线"对话框   图7-45 "编辑样条线"对话框

2. 几何对象转换

(1) "平移"功能，就是对选择的图素进行移动、复制或连接操作。

(2) "旋转"功能，就是以某一点作为旋转中心，然后输入旋转的角度及次数，从而生成新图形。

(3) "镜像"功能，就是把某一中心线或轴作为参考，将几何图素进行对称复制的操作。其镜像轴的形式主要有 5 种，即 X 轴、Y 轴、角度、任意直线和两点。

(4) "比例缩放"功能，就是以某一点作为比例缩放的中心点，然后输入缩放的角度及次数，从而生成新图形。如果没有指定缩放中心点，则系统会以默认的原点作为图素的缩放中心点。

(5) "补正"功能，在 AutoCAD 中指偏移，就是根据指定的距离、方向及次数移动或复制一段简单的线、圆弧或聚合线。

(6) "投影"功能，就是将原有的曲线投影到指定的平面或曲面上。

(7) "阵列"功能，就是在指定复制的数量、距离及角度等后，按照网格行列的方式进行实体复制。

(8) "拖拽"功能，就是在将指定的图素拖拽到指定的位置，包括移动、复制与旋转。

3. 尺寸标注与图案填充

尺寸标注功能是通过"标注"选项卡中的各种命令实现的，如图 7-46 所示。

图7-46 "标注"选项卡

1) 尺寸标注

完整的尺寸标注，一般由尺寸界线、尺寸线、尺寸文本、尺寸箭头、中心标记等部分组成，如图7-47所示。

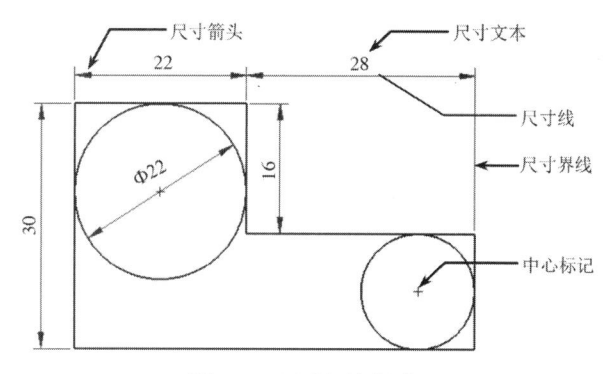

图7-47 尺寸标注组成

"水平标注"是标注两点间水平距离的线型尺寸；"垂直标注"是标注两点间垂直距离的线型尺寸；"平行标注"是标注两点间实际距离的线型尺寸；"基线标注"是以已经创建的线型尺寸为基准，对相应的点进行线型标注；"串连标注"是以已经创建的线型尺寸为基准，创建一连串的尺寸标注；"角度标注"是标注两条不平行直线间的夹角，也用于标注圆弧所对应的圆心角；"直径标注"是标注圆或圆弧的直径或半径；"相切标注"是标注圆弧与点、直线或圆弧特征点间的水平或垂直距离；"点位标注"是对选取点进行位置标注，可以标平面坐标和三维坐标；"快速标注"是系统采用智能标注的形式，自动判断该图素的类型，从而自动选择合适的标注方式来完成标注。

2) 尺寸编辑

单击"标注"→"修剪"→"多重编辑"，启动尺寸编辑命令，系统提示用户选择需要编辑的尺寸线。选择并确定后，系统打开如图7-48所示的"自定义选项"对话框，用户可在其中对尺寸的样式进行修改。

3) 图形注释

注释指的是图形中的文本信息。单击"标注"→"注释"按钮，打开"注释"对话框，如图7-49所示，在其中可进行图形注释参数的设置。完成参数设置后，在图形上指定注释位置点即可。

图7-48 "自定义选项"对话框　　　　　　　图7-49 注释对话框

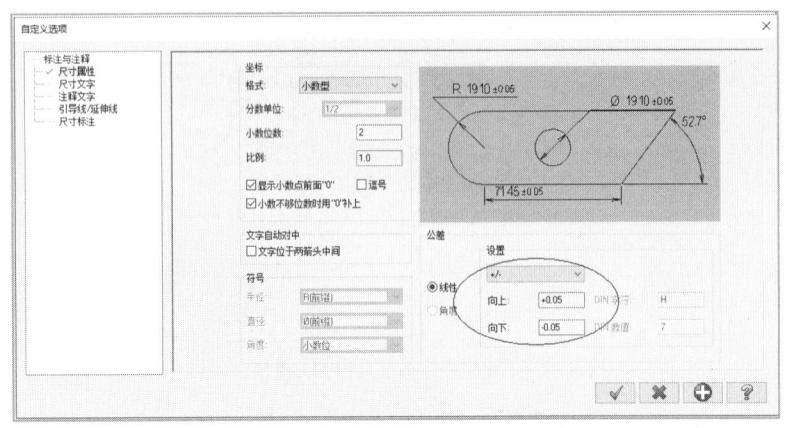

4) 图案填充(剖面线)

在机械工程图中,图案填充用于一个剖切的区域,而且不同的图案填充表达不同的零部件或者材料。

单击"标注"→"注释"→"剖面线",启动图案填充命令。打开"交叉剖面线"对话框,如图7-50所示,该选项卡可用于指定填充图案的样式。同时系统打开"线框串连"对话框,如图7-51所示,提示用户选择要进行图案填充的几何图形。

图7-50 "交叉剖面线"对话框　　　　　　图7-51 "线框串连"对话框

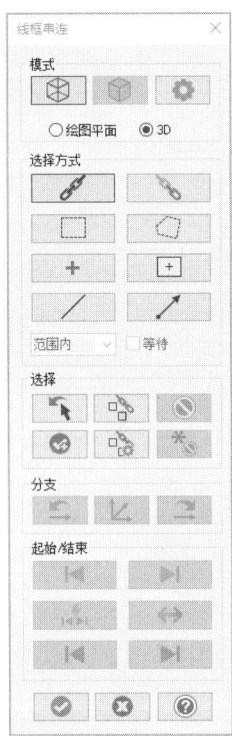

一、零件分析与工艺规划

按任务要求需要创建如图 7-52 所示的平面二维零件图形，通过设置数控编程参数，生成一个整体高度为 20，中心槽 φ20 深为 10，两边各有一个深度为 5 的 φ5 小孔的零件，如图 7-53 所示。

若本书不特别说明，尺寸单位均为毫米(mm)。

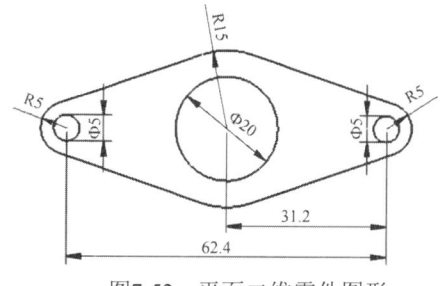

图7-52　平面二维零件图形　　　　图7-53　零件图

本零件较为简单，可以使用铣削加工。本工件没有尖角或者很小的圆角，同时对零件表面没有特别高的要求，可以使用一把 φ10 平底刀进行粗加工和精加工，以减少换刀。本工件的加工分为三个步骤：外形铣削、凹槽加工、钻孔加工。各个加工步骤的加工对象、刀具以及进给转速等参数如表 7-2 所示。

表7-2　工件加工工艺参数表

序号	加工对象	加工工艺	刀具/mm	主轴转速 /(r/min)	进给速度 /(mm/min)	进/退刀速度 /(mm/min)
1	外部轮廓	外形铣削	φ10 平底刀	600	300	100
2	中心槽	挖槽	φ10 平底刀	600	300	100
3	两个孔	钻孔	φ5 钻孔刀	200	100	100

每完成一步加工工艺，实体的仿真切削结果分别如图 7-54 所示。

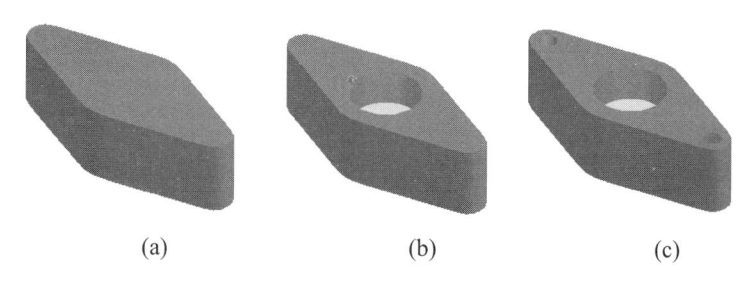

(a)　　　　(b)　　　　(c)

图7-54　实体的仿真切削结果

二、创建零件图形

1. 启动 Mastercam 2020

选择"开始"→"所有程序"→Mastercam 2020→Mastercam 2020 命令,启动 Mastercam 2020,如图 7-55 所示。

图7-55　Mastercam 2020启动运行

2. 新建文件并保存

(1) 新建文件。首次启动 Mastercam 软件即进入设计模块,选择"文件"→"新建"命令,新建一个绘图文档,便可以开始构建图形。也可以单击 "新建文件"按钮,新建一个绘图文档。

(2) 保存文件。选择"文件"→"保存"命令,弹出如图 7-56 所示的"另存为"对话框,选择要保存的文件路径后,在"文件名"文本框中输入名称 T1.mcam,单击"保存"按钮确定。

在绘图和数控加工过程中,要养成随时保存的习惯。使用 Alt+A 快捷键,系统会弹出"自动保存"对话框,如图 7-57 所示,用户可以进行自动保存的设置。

项目七 自动编程

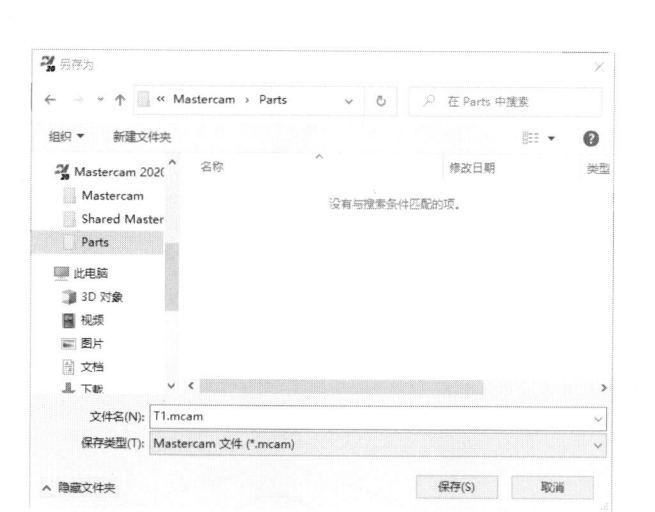

图7-56 "另存为"对话框

图7-57 "自动保存"对话框

3. 设置工作环境

在状态栏中，设置为2D状态，屏幕视角为"俯视图"，Z值为0，图素颜色为"黑色"，层别为1，线型为"实线"，宽度为从最细到粗的第二个线宽，如图7-58所示。

图7-58 状态栏

4. 绘制基本圆弧

单击⊙已知点画圆按钮，在坐标栏中输入(0,0,0)(图7-59)，以原点作为圆心，在如图7-60所示的对话框中输入半径值10，单击"确定"按钮；同理，在(0,0,0)点绘制半径为15的整圆，单击"确定"按钮。用同样的方法，分别在点(–31.2,0,0)和(31.2,0,0)处，各绘制直径和半径为5的两个整圆，如图7-61所示。

图7-59 圆心坐标栏

图7-60 "已知点画圆"对话框

图7-61 绘制基本圆弧

5. 绘制圆弧切线

(1) 自动抓点设置：在图素选择工具栏中，单击"选择设置"按钮，系统弹出"自动抓点"界面，只选中"相切"复选框，如图 7-62 所示，单击 ✓ 按钮确定。

(2) 绘制切线：单击 ∕ "绘制连续线"按钮，在绘图区内选择需要生成切线的两个整圆，生成所需的切线，如图 7-63 所示。

图7-62　"自动抓点"设置界面　　　　图7-63　绘制切线

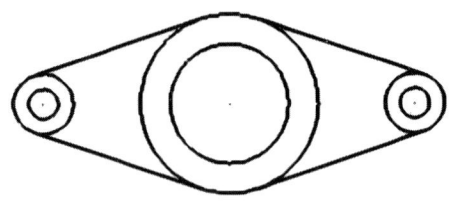

6. 修剪编辑

(1) 自动抓点设置：在图素选择工具栏中，单击"选择设置"按钮，系统弹出"自动抓点"设置界面，只选中"端点"复选框，如图 7-64 所示，单击 ✓ 按钮确定。

(2) 打断：单击 ╳ "两点打断"按钮，在绘图区内，先选择需要打断的整圆，再选择切线的端点作为打断点，将整圆在切点处打断。

(3) 删除：最后单击 ✕ "删除图素"按钮，选择多余的圆弧，单击工具栏中的确定按钮。此时生成的图形文件如图 7-65 所示。

图7-64　"自动抓点"设置界面　　　　图7-65　图形文件

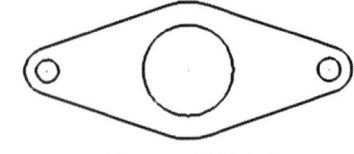

7. 尺寸标注

(1) 标注设置。选择"标注"→"尺寸标注"面板右下角的"尺寸标准设置"按钮 ⌐，在系统弹出的"自定义选项"对话框中选择"尺寸属性"选项卡，设置"小数位数"为 1，如图 7-66 所示；选择"尺寸文字"选项卡，设置"文字高度"为 3，如图 7-67 所示。

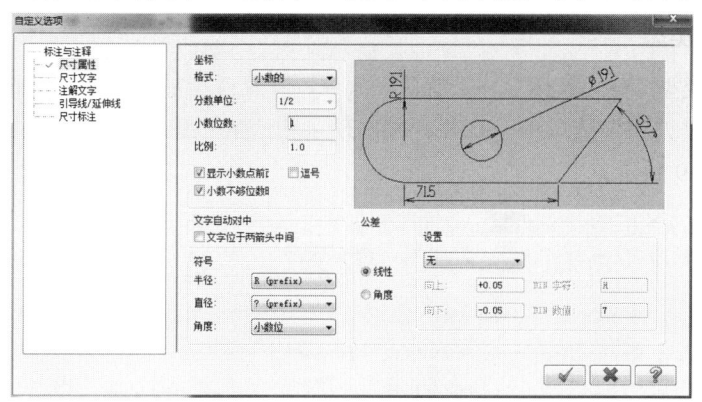

图7-66 "自定义选项"对话框

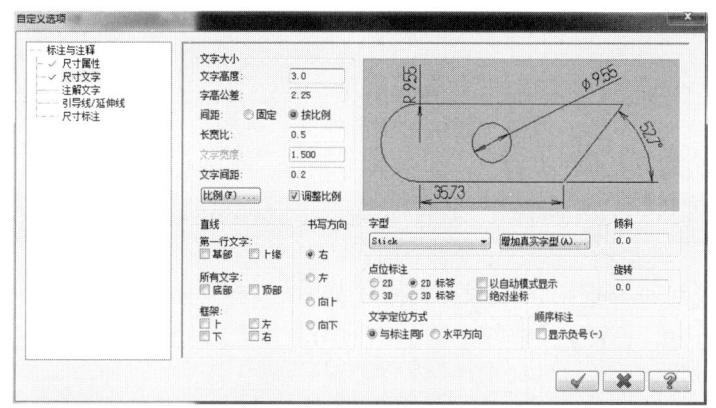

图7-67 设置文字高度

(2) 尺寸标注。选择"标注"→"尺寸标注"→"水平标注"命令，在绘图区内选择水平线段的起点和终点，即可标注一段线段的水平长度。

同理，进行垂直标注和圆弧标注。标注结束后的图形如图 7-68 所示。

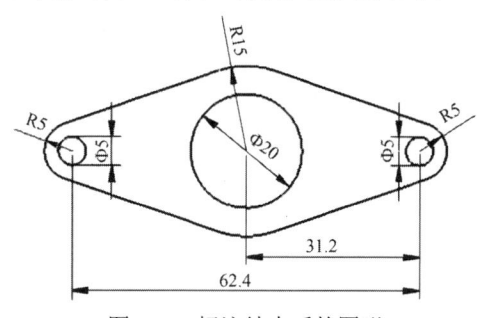

图7-68 标注结束后的图形

三、数控加工编程

在绘图区内创建好图形或者打开 T1.mcam 文件，如图 7-68 所示，然后就可以进入数控加工编程环节。

1. 选择加工类型

选择"机床类型"→"铣床"→"默认"命令，进入铣削加工模块，此时绘图区左侧"操作管理器"中的"刀路"选项卡已打开，并出现了相应的机床群组，方便对加工参数的设置和更改，如图 7-69 所示。

图7-69 "刀路"选项卡

2. 属性设置

在操作管理器中，双击"刀路"选项卡中"属性"下的"毛坯设置"选项，系统打开"机器群组属性"对话框的"毛坯设置"，如图 7-70 所示。单击"边界框"选择"形状"为"立方体"，设置"尺寸"中 X 向为 2，Y 向为 2，Z 向为 20，如图 7-71 所示，单击 ✓ 按钮确定。

系统返回"机器群组属性"对话框，根据文本框中已有的数值，调整毛坯大小，X 向为 80，Y 向为 40，Z 向为 20，设置加工坐标系原点为(0,0,0)，如图 7-72 所示，单击 ✓ 按钮确定。

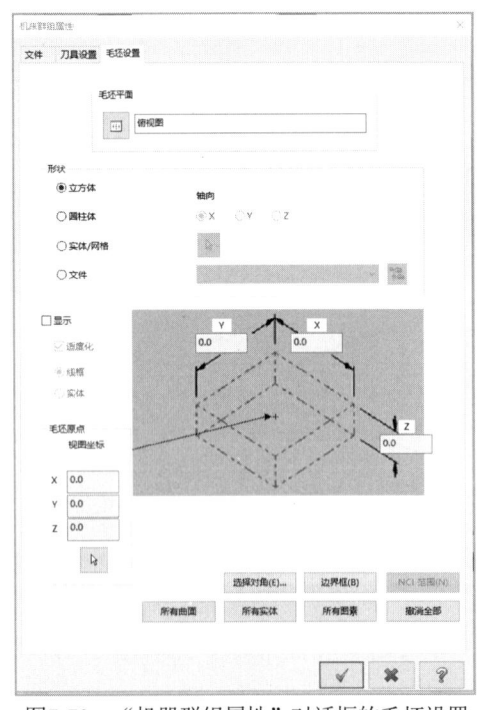

图7-70 "机器群组属性"对话框的毛坯设置　　　　图7-71 "边界框"对话框

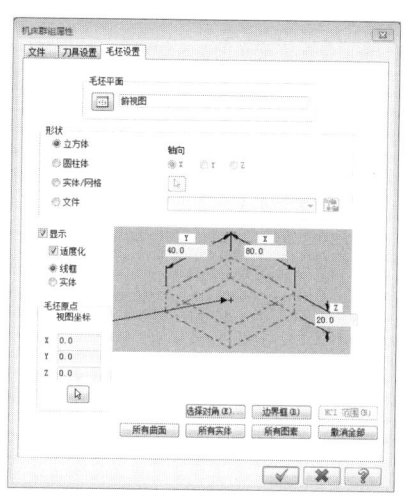

图7-72 "机器群组属性"对话框的毛坯设置

此时，在绘图区内出现一个虚线框以表示毛坯，如图 7-73 所示。

操作管理器中"属性"下的"文件""工具设置"和"安全区域"几个选项暂时不设置，可以根据零件大小、加工工艺、机床功能等，在不同的加工工步中进行设置。

图7-73 虚线框毛坯

3. 生成刀路——外形切削

生成刀路是数控加工的核心部分，通常包含选择加工工艺、选择加工对象、设置刀具和设置加工参数等几个部分。

如表 7-3 所示为生成外形切削的刀具路径的加工工艺参数。

表7-3 生成外形切削的刀具路径的加工工艺参数

加工对象	加工工艺	刀具/mm	主轴转速/(r/min)	进给速度/(mm/min)	进/退刀速度/(mm/min)
外部轮廓	外形铣削	ϕ10 平底刀	600	300	100

(1) 选择加工工艺。选择"刀路"→"外形"命令，进入外形切削加工系统。首次进入数控加工工作环境，系统自动打开"输入新的 NC 名称"对话框，在文本框中输入要命名的名字 T1，如图 7-74 所示，单击 ✓ 按钮确定。

图7-74 "输入新的NC名称"对话框

(2) 选择加工对象。系统弹出"线框串连"对话框，如图 7-75 所示；在绘图区内选择图形的外轮廓，选择时箭头方向为逆时针，如图 7-76 所示，单击 ✓ 按钮确定。

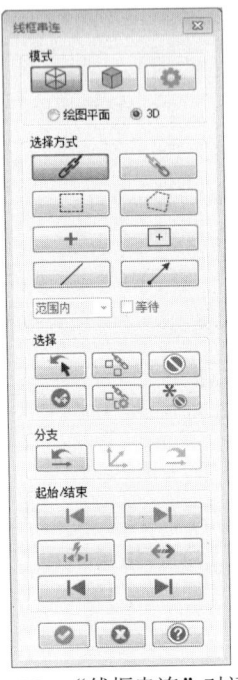

图 7-75 "线框串连"对话框

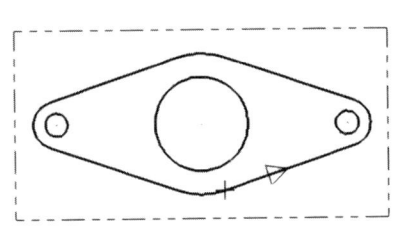

图 7-76 箭头方向为逆时针

(3) 新建刀具。系统弹出"2D 刀具路径-外形铣削"对话框，单击刀具选项，在左侧的空白区域外右击，在弹出的快捷菜单中选择"创建新刀具"命令，如图 7-77 所示。

在"定义刀具"对话框的"类型"选项卡中选择"平铣刀"，如图 7-78 所示。

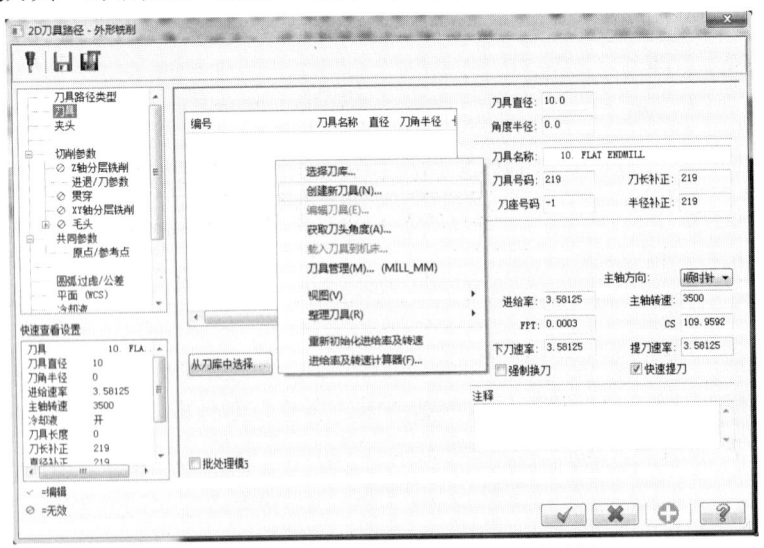

图 7-77 "2D刀具路径-外形铣削"对话框

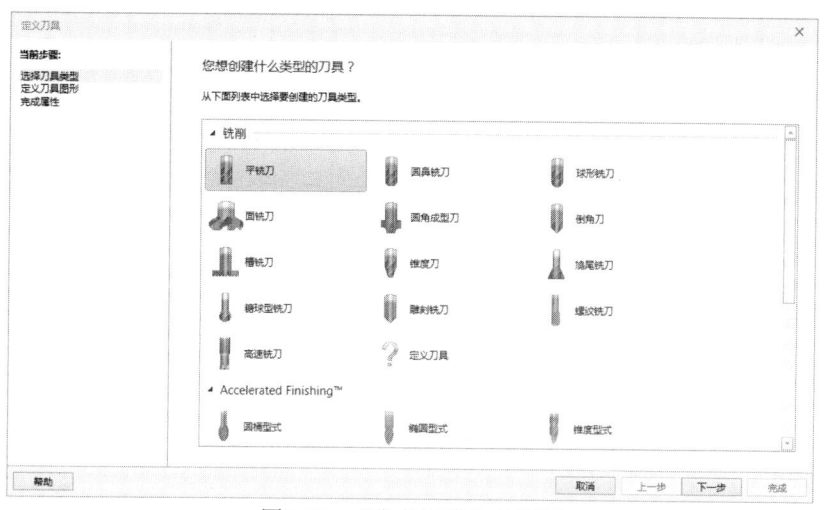

图7-78 "定义刀具"对话框

在"平铣刀"选项卡中,单击"下一步"按钮,系统打开如图 7-79 所示的"定义刀具"界面。设置"刀杆直径"为 10。

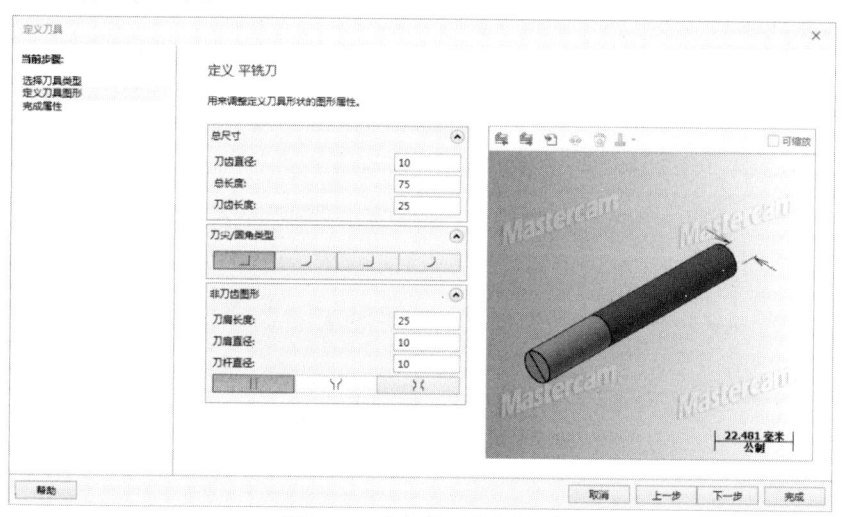

图7-79 "定义刀具"界面

单击"下一步"按钮,系统打开如图 7-80 所示的"完成属性"选项卡。设置"刀号""刀座编号"均为1,在"铣削"中,设置 XY 与 Z 向的粗切步进量均为2,精修步进量均为0.5;"主轴转速"为 600(r/min),"进给速率"为 300(mm/min),"下刀速率和提刀速率"均为 100(mm/min),单击 按钮确定。

图7-80 "完成属性"选项卡

如图7-81所示为按照上述要求定义好的 $\phi 10$ 平铣刀的参数。

图7-81 定义平铣刀参数

(4) 设置加工参数。打开"2D刀具路径-外形铣削"对话框中的"切削参数"选项卡，完成以下操作。

单击"XY分层铣削"选项卡，系统打开"XY轴分层控制"界面，设置"粗切"选项组中的"次数"为3，"间距"为5，选中"不提刀"复选框，如图7-82所示。

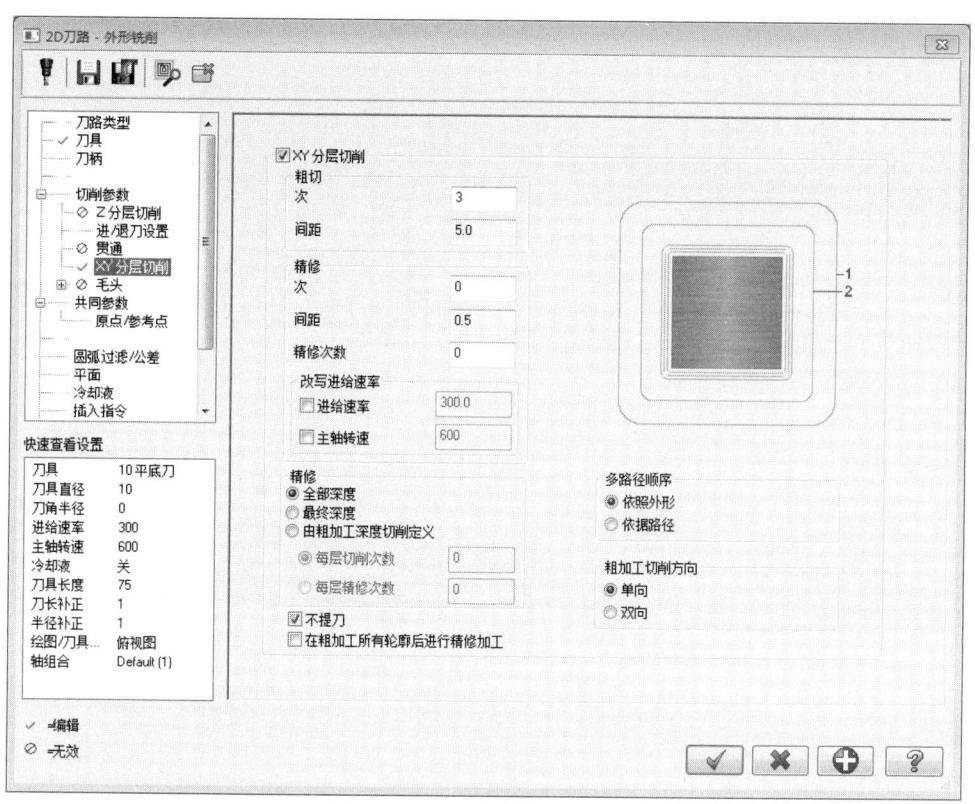

图7-82 "XY分层切削"界面

选择"不提刀"复选框,刀具在两个相邻加工层之间不提刀,直接至安全高度或参考高度,可以减少提刀和进刀的时间,提高加工效率。

打开"Z分层切削"界面,选中"深度分层切削"复选框,设置"最大粗切步进量"为2,"精修次数"为1,"精修量"为0.5,选中"不提刀"复选框,如图7-83所示。

打开"切削参数"界面,设置以下参数,如图7-84所示。

- 设置"补正方式"为"电脑"。
- 设置"补正方向"为"右",是在选择加工轮廓的方向为逆时针的情况下。

打开"共同参数"界面,设置以下参数。

- 勾选"安全高度"复选框,设置增量坐标为"50",选中"仅在开始及结束操作时使用安全高度"复选框。
- 设置"深度"为–20,即工件的整体厚度。

如图7-85所示,单击 ✓ 按钮确定。如图7-86所示为生成的外形切削的刀具路径,如图7-87所示为外形切削加工实体的仿真模拟结果。

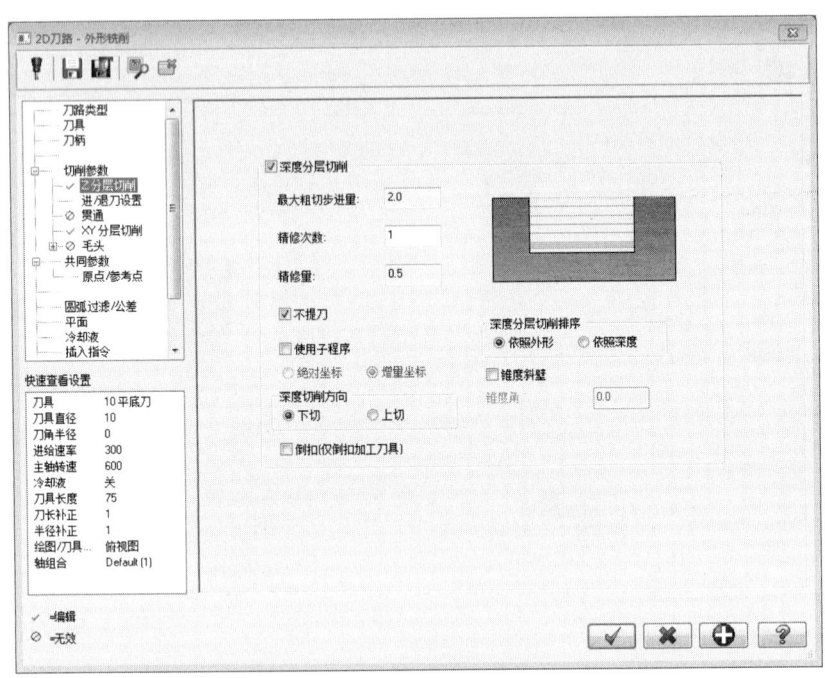

图7-83　"Z分层切削"界面

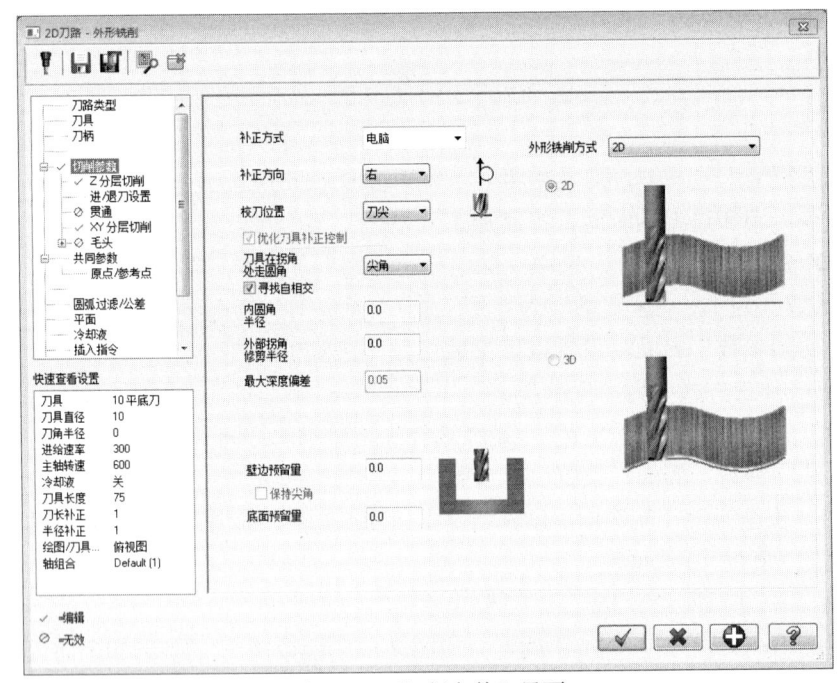

图7-84　"切削参数"界面

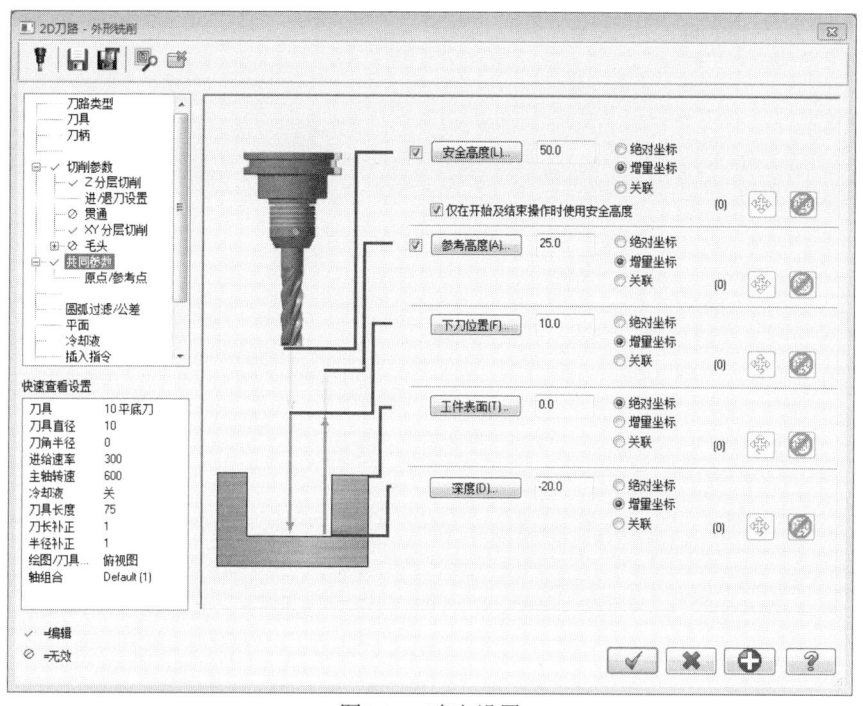

图7-85　确定设置

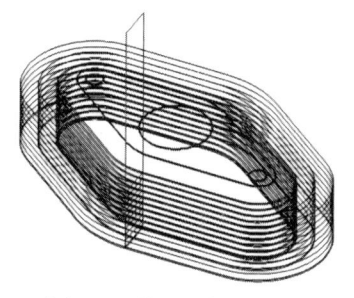

图7-86　外形切削刀具路径　　　　图7-87　外形切削加工实体

4．生成刀路——挖槽

如表7-4所示为挖槽的加工工艺参数。

表7-4　挖槽的加工工艺参数

加工对象	加工工艺	刀具/mm	主轴转速/(r/min)	进给速度/(mm/min)	进/退刀速度/(mm/min)
中心槽	挖槽	ϕ10 平底刀	600	300	100

(1) 选择加工工艺。选择"刀具路径"→"2D挖槽"命令，系统进入挖槽加工系统。

(2) 选择加工对象。系统自动打开"线框串连"对话框，如图7-88所示，在绘图区中ϕ20的中心圆内单击，选择加工区域，如图7-89所示，单击 ✓ 按钮确定。

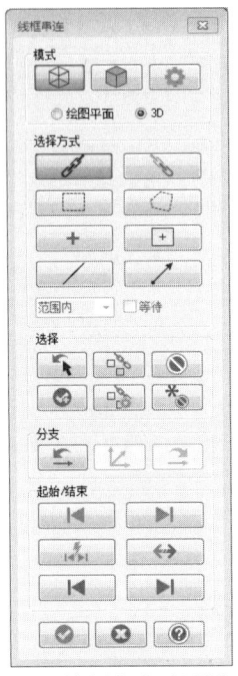

图7-88　线框串连对话框　　　　图7-89　选择加工区域

(3) 选择刀具。系统自动打开"2D 挖槽"对话框，打开"刀具"界面，选择"外形切削"并创建 $\phi 10$ 平底刀，如图 7-90 所示。

图7-90　"2D挖槽"对话框

为了减少换刀次数，提高加工效率，在满足加工要求的情况下，应尽量减少加工刀具的个数，或者将使用相同刀具的加工工艺安排在相连的次序进行加工，故挖槽加工时使用外形

切削中创建的 $\phi 10$ 平底刀。

(4) 设置加工参数。打开"2D 挖槽"对话框中的"共同参数"界面，设置"深度"为-10，如图 7-91 所示。

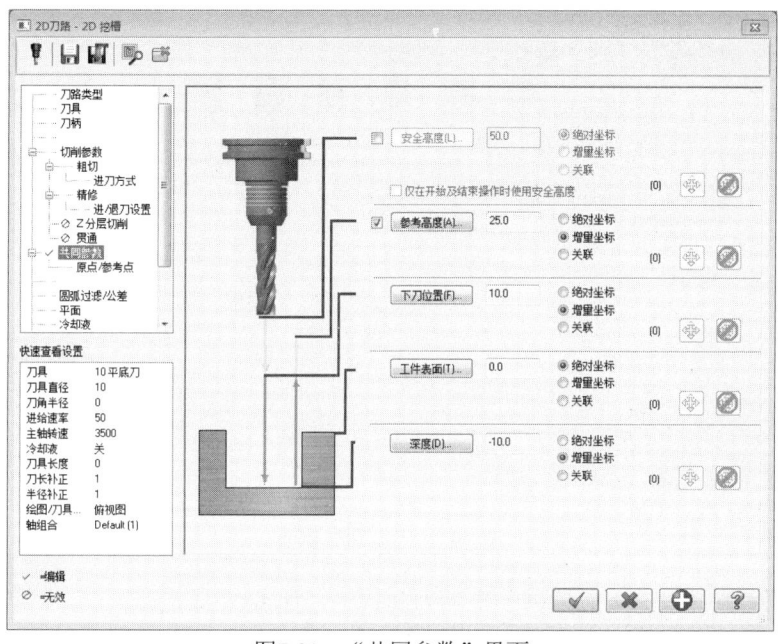

图7-91 "共同参数"界面

打开"Z 轴分层铣削"界面，选择"深度分层切削"复选框，设置"最大粗切步进量"为3，"精修次数"为1，"精修量"为1，选择"不提刀"复选框，如图 7-92 所示。

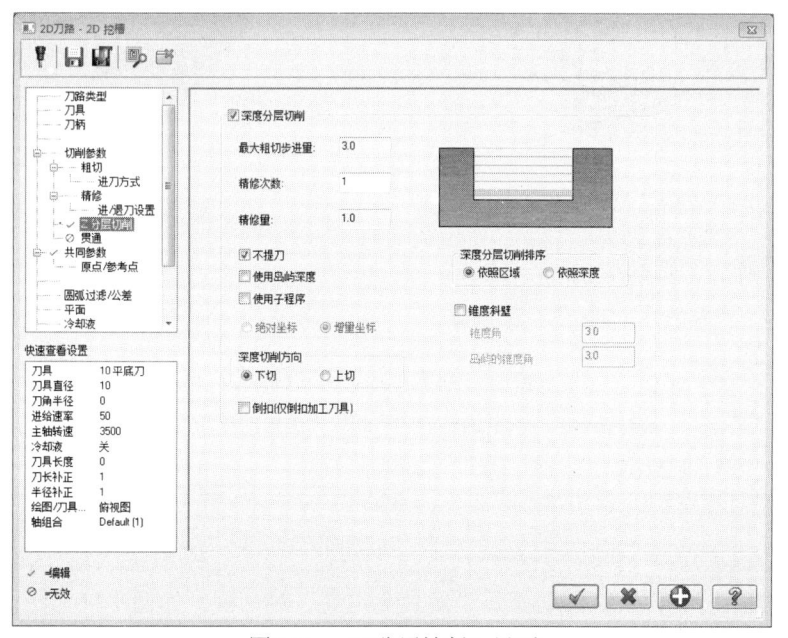

图7-92 "Z分层铣削"界面

打开"粗切"界面，选择切削方式中的"平行环切"，设置"切削间距(距离)"为5，选择"由内而外环切"复选框，如图7-93所示。

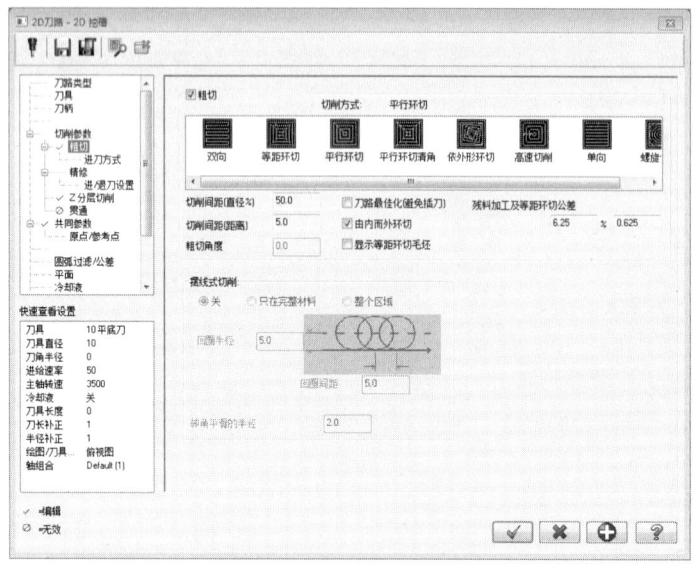

图7-93 "粗切"界面

单击 ✓ 按钮确定，生成挖槽加工的刀具路径，如图7-94所示。
如图7-95所示为挖槽加工实体的仿真模拟结果。

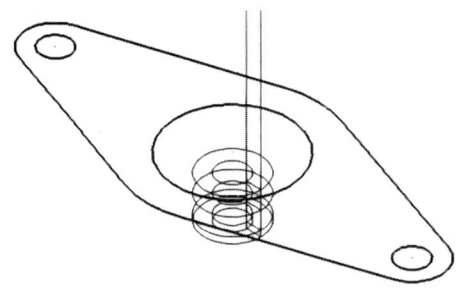

图7-94 挖槽加工刀具路径　　　　　　图7-95 挖槽加工实体

5. 生成刀路——钻孔

如表7-5所示为钻孔的加工工艺参数。

表7-5 钻孔的加工工艺参数

加工对象	加工工艺	刀具/mm	主轴转速/(r/min)	进给速度/(mm/min)	进/退刀速度/(mm/min)
两个孔	钻孔	ø5 钻孔刀	200	100	100

(1) 选择加工工艺。选择"刀具路径"→"钻孔"命令，系统进入钻孔加工系统。
(2) 选择加工对象。系统自动打开"刀具孔定义"对话框，如图7-96所示，在绘图区内选择两个圆心作为钻孔点，如图7-97所示，单击 ✓ 按钮确定。

图7-96 "刀具孔定义"对话框　　　　图7-97 选择加工对象

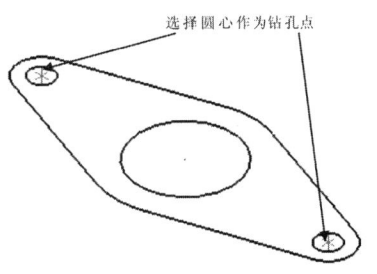

(3) 选择刀具。系统自动打开"钻孔"对话框,选择"刀具"选项卡,如图7-98所示。

图7-98 "刀具"界面

右键创建新刀具,创建一把钻孔刀。在"钻头"界面中,单击"下一步"按钮,系统打开如图7-99所示的"定义刀具图形"界面。设置"钻头直径"为5。

单击"下一步"按钮,系统打开如图7-100所示的"完成属性"界面。设置"刀号"为2,"主轴转速"为200,"进给速率""下刀速率"和"提刀速率"均为100,如图7-101所示。单击 ✓ 按钮确定。

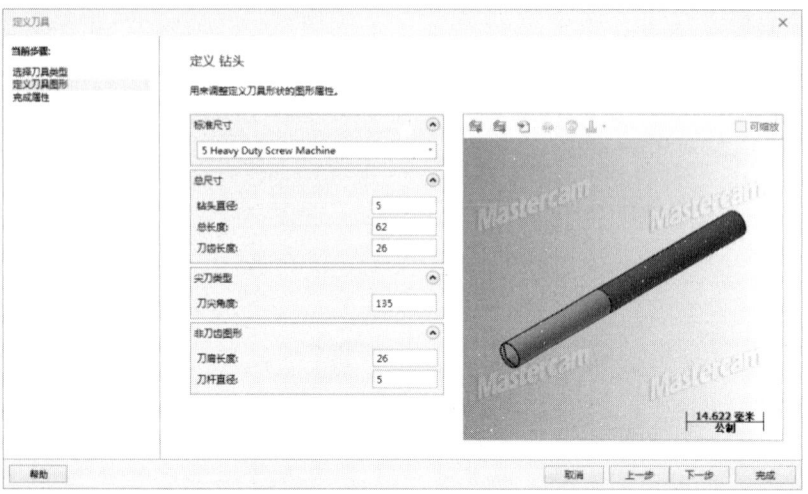

图7-99 "定义刀具图形"界面

图7-100 "完成属性"界面

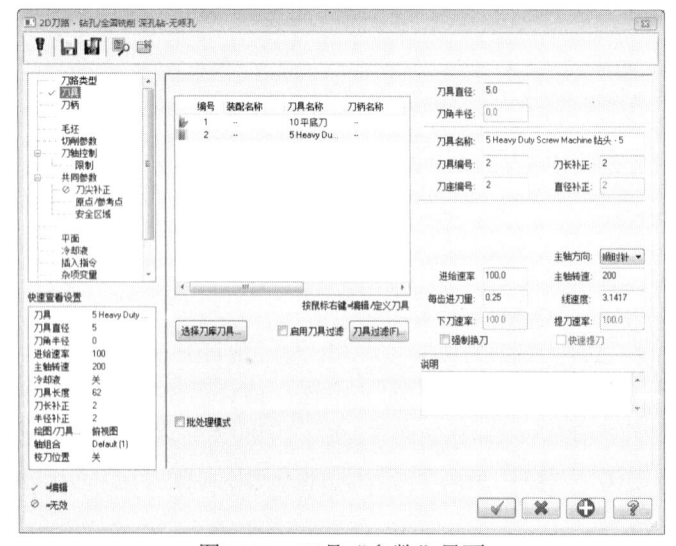

图7-101 刀具"参数"界面

钻孔的刀具半径取决于孔的直径，通常钻刀直径等于或略小于孔的直径。

(4) 设置加工参数。选择"钻孔"对话框中的"共同参数"选项卡，设置"安全高度"为 50，"深度"为–5，如图 7-102 所示。

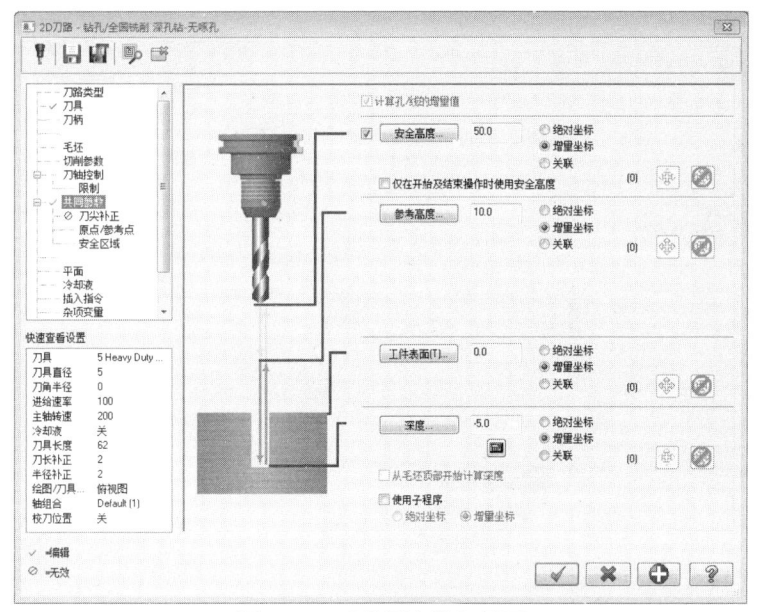

图7-102　"共同参数"界面

单击 ✓ 按钮确定，生成的钻孔刀具路径如图 7-103 所示。

如图 7-104 所示为钻孔加工实体的仿真模拟结果。

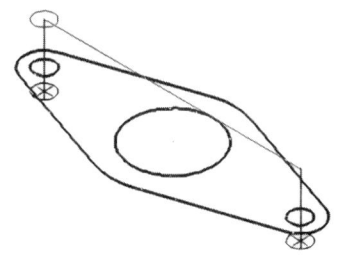

图7-103　钻孔刀具路径　　　　图7-104　钻孔加工实体

6．加工仿真

如图 7-105 所示，"操作管理器"中的图标都处于激活状态。可以在选择对应的操作后，单击 ≈ 按钮进行显示或隐藏刀具路径的操作。

(1) 按住 Ctrl 键，单击 "选择所有的操作"按钮，再单击 "新建所有已选择的操作"按钮，生成全部刀具路径，如图 7-106 所示。

(2) 单击"验证已选择的操作"按钮，系统打开"验证"对话框，同时，绘图区出现毛坯实体，如图 7-107 所示。

图7-105 "操作管理器"图标　　　图7-106 全部刀具路径

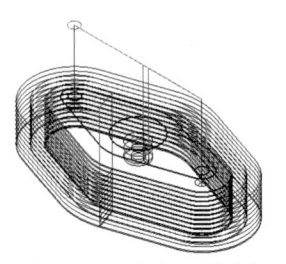

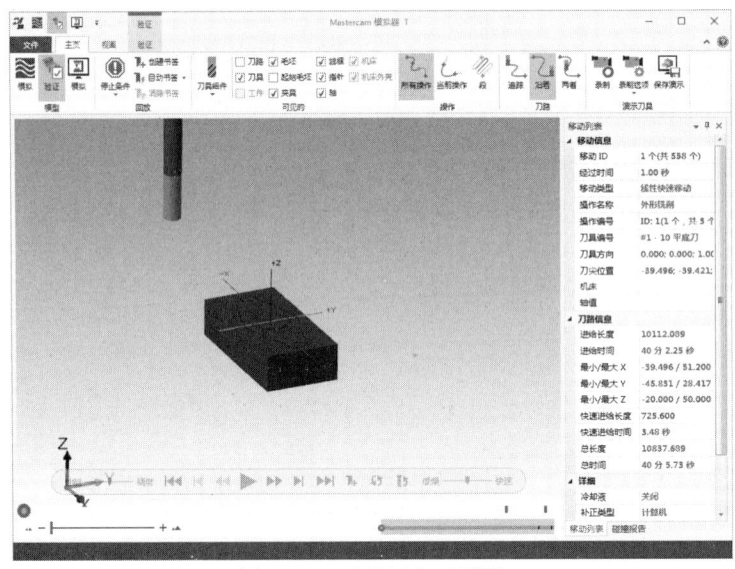

图7-107 "验证"对话框

(3) 单击 ▶ "开始"按钮，刀具将按照通过设置参数产生的刀具路径进行模拟实际加工，将毛坯加工成工件，如图7-108所示。

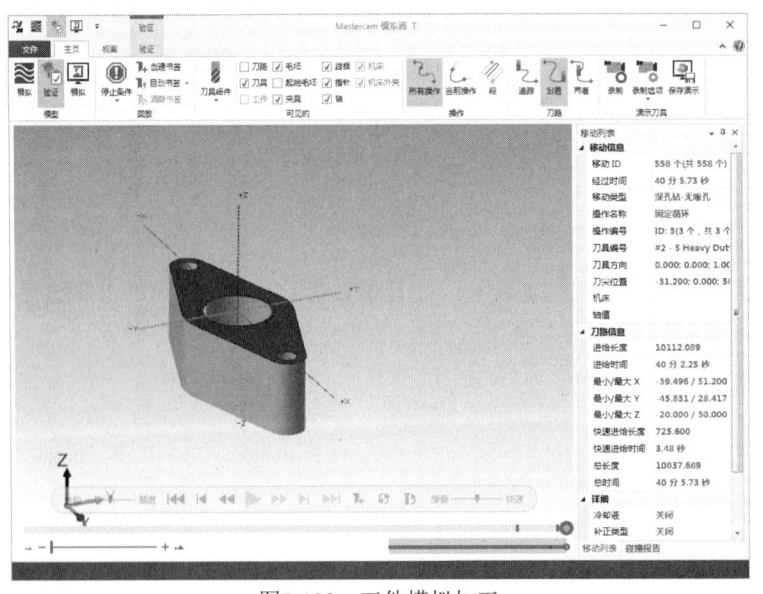

图7-108 工件模拟加工

7. 后处理

(1) 单击 G1 "后处理已选择的操作"按钮，系统自动打开"后处理程序"对话框，如图7-109所示。

(2) 单击 ✓ 按钮确定，系统自动打开"另存为"对话框，如图7-110所示。选择后处理文件要保存的路径后，单击 保存(S) 按钮确定。

图7-109 "后处理程序"对话框　　　　图7-110 "另存为"对话框

Mastercam 中图形文件的后缀为.mcam，数控编程后产生的 NC 文件的后缀为.NC，在保存时应注意。

如图 7-111 所示为该数控加工产生的数控程序的一部分。

图7-111 部分数控程序

任务评价

本任务评价表见表7-6。

表7-6 零件的钻孔加工及轮廓铣削加工任务评价表

序号	考核项目	考核内容	分值	评分标准	学生自评	教师评分
1	二维图形绘制命令	正确熟练使用二维图形绘制命令	10	正确熟练使用		
2	二维图形编辑命令	正确熟练使用二维图形编辑命令	10	正确熟练使用		
3	创建二维零件图形	能够创建简单的二维零件图形	30	二维零件图形创建正确得 20~30 分；不正确或部分不正确得 0~19 分		
4	数控加工编程	能够完成零件加工类型选择、属性设置，熟练掌握软件刀路生成、加工仿真及后处理操作	50	数控加工编程过程完整、合理得 40~50 分；不完整或不合理得 0~39 分		